普通高等教育高职高专园林景观类『十二五』规划教材

园林植物

主　编　黄金凤　李玉舒
副主编　南海风　高　蕾
　　　　杨　洁　吴小青　郭继荣

中国水利水电出版社
www.waterpub.com.cn

内 容 提 要

本教材的编写是高等职业院校园林工程技术专业教学改革的成果,依据园林行业对人才的知识、能力、素质的要求,理论知识的"必需、够用、管用"为度,坚持以职业能力培养为主线的指导思想编写而成。

本教材内容分为两大部分。一部分前3章阐述了园林植物的应用知识,后4章详细汇集了常见园林植物中乔木、灌木、藤本、竹类、花卉、水生园林植物、草坪等350多种植物的科属、识别要点、产地分布、习性及园林用途,并附有植物多方位的精美图片,另外每章后都配有知识拓展和实训提纲;另一部分,本教材附有配套的教学课件、课程教学设计、实训课程标准、测试题、网络学习资源链接及索引等。

本教材知识结构清晰系统,适合高等和中等职业技术院校、函授、成人高校园林专业学生学习或与之相关的风景园林、环境艺术设计、园林规划设计、园林绿化、花卉方面的专门方向自学人员使用,也可供各大院校相关专业教师教学或作为参考书使用。

图书在版编目(CIP)数据

园林植物 / 黄金凤,李玉舒主编. -- 北京:中国水利水电出版社,2012.2(2021.8重印)
普通高等教育高职高专园林景观类"十二五"规划教材
ISBN 978-7-5084-9394-7

Ⅰ. ①园… Ⅱ. ①黄… ②李… Ⅲ. ①园林植物—高等职业教育—教材 Ⅳ. ①S688

中国版本图书馆CIP数据核字(2012)第010652号

书　　名	普通高等教育高职高专园林景观类"十二五"规划教材 **园林植物**
作　　者	主编 黄金凤 李玉舒　副主编 南海风 高蕾 郭继荣 杨洁 吴小青
出版发行	中国水利水电出版社 (北京市海淀区玉渊潭南路1号D座　100038) 网址:www.waterpub.com.cn E-mail:sales@waterpub.com.cn 电话:(010)68367658(营销中心)
经　　售	北京科水图书销售中心(零售) 电话:(010)88383994、63202643、68545874 全国各地新华书店和相关出版物销售网点
排　　版	北京时代澄宇科技有限公司
印　　刷	天津嘉恒印务有限公司
规　　格	210mm×285mm　16开本　15印张　470千字
版　　次	2012年2月第1版　2021年8月第5次印刷
印　　数	10001—13000册
定　　价	65.00元

凡购买我社图书,如有缺页、倒页、脱页的,本社营销中心负责调换

版权所有·侵权必究

前言

园林植物是园林规划设计的主体材料，园林植物对改善环境条件，美化人们的居住环境起着重要作用。识别和应用园林植物，是园林规划设计、园林工程施工、园林植物栽培与养护管理、园林植物病虫害防治等专业课程学习的基础，也是今后从事园林工作的基础。

本书为满足高等职业院校教学改革和培养高等专业技术应用型人才的需要，基于对所培养从事园林应用及园林植物生产领域的人才质量的重要作用而编写的。本书依据园林行业对人才的知识、能力、素质的要求，理论知识以"必需、够用、管用"为度，坚持以职业能力培养为主线，重点阐述了园林植物的应用知识，并细致描述了园林中常见植物的科属、形态特征、产地分布、习性以及园林应用等知识点。在描述园林植物形态时，尽量简化园林植物的微观特征，从学生实际接受能力出发，从宏观特征上进行描述，以能满足高等职业教育园林类专业学生学习的需要为度。

本书本着加强学生基础知识和基本技能的训练为原则，以培养学生的学习习惯和创新能力为课程教学目标。本书共分为6章，内容涵盖了园林植物的应用和分类等知识，选集了各地常见园林植物种类进行介绍，包括常见的乔木、灌木、藤本、竹类、花卉、水生园林植物及草坪植物共计350种左右。

参加本书编写的人员包括：江苏建筑职业技术学院黄金凤老师任主编（教材策划、大纲编写、课程标准编写、教学方案设计编写、样稿编写、统稿审稿以及第1章、第2章等内容编写）；北京农业职业技术学院李玉舒老师任第二主编（编写第4章4.1和4.2）；内蒙古建筑职业技术学院南海风老师任第一副主编（编写第3章、第6章）；黑龙江林业职业技术学院高蕾老师任第二副主编（编写第4章4.2和4.3节）；甘肃林业职业技术学院郭继荣老师任第三副主编（编写第5章）；江苏建筑职业技术学院杨洁老师和吴小青老师任第四和第五副主编（负责图像后期技术处理，并参与审稿和统稿）。江苏建筑职业技术学院的丁岚老师、陈志东老师和杨宁宁老师等也参与了本书的编写。本书在编写过程中，引用一些学者的作品内容和图片在参考文献中已列出，在此表示诚挚的感谢，因编写人员多，时间仓促，如疏忽没有列出的文献，在此表示诚挚歉意。

囿于编者学识，加之时间仓促，书中的错误与缺陷在所难免，恳请同行和读者批评指正，以帮助我们进一步修订和完善。

编者

2011年11月

目录 Contents

前言

第1章 绪论 — 001

1.1 概念 — 001
1.2 课程内容 — 001
1.3 课程目标 — 001
1.4 学习方法 — 001
1.4.1 善于观察 — 001
1.4.2 善于比较 — 002
1.4.3 善于梳理 — 002
1.5 园林植物的相关术语 — 002
1.5.1 园林植物名称相关术语 — 002
1.5.2 苗木规格相关术语 — 003
1.6 园林植物的表达方法 — 004
1.6.1 乔木表达方法 — 004
1.6.2 灌木表达方法 — 005
1.6.3 草坪与草地的表达方法 — 005
1.6.4 绿篱的平面表达方法 — 006
1.6.5 植物立面形态 — 007
1.7 园林植物在园林建设中的地位和作用 — 007
1.7.1 园林植物对环境改善、保护功能 — 007
1.7.2 园林植物的美化功能 — 009
1.7.3 园林植物的经济功能 — 016
知识拓展 — 016
实训提纲 — 016

第2章 园林植物的应用 — 017

2.1 树木在园林中的应用 — 017
2.1.1 园林树木的选择与配置原则 — 017
2.1.2 园林树木的配置形式 — 018

2.2 花卉在园林中的应用 ... 020
2.2.1 花坛 ... 020
2.2.2 花境 ... 023
2.2.3 花丛 ... 024
2.2.4 花台 ... 025
2.2.5 花箱 ... 025
2.2.6 花卉立体应用 ... 026
2.3 水生植物在园林中的应用 ... 027
2.3.1 水生植物的类型 ... 027
2.3.2 水生植物的栽植设计 ... 028
知识拓展 ... 029
实训提纲 ... 029
思考与练习 ... 029

第3章 园林植物的分类 ... 030
3.1 植物分类的目的 ... 030
3.2 植物分类的任务 ... 030
3.3 植物分类 ... 030
3.3.1 植物分类的方法 ... 030
3.3.2 植物分类的系统 ... 031
3.3.3 植物分类的单位 ... 031
3.4 植物的命名 ... 032
3.5 园林植物的分类方法 ... 032
3.5.1 依植物进化系统分类 ... 032
3.5.2 依植物生长类型分类 ... 033
3.5.3 依植物生态习性分类 ... 033
3.5.4 依植物观赏特性分类 ... 033
3.5.5 依植物观赏花期分类 ... 034
3.5.6 依园林用途分类 ... 034
3.6 植物分类依据及分类检索表 ... 034
3.6.1 植物分类依据 ... 034
3.6.2 植物分类检索表 ... 035
知识拓展 ... 036
实训提纲 ... 036

第4章 木本园林植物 ... 037
4.1 乔木 ... 037
4.1.1 常绿乔木 ... 037
4.1.2 落叶乔木 ... 059

4.2 灌木 — 104
- 4.2.1 常绿灌木 — 104
- 4.2.2 落叶灌木 — 121

4.3 藤本 — 141
- 4.3.1 常绿藤本 — 141
- 4.3.2 落叶藤本 — 145

4.4 竹类 — 150
- 4.4.1 竹类植物的形态特征 — 150
- 4.4.2 我国园林中常见的观赏竹类 — 150

知识拓展 — 157
实训提纲 — 158

第5章 草本园林植物 — 159

5.1 一、二年生花卉 — 159
- 5.1.1 定义与特点 — 159
- 5.1.2 主要一、二年生花卉 — 159

5.2 宿根花卉 — 173
- 5.2.1 定义及类型 — 173
- 5.2.2 宿根花卉的特点 — 174
- 5.2.3 主要宿根花卉 — 174

5.3 球根花卉 — 188
- 5.3.1 定义与特点 — 188
- 5.3.2 球根花卉的类型 — 188
- 5.3.3 主要的球根花卉 — 189

知识拓展 — 197
实训提纲 — 197

第6章 其他园林植物 — 198

6.1 水生园林植物 — 198
- 6.1.1 概述 — 198
- 6.1.2 挺水植物 — 198
- 6.1.3 浮水植物 — 201
- 6.1.4 漂浮植物 — 203
- 6.1.5 沉水植物 — 205
- 6.1.6 水际植物 — 206

6.2 草坪 — 208
- 6.2.1 草坪的概念与类型 — 208
- 6.2.2 常见草坪草 — 208

知识拓展 — 216
实训提纲 — 217

附录1　课程教学设计 ··218

附录2　实训课程标准 ··219

附录3　《园林植物》测试题 ··221

附录4　评分标准及参考答案 ··224

附录5　相关网络链接 ··226

附录6　索引 ···227

参考文献 ··230

第1章 绪 论

> **主要内容：**
> 绪论中主要包括课程的学习内容和学习方法、园林植物的概念、园林植物的相关术语、园林植物的表达方法、园林植物在园林建设中的地位和作用。
>
> **学习目标：**
> 了解园林植物的课程内容及相关术语，掌握园林植物这门课的学习方法和园林植物的表达方式，认识到园林植物在园林建设中的地位和重要作用。

1.1 概念

园林植物是指具有一定观赏价值，适用于室内外布置，以净化、美化环境，丰富人们生活的植物，又称观赏植物。包括观花、观叶或观果植物，以及适用于园林、绿地、风景区的防护植物与经济植物，室内花卉装饰用的植物也属园林植物。园林植物包括木本和草本两大类，如各种针叶、阔叶树木、花卉、竹类、地被植物、草坪植物及水生植物等。园林植物是公园、风景区及城镇绿化的基本材料。

1.2 课程内容

园林植物课程的内容包括园林植物基础和园林植物识别两大部分。园林植物基础主要包括园林植物概念、相关术语、表达方法和在园林建设中的地位与作用，园林植物的应用、分类和命名及主要形态特征等知识；园林植物识别主要包括常见园林植物的识别要点、分布与习性及其在园林中的用途。

1.3 课程目标

通过园林植物课程的学习，使学生能够掌握园林植物的分类、形态、应用等基本知识和技能，培养常见园林植物的识别和应用能力，掌握常见园林植物的识别要点、习性、观赏特性以及园林用途。以便为进一步学习园林规划设计、园林工程施工与管理、园林植物栽培养护等课程打下扎实基础。

1.4 学习方法

园林植物是园林专业的一门专业课。它由园林树木学、花卉学、植物学、植物生理学整合而成，具有较强的理论性和实践性。由于园林植物种类较多，地域性差异很大，形态、习性各有不同，学习会有一定难度，但有学习技巧与方法。

1.4.1 善于观察

学习园林植物最有效的方法就是能够仔细观察身边的常见植物特征，拍下其主要特征并把观察到的特征与课本上的标准形态联系起来，实现理论与实物的对接，效果明显。

1.4.2 善于比较

在学习过程中还要善于运用比较方法,特别是形态特征非常相似的科属或不同科属的植物,几种放在一块进行比较,抓住要领就能够加以区别。比如,迎春、连翘、云南黄馨等,花色、花形、叶形等就有很多相同点,对于初学者如果不加以对比就会产生混淆,记忆模糊,如果相对比,就会发现三种的不同之处,开花时间有先后、花形不同、枝干形态不同等特征,这样就会一次记住多种相似的植物特征。

1.4.3 善于梳理

通过平时实践观察与理论知识的对接,对所学的知识节点串连起来,形成清晰的、纵向的知识构架,以利于掌握系统的清晰的知识点,避免对知识点产生混淆和杂乱。比如,常见的园林植物梳理,可按科属分类、按用途分类、按开花月份分类、按花色分类、按习性分类等。

园林植物虽然品种繁多,学习难度大,只要掌握住学习的方法和要点,就能取得良好的学习效果。

1.5 园林植物的相关术语

术语是各门学科的专门用语,有严格的规定,也有他特殊的意义。《园林基本术语标准》(以下简称"基本术语")是指在园林行业中比较常见,与园林规划设计联系相对比较紧密的行业专门用语。《基本术语》的推行将有利于园林及其相关行业在科学研究和技术交流中用语的规范化、行业管理的标准化、规划设计成果的严谨描述及合同文本的准确表达。

1.5.1 园林植物名称相关术语

1.5.1.1 园林植物
适于园林中栽种的植物。

1.5.1.2 观赏植物
具有观赏价值,在园林中供游人欣赏的植物。

1.5.1.3 古树名木
古树泛指树龄在百年以上的树木;名木泛指珍贵、稀有或具有历史、科学、文化价值以及有重要纪念意义的树木,也指历史和现代名人种植的树木,或具有历史事件、传说及神话故事的树木。

1.5.1.4 地被植物
株丛密集、低矮,用于覆盖地面的植物。

1.5.1.5 攀缘植物
以某种方式攀附于其他物体上生长,主干茎不能直立的植物。

1.5.1.6 温室植物
在当地温室或保护地条件下才能正常生长的植物。

1.5.1.7 花卉
具有观赏价值的草本植物、花灌木、开花乔木以及盆景类植物。

1.5.1.8 行道树
沿道路或公路旁种植的乔木。

1.5.1.9 草坪
草本植物经人工种植或改造后形成的具有观赏效果,并能供给人适度活动的坪状草地。

1.5.1.10　绿篱
成行密植，作造型修剪而形成的植物墙。

1.5.1.11　花篱
用开花植物栽植、修剪而成的一种绿篱。

1.5.1.12　花境
多种花卉交错混合栽植，是一种自然式花卉布置形式。

1.5.1.13　人工植物群落
模仿自然植物群落栽植的、具有合理空间结构的植物群体。

1.5.2　苗木规格相关术语

1.5.2.1　直生苗
直生苗又称实生苗，是用种子播种繁殖培育而成的苗木。

1.5.2.2　嫁接苗
嫁接苗是用嫁接方法培育而成的苗木。

1.5.2.3　独本苗
独本苗是地面到冠丛只有一个主干的苗木。

1.5.2.4　散本苗
散本苗是根茎以上分生出数个主干的苗木。

1.5.2.5　丛生苗
丛生苗是地下部（根茎以下）生长出数根主干的苗木。

1.5.2.6　萌芽数
萌芽数是有分蘖能力的苗木，自地下部分（根茎以下）萌生出的芽枝数量。

1.5.2.7　分叉（枝）
分叉（枝）又称分叉数、分枝数，是具有分蘖能力的苗木，自地下萌生出的干枝数量。

1.5.2.8　苗木高度
苗木高度常以 h 表示，是苗木自地面至最高生长点之间的垂直距离。

1.5.2.9　冠丛直径
冠丛直径又称冠径、蓬径，常以 p 表示，是苗木冠丛的最大幅度和最小幅度之间的平均直径。

1.5.2.10　胸径
胸径常以 ϕ 表示，是苗木自地面至1.30m处树干的直径。

1.5.2.11　地径
地径常以 d 表示，是苗木自地面至0.30m处树干的直径。

1.5.2.12　泥球直径
泥球直径又称球径，常以 d 表示，是苗木移植时，根部所带泥球的直径。

1.5.2.13　泥球厚度
泥球厚度又称泥球高度，常以 h 表示，是苗木移植时所带泥球地部至泥球表面的高度。

1.5.2.14　培育年数
培育年数又称苗龄，通常以"一年生""二年生"……表示，是苗木繁殖、培育年数。

1.5.2.15　重瓣花
重瓣花是园林植物栽培、选育出雄蕊变化而成的重瓣优良品种。

1.5.2.16 长度

长度又称蓬长、茎长,通常用 L 表示,是攀缘植物主茎从根部至梢头之间的长度。

1.5.2.17 紧密度

紧密度是球形植物冠丛的稀密程度,通常为球形植物的质量指标。

1.5.2.18 平方米

通常以 m² 表示,是植物种植面积计量单位。

1.6 园林植物的表达方法

园林植物的表达方法一般都采用图例概括的形式表示,其方法为:用圆圈表示树冠的形状和大小,用黑点表示树干的位置及树干粗细。由于树木种类繁多,大小各异,仅用一种圆圈来表示是远远不够的,它不能清楚地表现出设计意图。因此我们应根据树种的类型、性状及姿态特征,用不同的树冠曲线加以区别,并由此强调直观效果。

1.6.1 乔木表达方法

一般情况下乔木表达方法有 4 种形式。

1.6.1.1 轮廓型

只用线条勾勒出轮廓,线条流畅,这种画法较为简单,而且多用于草图设计当中可节省时间,如图 1-6-1(a)所示。

1.6.1.2 分枝型

在树木的轮廓基础上,用线条组合表示树枝或者枝干的分叉,如图 1-6-1(b)所示。

1.6.1.3 枝叶型

既表示分枝,又绘以冠叶。这种情况多用在大型的落叶乔木的绘制中,如图 1-6-1(c)所示。

1.6.1.4 质感型

在枝叶型的基础上,再将冠叶绘以质感,这种情况一般也是用于大型落叶乔木,并且往往树木是处于重要位置或者单独放置,如图 1-6-1(d)所示。

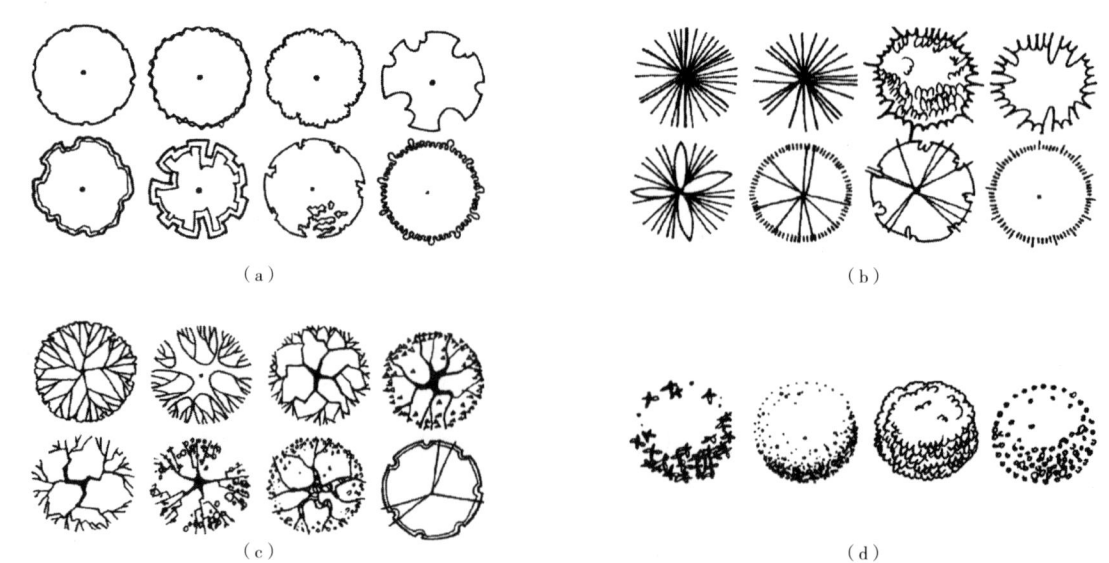

图 1-6-1 乔木的四种表达方式
(a)轮廓型;(b)分枝型;(c)枝叶型;(d)质感型

为了增强其立体效果，可以在背光地面增加落影，树木阴影的绘制程序如下。

1. 实阴影型

先画出树形圆圈，并设定日照方向将圆圈板顺日照方向移动，轻轻地打一个圆圈，将空白处涂黑，如图1-6-2所示。

2. 影线型

用一系列平行日照方向的影线表示阴影，如图1-6-3所示。

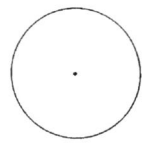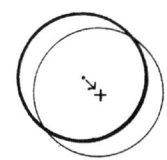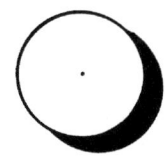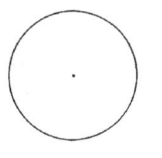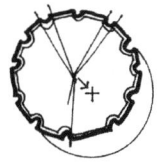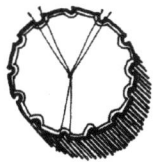

图1-6-2　实阴影型　　　　　　　　　　　　图1-6-3　影线型

3. 重复轮廓型

用于较复杂的轮廓线，则可在阴影的底线上重复树木的轮廓，留一条细的白边界定树形及阴影，如图1-6-4所示。

注意：表示树木的圆圈的大小应与设计图的比例吻合，即图上表示树木的圆圈直径等于实际树木的冠径，树木平面画法并无严格的规范，实际工作中可根据实际的构图需要创造不同的画法。

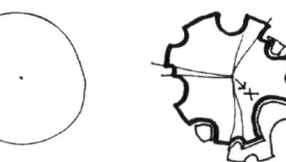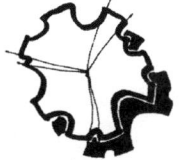

图1-6-4　重复轮廓型

1.6.2　灌木表达方法

灌木没有明显的主干，平面形状有曲有直，自然式栽植灌木丛的平面形状多不规则，修剪的灌木和绿篱的平面形状多规则或不规则但平滑。灌木的平面表示方法与树木类似，通常修剪规整的灌木可用轮廓、分枝或枝叶型表示，不规则形状的灌木平面宜用轮廓型和质感型表示，表示时以栽植范围为准。由于灌木通常丛生、没有明显的主干，因此灌木平面很少会与乔木平面相混淆，如图1-6-5所示。

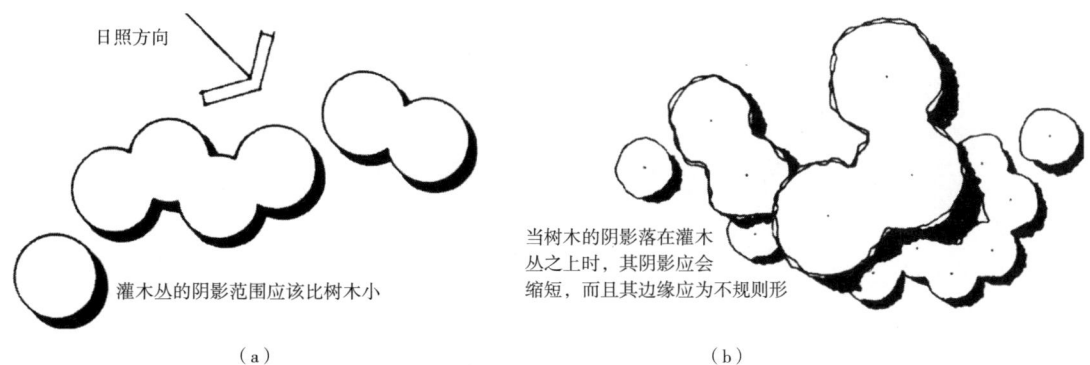

（a）　　　　　　　　　　　　　　　　　（b）

图1-6-5　灌木的表达方法

1.6.3　草坪与草地的表达方法

草坪宜采用轮廓勾勒和质感表现的形式，作图时应以地被栽植的范围线为依据，用不规则的细线勾勒出草坪的范围轮廓。

1.6.3.1　打点法

打点法是较简单的一种表示方法，用打点法画草坪时所打的点的大小应该基本一致，无论疏密，点都要打得相对均匀，如图1-6-6所示。

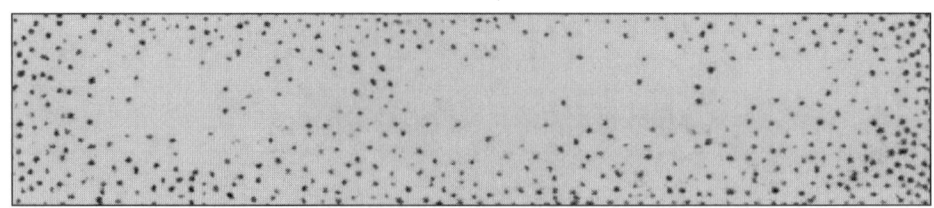

图 1-6-6　打点法

1.6.3.2　小短线法

将小短线排列成行，每行之间的间距相近、排列整齐的可用来表示草坪，排列不规整的可用来表示草地或管理粗放的草坪，如图 1-6-7 所示。

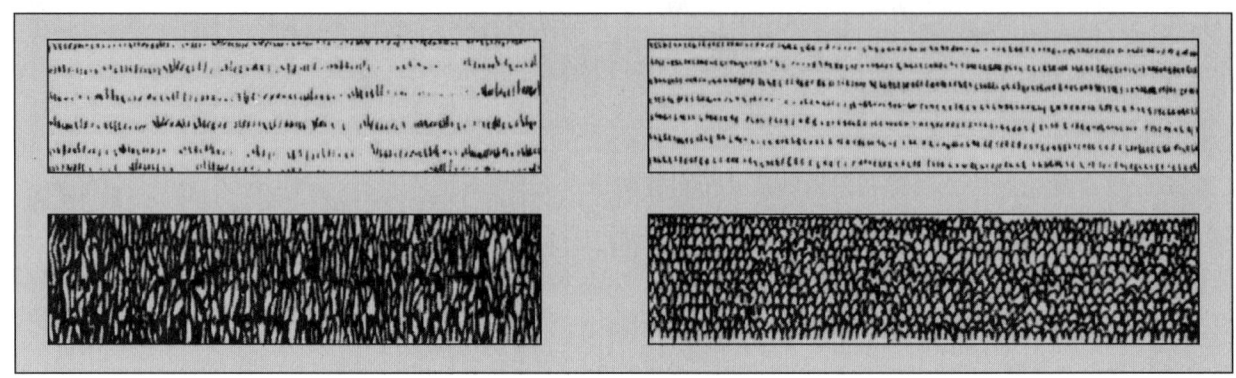

图 1-6-7　小短线法

1.6.3.3　线段排列法

线段排列法是最常用的方法，要求线段排列整齐，行间有断断续续的重叠，也可稍许留些空白或行间留白。另外，也可用斜线排列表示草坪，排列方式可规则也可随意，如图 1-6-8 所示。

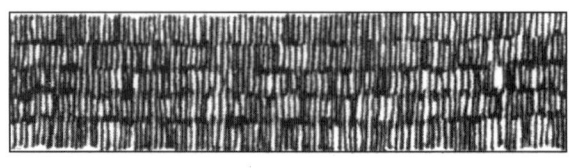
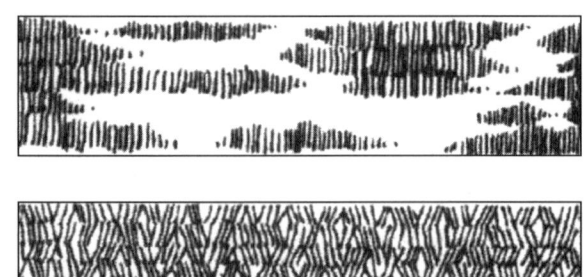

图 1-6-8　线段排列法

1.6.4　绿篱的平面表达方法

一般依据绿篱修剪的形状为界线来表示，如图 1-6-9 所示。

落叶阔叶规则式绿篱　　落叶针叶规则式绿篱

常绿阔叶规则式绿篱　　常绿针叶规则式绿篱

图 1-6-9　各种绿篱的平面表达方法

1.6.5 植物立面形态

树木的立面表示方法也可分为轮廓、分枝和质感等几大类型。树木的立面表现形式有写实的，也有图案化的或稍加变形的，其风格应与树木平面和整个图面相一致，如图1-6-10所示。

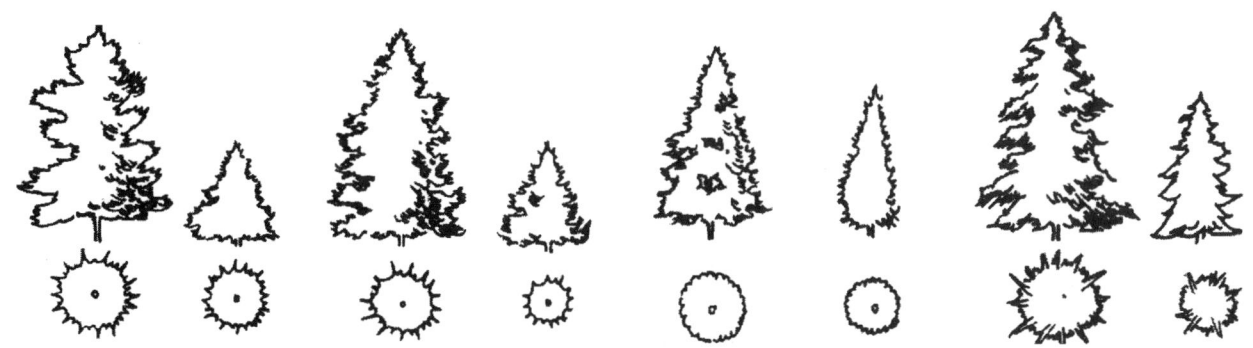

图1-6-10 植物立面形态

1.7 园林植物在园林建设中的地位和作用

当前，世界各国都非常重视园林建设工作，随着生产力的提高和经济的发展，大中型城市的人口过于集中，使人们返回大自然的要求愈加强烈，各国政府无不重视城市建设中园林绿地的发展。

园林景观中没有植物就不能称为真正的园林景观，植物造景是世界园林发展趋势中基本素材之一，观赏植物种类繁多，色彩形态各异，且随着一年四季的变化，即使在同一地点也会表现出不同的景色，是活的有机体，园林中的建筑、雕塑、溪瀑和山石等，均需有恰当的园林植物与之相互衬托、呼应，以增加趣味性。

1.7.1 园林植物对环境改善、保护功能

园林植物不仅有美化环境的功能，也有对环境改善、保护的功能，净化空气，通过滞尘使空气变得清新宜人；吸收噪音；有些植物能抵御有害气体，而另一些植物对有害气体敏感，是环境污染的天然监测器。

1.7.1.1 空气质量方面

植物通过光合作用，吸收二氧化碳放出氧气。科学数据显示，每公顷森林每天可消耗1000kg二氧化碳，放出730kg氧气。这就是人们到公园中后感觉神清气爽的原因，通常，阔叶树种吸收二氧化碳的能力强于针叶树种；园林植物还能分泌杀菌素，城市中空气的细菌数比公园绿地中多7倍以上，公园绿地中细菌少的原因之一是很多植物能分泌杀菌素，根据科学家对植物分泌杀菌素的系列科学研究得知，具有杀灭细菌、真菌和原生物能力的主要园林植物有：雪松、侧柏、圆柏、黄栌、大叶黄杨、合欢、刺槐、紫薇、广玉兰、木槿、茉莉、洋丁香、悬铃木、石榴、枣、钻天杨、垂柳、栾树、臭椿及一些蔷薇属植物；此外，植物中一些芳香性挥发物质还可以起到使人们精神愉悦的效果，有些园林植物还可以吸收有毒气体，城市中的空气中含有许多有毒物质，有些植物的叶片可以吸收解毒，从而减少空气中有毒物质的含量，经过实验可知，汽车尾气排放而产生的大量二氧化硫，臭椿、旱柳、榆、忍冬、卫矛、山桃既有较强的吸毒能力又有较强的抗性，是良好的净化二氧化硫的树种，此外，丁香、连翘、刺槐、银杏、油松也具有一定的吸收二氧化硫的功能，普遍来说，落叶植物的吸硫能力强于常绿阔叶植物，对于氯气，如臭椿、旱柳、卫矛、忍冬、丁香、银杏、刺槐、珍珠花等也具有一定的吸收能力；园林植物具有很强阻滞尘埃的作用，城市中的尘埃除含有土壤微粒外，还含有细菌和其他金属性粉尘、矿物粉尘等，它们即会影响人体健康又会造成环境的污染，园林植物的枝叶可以阻滞空气中的尘埃，相当于一个滤尘器，使空气清洁。各种植物的滞尘能力差别很大，其中榆树、朴树、广玉兰、女贞、大叶黄杨、刺槐、臭椿、紫薇、悬铃木、腊梅等植物具有较强的滞尘作用。通常，树冠大而浓密、叶面多毛或粗糙及分泌有油脂或黏液的植物

都具有较强滞尘力。

1.7.1.2 温度方面

夏季在树荫下会使人感到凉爽和舒适,这是由于树冠能遮挡阳光,减少辐射热,降低小环境内的温度所致。试验表明,树木的枝叶能够将太阳辐射到树冠的热量吸收35%左右,反射到空中20%~25%,再加上树叶可以散发一部分热量,因此,树荫下的温度可比空旷地降低5~8℃,而空气相对潮湿,遮阴力与树种、树冠、叶片有关,通常植物遮阴力愈强,降低辐射热效果愈显著。

1.7.1.3 水分方面

植物可以净化水质,许多植物能吸收水中的有毒物质(汞、氰、砷、铬)并能转化、分解为无毒物质。如 $1hm^2$ 凤眼莲一昼夜能从水中吸收锰4kg、钠34kg、钙22kg、汞89g、镍297g、锶321g、铅104g等,如水葱、灯心草、荷花、睡莲、凤眼莲等,都有极强的净化污水的能力,植物可以调节空气湿度。园林植物对于改善小环境内的空气湿度有很大作用。植物通过蒸腾作用调节空气湿度,一株中等大小的杨树,在夏季白天每小时可由叶片蒸腾5kg水到空气中,一天即达0.5t。如果在一块场地种植100株杨树,相当于每天在该处洒50t水的效果,不同植物的蒸腾度相差很大,有目标地选择蒸腾度较强的植物种植对提高空气湿度有明显作用,以蒸腾强度 $g/(m^2·h)$ 表示,不同树种蒸腾力比较见表1-1。

表1-1　　　　　　　　　　　　　　不同树种蒸腾力比较

榆树	326	忍冬	252
白蜡	326	桦木	341
杨树	369	栎树	364
椴树	390	美国槭	388
松树	152	苹果树	530

1.7.1.4 光照方面

阳光照射到植物上时,一部分被叶面反射,一部分被枝叶吸收,还有一部分透过枝叶投射到林下,由于植物吸收的光波段主要是红橙光和蓝紫光,反射的部分主要是绿光,所以从光质上说,园林植物下和草坪上的光具有大量绿色波段的光,这种绿光要比铺装地面上的光线柔和的多,对眼睛有良好的保健作用。在夏季还能使人在精神上觉得爽快和宁静。

1.7.1.5 声音方面

园林植物可以减弱噪音,利人健康。城市生活中有很多的噪音,如汽车行驶声、空调外机声等,园林植物具有降低这些噪音的作用。据测定,城市公园的成片树林可减低噪音26~43dB,绿化的街道比没有绿化的减少10~20dB;沿街房屋与街道之间,留有5~7m宽的地带种树绿化,可以减低车辆噪声15~25dB,单棵树木的隔音效果虽较小,丛植的树阵和枝叶浓密的绿篱墙隔音效果就十分显著了,隔音效果较好的园林植物有:雪松、龙柏、水杉、悬铃木、梧桐、垂柳、臭椿、榕树等。

1.7.1.6 保护环境方面

园林植物可以涵养水源,保持水土,在林木茂盛的地区,地表径流只占总雨量的10%以下;平时一次降雨,树冠可截留15%~40%的降雨量;科学家们观测发现森林覆盖率30%的林地,水土流失比无林地减少60%;还有人对坡度为13°的山地做过观测,发现每年流失的土沙量,裸地是林地的48倍,园林植物可以防风固沙,加速降尘,在风害区营造防护林带,在防护范围内风速可降低30%左右,有防护林带的农田比没有的要增产20%左右,防风林带的效果和林带的高度有直接关系,林木越高大,防风沙效果也越好,根据林带的疏密和透风情况,常分为紧密结构林带、疏透结构林带、通风结构林带。

1.7.1.7 监测大气污染方面

利用敏感度高的植物,可监测大气污染及污染物质。空气中 SO_2 浓度达到1~5ppm时,人才能闻到气味,而紫花苜蓿在 0.3ppm 时就会出现症状。在清洁环境中桃树叶片的氟含量在 10mg/kg 左右，但含量达到 50mg/kg 以上，就会出现伤害症状。唐菖蒲对氟化物特别敏感，用它可监测磷肥厂周围大气的氟污染，常见有害气体的指示植物有二氧化硫：雪松、翠菊；氟及氟化氢：唐菖蒲、玉簪；Cl 及 HCl：波斯菊、金盏菊；光化学气体：兰花、矮牵牛等。

1.7.1.8 其他防护作用

园林植物还有护堤、保护农田的作用。

总之，园林植物具有美化环境、改善环境和生产等三方面的功能，特别要强调的是，园林植物具有形体的变化、大小的变化、色相的变化及季相的变化，甚至晨昏的变化等，这是其他无生命的造园材料所没有的。

1.7.2 园林植物的美化功能

园林植物种类繁多，每种植物都有自己独特的形态、色彩、风韵、芳香等特色。而这些特色又能随季节及年龄的变化而有所丰富和发展。例如春季梢头嫩绿，花团锦簇；夏季绿叶成荫，浓彩覆地；秋季硕果累累，色香齐俱；冬季白雪挂枝，银装素裹；四季各有不同的风姿妙趣。园林设计中，常通过各种不同的植物之间的组合配置，创造出千变万化的不同景观。

1.7.2.1 株型与观赏习性

园林植物种类繁多、姿态各异。在植物造景中，树木的株型或姿态是园林景观的观赏特性之一，不同株型的树种给人以不同的感觉：高耸入云或波涛起伏，平和悠然或苍虬飞舞。与不同地形、建筑、溪石相配植，则景色万千。

1. 植物在园林景观中起到的作用

（1）加强或缓冲地形的起伏变化。在绿化配植中，树形是构景的基本因素之一，它对园林境界的创作起着巨大的作用。为了加强小地形的高耸感，可在小土丘的上方种植长尖形的树种，在山基栽植矮小、扁圆形的树木，借树形的对比与烘托来增加出山的高耸之势，如图 1-7-1 所示。又如为了突出广场中心喷泉的高耸效果，亦可在其四周种植浑圆形的乔灌木；但为了与远景联系并取得呼应、衬托的效果，又可在广场后方的通道两旁各植树形高耸的乔木 1 株，这样就可在强调主景之后又引出新的层次。

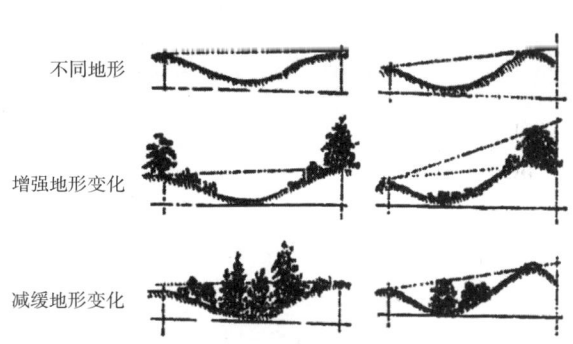

图 1-7-1 加强或缓冲地形的起伏

（2）增加韵律和层次感的景观效果。不同形状的树木经过妥善的配植和安排，可以产生韵律感、层次感等种种艺术组景的效果，如图 1-7-2 所示。至于在庭前、草坪、广场上的单株孤植树则更可说明树形在美化配植中的巨大作用了。

图 1-7-2 增加韵律和层次感

（3）作为视觉中心或特征标志。植物可以种植在空旷的草坪中作为视觉中心，也可种植在园路转折处作为特征标志，引导游人，如图 1-7-3 所示。

2. 园林植物株型的组成

树形由树冠及树干组成，树冠由一部分主干、主枝、侧枝及叶柄组成。不同的树种各有其独特的树形，主要由树种的遗传性而决定，但也受外界环境因子的影响，而在园林中人工养护管理因素更能起决定作用。一个树种的树形并非永远不变，它随着生长发育过程而呈现出规律性的变化，园林工作者必须掌握这些变化的规律，对其变化能有预见性，才能成为优秀的园林建设者。一般来说树形，指正常的生长环境下成年树的外貌。通常各种园林树木的树形可分为如图1-7-4所示。

图1-7-3 作为视觉中心或特征标志

图1-7-4 常见植物的株型（单位：m）

1.7.2.2 花与观赏习性

花是植物重要的观赏特性之一，主要有花形、花色、花香。

1. 花形

园林植物的花朵有各式各样的形状和大小，单朵的花又常排聚成大小不同、式样各异的花序。这些复杂的变化，就形成了不同的观赏效果。花一般由花柄、花托、花被、雌蕊群和雄蕊群组成，如图 1-7-5 所示，具备以上 5 部分的花，称为完全花；缺少其中一部分或几部分的，称为不完全花。

2. 花冠

花冠是位于花萼内侧，由若干花瓣组成，排列一轮或多轮，对花蕊具有保护作用，由于花瓣细胞中含有花青素或有色体，多数植物的花瓣色彩艳丽。有些植物的花瓣中有分泌结构，可释放出香味或蜜汁。因此，花冠

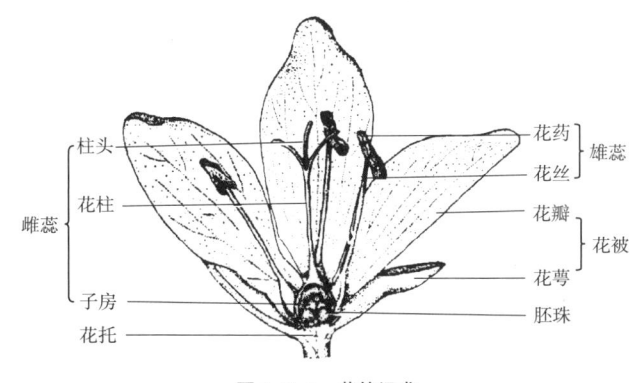

图 1-7-5 花的组成

还具有吸引昆虫传粉的重要作用。组成花冠的花瓣有离合之分。花瓣完全分离的称离瓣花，如桃花、梨花；花瓣联合在一起的，称合瓣花，如牵牛、丁香的花。由于花瓣形态和排列的不同，形成了形态多样的花冠，如有十字形的、蝶形的、舌状的、管状的、唇形的、漏斗状的、轮状的和钟状的等，如图 1-7-6 所示。

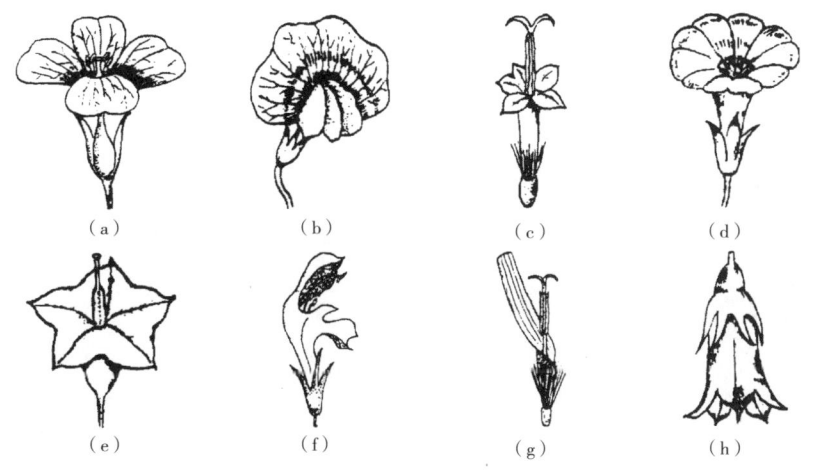

图 1-7-6 花冠的类型（一）
（a）十字形；（b）蝶形；（c）管状；（d）漏斗状；（e）轮状；（f）唇形；（g）舌状；（h）钟状

3. 花序

有些植物的花单生在叶腋或枝顶部位，称为单生花，如玉兰、牡丹等。但大多数植物的花是按一定的规律排列在花轴上。花在花轴上有规律的排列方式称为花序。花序可分为有限花序和无限花序两大类型，如图 1-7-7 所示。无限花序是指花轴在开花期可以继续生长，不断形成新的花，花由下而上或由边缘向中心陆续开放。主要有以下类型：总状花序、穗状花序、柔荑花序、伞房花序、伞形花序、隐头花序、肉穗花序、佛焰花序等。有些无限花序的花轴分枝，每一分枝呈现上述的一种花序，故称复合花序。常见的有，复总状花序、复穗状花序、复伞房花序、复伞形花序和复头状花序。有限花序又称聚伞花序。各花开放的顺序由上而下，由内而外，由于花轴顶端的花先开放，因而花轴继续生长受到了限制。主要类型：单歧聚伞花序、二歧聚伞花序、多歧聚伞花序。

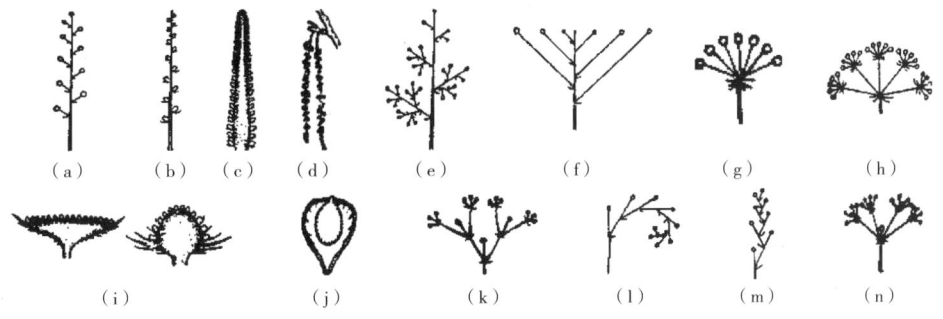

图 1-7-7 花冠的类型（二）
（a）总状花序；（b）穗状花序；（c）柔荑花序；（d）伞房花序；（e）伞形花序；（f）复杂形花序；（g）头状花序；（h）隐头花序；
（i）肉穗花序；（j）圆锥花序；（k）、（l）单歧聚伞花序；（m）二歧聚伞花序；（n）多歧聚伞花序

4. 花色

除花序、花形之外，色彩效果就是植物最主要的景观要素之一了。园林植物的色彩丰富，不同的色彩搭配，可营造出不同的景观效果，在植物配置时遵循统一、调和、均衡和韵律四大原则。在园林植物景观色彩设计中，对比和协调尤为重要。

（1）红色系。海棠、桃、杏、梅、樱花、蔷薇、玫瑰、月季、贴梗海棠、石榴、牡丹、山茶、杜鹃花、锦带花、夹竹桃、毛刺槐、合欢、粉花绣线菊、紫薇、愉叶梅、紫荆木棉、凤凰木、刺桐、象牙红、扶桑等。

（2）黄色系。迎春、迎夏、连翘、金钟花、黄木香、桂花、黄刺玫、黄蔷薇、檬棠、黄瑞香、黄牡丹、黄杜鹃、金丝桃、金丝梅、蜡梅、金老梅、珠兰、黄蝉、金雀花、金链花、黄夹竹桃、小檗、金花茶等。

（3）蓝色系。紫藤、紫丁香、杜鹃花、木兰、木蓝、木槿、泡桐、八仙花、牡荆醉鱼草、假连翘、薄皮木等。

（4）白色系。茉莉、白丁香、白牡丹、白茶花、溲疏、山梅花、女贞、荚蒾、枸橘、甜橙、玉兰、珍珠梅、广玉兰、白兰、栀子花、梨、白碧桃、白蔷薇、白玫瑰、白杜鹃花、刺槐、绣线菊、白木槿、白花夹竹桃、络石等。

5. 花香

以花的芳香而论，目前虽无统一的标准，但可分为清香（如茉莉）、甜香（如桂花）、浓香（如白兰花）、淡香（如玉兰）、幽香（如树兰）。不同的芳香对人会引起不同的反应，有的起兴奋作用，有的却引起反感。在园林中，许多国家常有所谓"芳香园"的设置，即利用各种香花植物配植而成。主要花香植物有茉莉花、含笑、白兰花、珠兰、桂花、鸡蛋花、水仙、香雪球、玉簪、月季、玫瑰、丁香、梅花、夜合花、夜来香等。

1.7.2.3 叶与观赏习性

叶是园林植物的观赏要素之一，相对于花来说是观赏时间较长的要素之一。

1. 叶的组成

叶一般由叶片、叶柄、托叶3部分组成。叶片是叶的主要部分，一般为绿色的扁平体。叶片内分布着叶脉，叶脉具有输送水分、养分和支持作用；叶柄是叶片与茎的连接部分，一般呈半圆柱形，主要起疏导和支持作用。叶柄内具有与茎相连的维管束，是叶片与茎之间物质运输的通道。叶柄可支持叶片，因其长短不一，并可扭曲生长和转动，使叶片分布于空间互不重叠，有利于光合作用；托叶位于叶柄与茎连接处，多成对而生，通常细小，形状因植物种类而异。有早落现象。托叶对腋芽和幼叶有保护作用。具有叶片、叶柄和托叶3部分的叶，称为完全叶，如豆科、蔷薇科等植物的叶。不具有3部分中任何一部分或两部分的叶，称为不完全叶。如泡桐的叶缺少托叶；金银花的叶缺少叶柄；郁金香既少叶柄又无托叶。

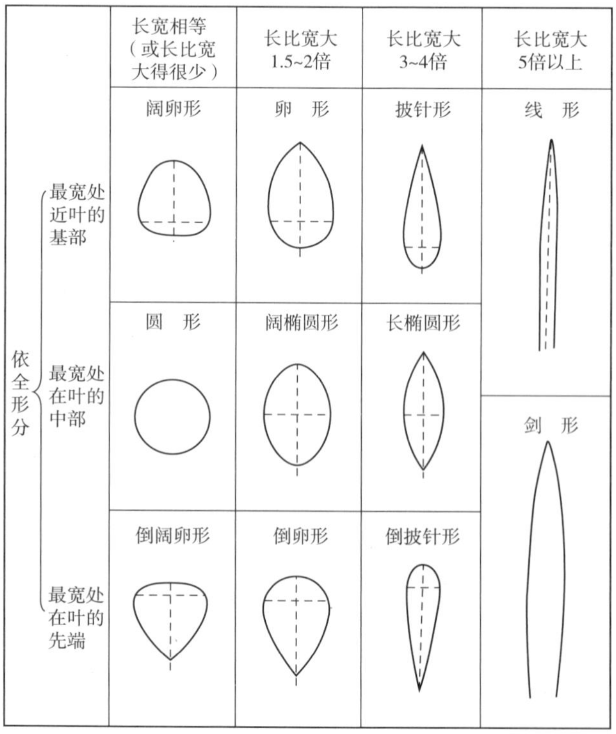

2. 叶形

植物叶片的形态多种多样，大小不同，可作为识别植物和分类的依据。叶片形态包括叶形、叶尖、叶基、叶缘、叶裂、叶脉等。叶形是根据叶片的长度和宽度的比值及最宽处的位置决定，叶形可分为各种类型，如图1-7-8所示。

3. 叶尖、叶基

叶尖是叶片尖端的形状，叶基是叶片基部的形状，都有不同的形状，但同一种植物叶片的形态是比较稳定。

依全形分		长宽相等（或长比宽大得很少）	长比宽大 1.5~2倍	长比宽大 3~4倍	长比宽大 5倍以上
	最宽处近叶的基部	阔卵形	卵形	披针形	线形
	最宽处在叶的中部	圆形	阔椭圆形	长椭圆形	剑形
	最宽处在叶的先端	倒阔卵形	倒卵形	倒披针形	

图1-7-8 叶形的类型

常见的有：心形、垂耳形、箭形、楔形、朝形、圆形和偏斜形等，如图 1-7-9 所示。

4. 叶缘、叶裂

叶片的边缘称为叶缘，常见的形状有：全缘、波状、皱缩、圆缺、牙齿状、重锯齿和细锯齿等，如图 1-7-10 所示。叶片的边缘凹凸不齐，凸出或凹入的程度较齿状叶缘大而深的，称为叶裂。依其深浅程度的不同可分为羽状浅裂、羽状深裂、羽状全裂、掌状浅裂、掌状深裂和掌状全裂如图 1-7-11 所示。

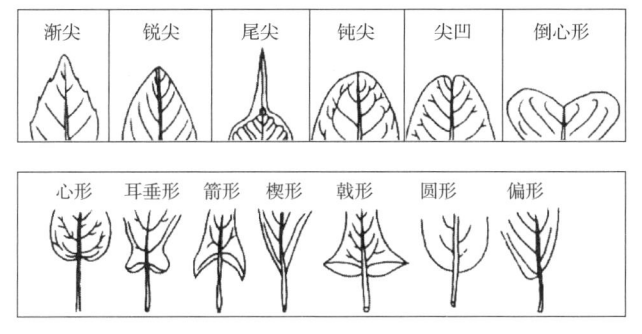

图 1-7-9 叶尖、叶基的类型

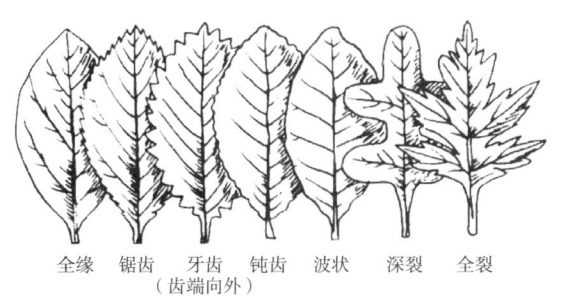

图 1-7-10 叶缘的基本类型

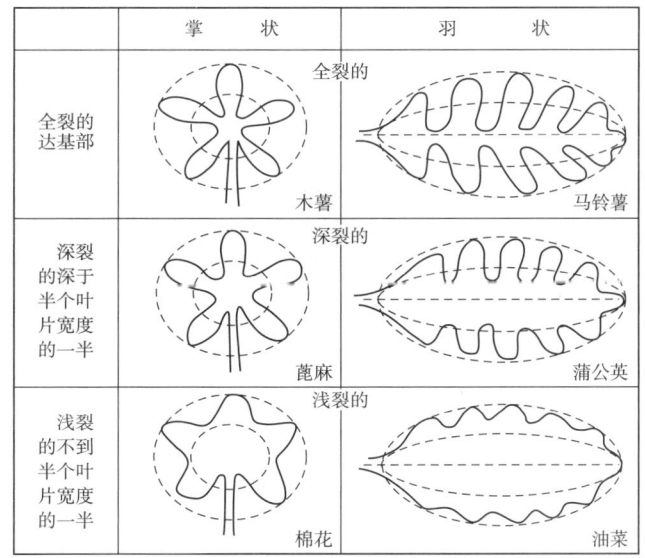

图 1-7-11 叶裂的基本类型

5. 叶脉

叶脉是叶中的维管束，按其在叶中的分布形式，可分为网状叶脉和平行叶脉两种类型。

网状脉是双子叶植物叶脉的特征，具明显的主脉，并由主脉分支形成侧脉，侧脉再经多级分支连接成网状。只有一条主脉，在两侧分生出侧脉且侧脉间有小叶脉相连的，称为羽状网脉，如女贞、桃等；从基部伸出多条主脉的，称为掌状网脉，如泡桐、五角枫等。平行脉：平行脉是单子叶植物叶脉的特征。行脉分为直出平行脉，如竹、弧状脉、侧出平行脉，如美人蕉等、射出脉，如棕榈等，如图 1-7-12 所示。

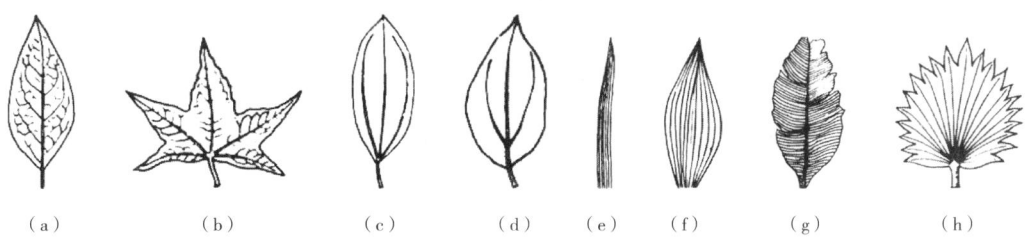

图 1-7-12 叶脉的基本类型
网状脉：（a）羽状网脉；（b）掌状网脉；（c）三出脉；（d）离基三出脉；
平行脉：（e）直出平行脉；（f）弧状脉；（g）侧出平行脉；（h）射出平行脉

6. 单叶、复叶

植物的一个叶柄上只生一个叶片时称单叶。一个叶柄上生有两个以上的叶片称复叶。总叶柄上着生的叶称为小叶，小叶的叶柄，称为小叶柄。根据小叶排列的方式可分为羽状复叶、掌状复叶、三出复叶、单身复叶四种类型，如图1-7-13所示。

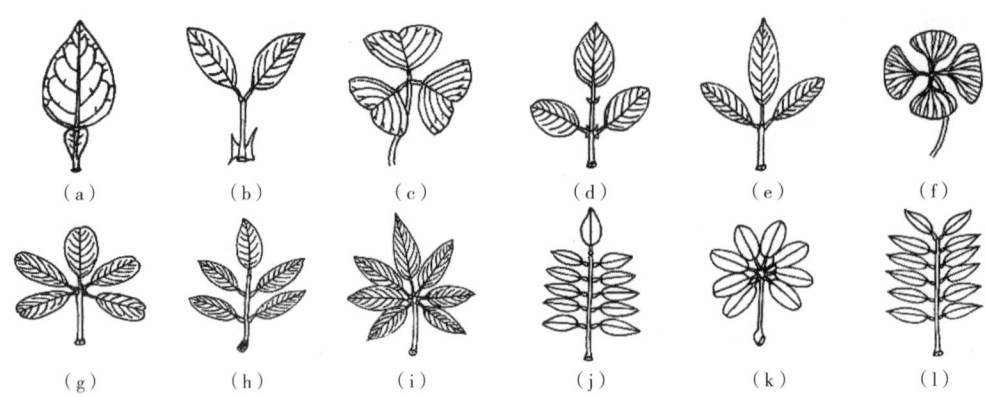

图1-7-13 复叶的基本类型

（a）单身复叶；（b）简化的偶数羽状复叶（歪头菜）；（c）盾状三出复叶；（d）羽状三出复叶；（e）掌状三出复叶；（f）盾状四出复叶（田字萍）；（g）、（i）、（k）掌状复叶［G. 木通（Akebia）L. 七叶树（Aesculus）K. 鹅掌柴（Schefflera）］；（h）、（j）奇数羽状复叶［H. 红豆树（Ormosia）J. 槐（Sophora）］；（l）偶数羽状复叶［无患子（Sapindus）］

7. 叶序

叶序是叶在茎上的排列方式。叶序有3种基本类型：互生、对生和轮生，如图1-7-14所示。互生叶序每节只生有一片叶，各叶交互而生，如杨、柳。对生叶序每节着生两叶，并相对而生，如丁香、女贞等。轮生叶序每节着生3片或3片以上叶，作轮状排列，如夹竹桃、猪殃殃等。此外，还有些植物的叶在节间短缩的枝上蔟生称簇生叶序，如银杏、金钱松等。

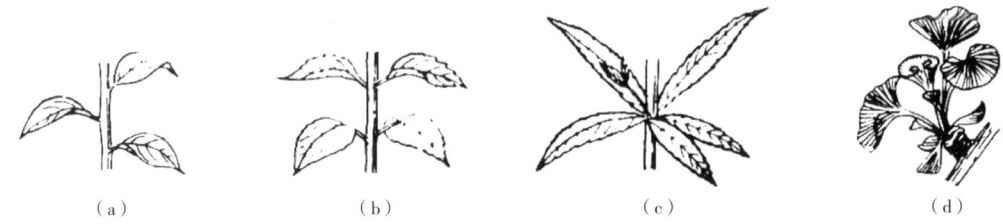

图1-7-14 叶序基本类型
（a）互生；（b）对生；（c）轮生；（d）簇生

1.7.2.4 果与观赏习性

植物的果实既有很高的经济价值，又有突出的美化作用。园林中为了观赏的目的而选择观果树种时，须注意形与色两方面效果。

1. 果实的形状

一般果实的形状以奇、巨、丰为准。所谓"奇"，乃指形状奇异有趣为主。例如铜钱树的果实形似铜币；象耳豆的荚果弯曲，两端浑圆而相接，犹如象耳一般；腊肠树的果实好比香肠；秤锤树的果实如秤锤一样；紫珠的果实宛若许多晶莹剔透的紫色小珍珠；其他各种像气球的，像元宝的，像串铃的，其大如斗的，其小如豆的等，不一而足。而有些种类，不仅果实可赏，而且种子又美，富于诗意，如王维"红豆生南国，春来发几枝，愿君多采撷，此物最相思。"诗中的红豆树等。所谓"巨"，乃指单体的果形较大，如柚；或果虽小而果形鲜艳，果穗较大，如接骨木，均可收到"引人注目"之效。所谓"丰"，乃就全树而言，无论单果或果穗，均应有一定的丰盛数量，才能发挥较高的观赏效果。

2. 果实的色彩

果实的颜色，有着更大的观赏意义。"一年好景君须记，正是橙黄橘绿时"，苏轼这首诗描绘出一幅美妙的景色，这正是果实的色彩效果。现将各种果色的树木，分列于下，果实呈红色：桃叶珊瑚、小檗类、平枝枸子、水枸子、山楂、冬青、枸杞、火棘、花楸、樱桃、毛樱桃、郁李、欧李、麦李、枸骨、金银木、南天竹、珊瑚树、紫金牛、橘、柿、石榴等；果实呈黄色：银杏、梅、杏、瓶兰花、柚、甜橙、香圆、佛手、金柑、枸橘、南蛇藤、梨、木瓜、贴梗海棠、沙棘等；果实呈蓝紫色：紫珠、蛇葡萄、葡萄、獠猪刺、十大功劳、李、蓝果忍冬、桂花、白檀等；果实呈黑色：小叶女贞、小蜡、女贞、刺楸、五加、枇杷叶荚蒾、黑果绣球毛棶、鼠李、常春藤、君迁子、金银花、黑果忍冬、黑果枸子等；果实呈白色：红瑞木、芫花、雪果、湖北花楸、陕甘花楸、西康花楸等。除上述基本色彩外，有的果实尚有具花纹的。此外，由于光泽、透明度等的不同，又有许多细微的变化。在选用观果树种时，最好选择果实不易脱落而浆汁较少的，以便长期观赏。

1.7.2.5 枝干、根等与观赏习性

枝干就是植物的茎，是植物重要的营养器官。大多数植物的茎生长在地上部，其上有规律着生叶、花和果。这样可以使叶片充分利用阳光进行光合作用，使花粉和种子利于传播。

1. 茎的形态

从外形看，多数植物的茎呈圆柱形还有方柱形的茎，如蚕豆、薄荷。从茎的质地上看，茎的木质化程度差异很大。一般将茎木质化程度低的植物，称为草本植物；而木质化程度高的植物，称为木本植物。植物的茎通常具有主茎和许多有规律分布的分枝。着生叶和芽的茎称为枝条。枝条上着生叶的部位称为节，叶柄与枝之间的夹角处称为叶腋，叶腋中着生的芽称侧芽。枝条上还可看到叶痕、叶迹、芽鳞痕和皮孔等。叶痕是叶片脱落后在茎上留下的痕迹，叶痕内的突起是叶柄与茎间的维管束断离后留下的痕迹，称维管束痕或叶迹。顶芽展开、芽鳞脱落后留下的痕迹叫做芽鳞痕，根据芽鳞痕的数目，可判断枝条的生长年龄。

2. 枝条颜色

植物的枝条主要有红、绿两种颜色。红色：红瑞木、红茎木、杏、山杏、野蔷薇、赤枫；绿色：梧桐、棣棠、青榨槭；古铜色：山桃、桦木干皮。

3. 干皮形态

光滑树皮：许多青年期树木都属此类；横纹树皮：山桃、桃、樱花；片裂树皮：白皮松、悬铃木、木瓜、榔榆；丝裂树皮：青年期柏类；纵裂树皮：多数树种属此类；纵沟树皮：老年期的胡桃、板栗；长方裂纹树皮：柿、君迁子；粗糙树皮：云杉、硕桦；疣突树皮：暖地老龄树木；干皮色彩。树干的皮色对美化配置起着很大的作用，例如街道上用白色树干的树种，可产生极好的美化及增加路宽的视觉效果。

树干显著颜色可分为如下几类。暗紫色：紫竹；红褐色：马尾松、湿地松、火炬松、杉木；黄色：金竹、黄桦；灰褐色：一般树种；绿色：竹、梧桐；斑驳色彩：黄金嵌碧玉竹、碧玉嵌黄金竹、木瓜等；白色或灰色：白皮松、白桦、胡桃、朴、山茶、悬铃木。

4. 根

根是种子植物的营养器官，一般生长在土壤中，构成了植物体的地下部分。吸收、输导、合成、贮藏和繁殖更新等功能。根据植物根发生部位的不同，可将根分为主根、侧根和不定根3种。植株地下部分所有根的总和称为根系。根系有直根系和须根系2种类型。直根系，主根发达，并与侧根有明显的区别。多数双子叶植物和裸子植物的根系均是此类型；如麻，须根系主根不发达或早期停止生长，在基部产生许多想度相似的不定根，呈须状，大部分单子叶植物的根系是此类型。如竹、棕榈。很多植物存在根的变态，像气生根是从茎上长出的不定根，暴露在空气中；有的茎基部有一块块板状突起称板根，如木棉、箭毒木等；有些长在海边、沼泽地区，土壤中空气少，无足够气体进行交换，植物的根上长出许多直立的侧根，内有发达的通气组织，利于气体交换称呼吸根，如红树林植物。

另外还有很多树木的刺毛等附属物，也有一定的观赏价值。如：玫瑰的刚毛状皮刺；五加的疣状皮刺；峨眉蔷薇小枝密被红褐刺毛，紫红色皮刺基部膨大；卫矛枝上的木栓翅等。

1.7.3 园林植物的经济功能

园林树木的生产功能是指大多数的园林树木均具有生产物质财富、创造经济价值的作用。树木的全株或一部分，如叶、根、茎、花、果、种子及其所分泌的乳胶、汁液等，许多可以入药、食用或作工业原料使用，其中许多甚至属于国家经济建设或出口贸易的重要物资，它们在生产上的作用是显而易见的。但"园林结合生产"，不应该是"园林生产化"，过去有一个时期，有的人特别强调园林植物的单纯物质生产功能，对园林建设工作提出"园林生产化"的口号，把它当做方针政策来推行。结果，公园中的草坪破坏了，许多园林树木被砍倒，换植成果树，供游人水上活动的湖池围起来变成养鱼池等。植物经济功能主要体现在以下几个方面，例如，可榨油的植物包括：香樟、乌桕、核桃、油橄榄；可作香料的植物包括：刺槐、香樟、丁香、玫瑰；可食用的植物包括：银杏、柿、枣、枇杷、桔、葡萄等；可造纸的植物包括：白榆、白杨、青桐、芦苇、构树、竹类；可用作染料的植物包括：国槐、栾树；可入药用的植物包括：绝大部分树木的根、叶、花、果实、种子、树皮等。

【知识拓展】

国家建筑标准设计图集《环境景观绿化种植设计》（03J012—2）内总结出了植物各种树形特征。如常绿乔木树形特征：风致形、塔状圆锥形、倒卵形、扁圆球形、圆球形、广圆锥形。落叶乔木树形特征：长卵圆形、圆柱形、倒卵形、伞状扁圆形、圆球形、广圆锥形、卵圆形、垂枝形、广卵圆形、长圆球形、半球形、长圆球形（小乔木）。灌木树形特征：圆球形、长圆形、垂枝半球形、半球形、倒卵圆形、圆锥形、匍匐形。应对常见植物树形特征加以了解，以便灵活运用。

【实训提纲】

1. 目的要求

通过对身边园林植物的花、叶、果、干等的观察，了解植物花和花序的构造特点，掌握花的形态及花序类型；了解叶的叶形、叶缘、叶裂、叶基及单叶、复叶等的基本类型，学会用形态术语描述花、叶的形态特征，为学习植物分类奠定基础。

2. 实训项目支撑条件

（1）工具：放大镜、纸、笔、剪刀等。

（2）材料：花的形态和各种叶观察所需材料：各种类型花和叶的新鲜标本或浸泡标本，或植物实训场或植物园等。

3. 实训方法

借助放大镜等仪器，由外向内观察识别花萼、花冠、雄蕊、雌蕊的形态特征、类型、构造和数目。并做好相应的记录。

采摘不同的叶，进行观察，对比，辨别出其叶形、叶缘、叶裂、叶基及单叶、复叶等，并作出相应的记录。

4. 实训要求

（1）题目：花的形态观察和花序的观察。

（2）作业要求。

1）辨别身边植物花的类型，数量不少于10种，拍下照片并作文字说明。

2）辨别身边植物的叶的类型，数量不少于15种，拍下照片并作文字说明。

第2章 园林植物的应用

> **主要内容：**
> 本章主要包括树木在园林绿化中的应用、花卉在园林绿化中的应用、水生植物在园林绿化中的应用等内容。
>
> **学习目标：**
> 了解并掌握树木、花卉和水生植物等园林植物的选择原则和配植方式，为在园林建设中较好地应用各种园林植物打下基础。

2.1 树木在园林中的应用

2.1.1 园林树木的选择与配置原则

2.1.1.1 美观、实用、经济相结合的原则

1. 美观

配置树木时，在满足其生态习性的基础上，应讲究美观。这种美既要有树种个体的美，又要有与环境搭配后展现出来的美。

（1）选择生长正常的树种，既不细弱，也不徒长，无病虫害。园林树木之美不论其主要外形、色彩、风韵或建筑物配合协调关系等的哪一方面，都要以健康作为基础。

（2）应以树木自然长成的形式为主，少运用人工造型，以展现树木生机勃勃的美感。

（3）应展现不同树龄、不同季节、不同气候变化所产生的不同美，以制造常见常新的多变风景。

2. 实用

在树种选择和配置时，首先，明确该树种所要发挥的主要功能是什么，必须满足园林综合功能的主要功能要求，在满足主要目的前提下还应考虑如何配植才能取得较长期、稳定的效果。例如：行道树就要考虑树形主干通直、树冠宽大整齐、分枝点高、生长快、根系发达、叶密阴浓，以构成街景，并适于大量生产，较经济实惠；另外要考虑抗污染、耐修剪、寿命长、病虫害少、无刺等使用养护的要求。

3. 经济

在充分发挥园林树木综合功能的前提下应做到经济实惠。

（1）合理使用名贵树种。

有的园林滥用名贵树种，这样做不仅增加了造价，造成浪费，而且使珍贵树种随处皆是，也就显得平淡无奇了。其实，很多常见的树种如桑、朴、槐、楝等，只要安排、管理的好，可以构成很美的景色。当然，在重要风景点或建筑物迎面处可以将名贵树种酌量搭配，重点使用。

（2）多选用乡土树种。

各地乡土树种适应本地风土的能力最强，而且种苗易得，又可突出本地园林的地方色彩，因此，须多加应用。当然，外地的优良树种在经过引种驯化成功后，也可与乡土树种配合应用。

（3）结合生产，选择经济价值高的树种。

在不影响园林树木主要功能的前提下，尽量结合生产，选择经济价值高的树种。园林中经济价值高的树种很

多，像花果繁多，易采收供药用而价值较高的凌霄、广玉兰之花及七叶树与紫藤种子等；栽培粗放、开花繁多、易于采收、用途广、价值高的桂花、玫瑰等；栽培简易，结果多、出油率高的油棕、油桐、核桃、扁桃、花椒、山杏等；隙地、荒地配置适应性强、用途广的树种，如湖岸道旁种紫穗槐；沙地种沙棘；碱地种柽柳等。选用适应性强，可以粗放栽培，结实多而病虫害少的果树，如南方之荔枝、龙眼等；北方之枣、柿、山楂等。白果的药用价值很高，既可作为药用，也可作为膳食用。

2.1.1.2 树木特性与环境条件相适应的原则

树木的特性包括生物学特性和生态学特性两方面。

1. 生物学特性与环境条件相适应

植物生命过程中所表现的特点，如树木的外部形态、生长速度、开花结果等特点，在配置时必须与环境相协调，以增加园林的整体美。如在自然风格的园林中，树木形态应采用姿态飘逸的树种，而在规则式风格的园林中，则应选择较整齐或有机几何形状的树种。

在不同结构和不同色彩的建筑物前，应采用与建筑物相协调的树形与色彩，以产生对比衬托的效果。如庄严宏伟、黄瓦红墙的宫殿式建筑，配以苍松翠柏，可以起到相互呼应、衬托建筑主体的效果。

2. 生态学特性与环境条件相适应

每种树种都有它的适生条件，所以在树种选择与配置时一定要做到适地适树。根据树木对水分的需要，在地下水位较高或较低的地方栽植耐水湿的树种。土壤的酸碱度也对植物有很大的影响，所以在选择植物时应根据土壤的酸碱度来定。

总之，应以植物本身特性及其生态条件作为树种选择的基本因素来考虑。

2.1.2 园林树木的配置形式

2.1.2.1 园林植物配置方式分类

园林植物配置方式就园林树木搭配的形式而言。园林树木的配置一般分为规则式、自然式和混合式。

1. 规则式

规则式是指有规律的布置植物或以某种规则的图案重复出现，注重装饰性的景观效果，对线形注重连续性，对景观的组织强调动态与秩序的变化。规则式通常有中轴线的前后、左右对称栽植，按一定株行距，体现严肃整齐的效果。

2. 自然式

自然式是根据地形与环境来模拟自然景色的绿化模式，从植物的配置到活动空间的组织、地形的处理等都以自然手法来组织，形成一种连续的自然景观组合。自然式是以自然的方式进行配植，无轴线。自然灵活，参差有序，活泼。

3. 混合式

混合式是指布局注重自然与规则的统一与分离，在统一之中求得共融性，分离之中求得对比。因混合式兼具自然式与规则式两者的特点，所以变化较多，在景观中注重点的秩序组成。混合式的空间构成，在点的变化中形成多样的统一，同观者之间的距离可更近一些。它不强调景观的连续性，更多的是注重个性的变化。

2.1.2.2 园林植物的配置方式

1. 孤植

孤植是指乔木或灌木单株栽植或二、三株同一种的树木紧密地栽植在一起，而且具有单株栽植效果的种植类型，如图2-1-1所示。要求树种的姿态优美或具有美丽的花朵或果实。如雪松、金钱松、白皮松、油松、南洋杉、玉兰、广玉兰、樟树、七叶树、榕树。孤植所表现的是树木的个体美，在园林中常做主景，是园林种植中最小的构成部分。孤植时要根据空间选择树种大小，留出观赏空间：一般是4倍的树高，如图2-1-1所示。

2. 对植

对植是指用两株或两丛相同或相似的树，作相互对称或均衡的种植形式。对称对植（似天平），非对称对植（似杆秤），强调一种均衡的协调关系，如图2-1-2所示。

图 2-1-1　孤植

图 2-1-2　对植

对称种植多用在规则式园林中，如：在园林的入口、建筑入口和道路两旁常运用同一树种、同一规格的树木依主体景物轴线作对称布置。对称式种植中，一般采用树冠整齐的树种。非对称种植用在自然式园林中，植物虽不对称，但左右均衡。如：在自然式园林的进口两旁、桥头、蹬道的石阶两旁、洞道的进口两边、闭锁空间的进口、建筑物的门口，都可形成自然式的栽植起到陪衬主景和诱导树的作用。非对称种植时，分布在构图中轴线的两侧的树木，可用同一树种，但大小和姿态必须不同，动势要向中轴线集中，与中轴线的垂直距离，大树要近，小树要远。自然式对植也可以采用株数不相同而树种相同的配植，如左侧是一株大树，右侧为同一树种的两株小树。

3. 行植（列植）

行列栽植，是指乔、灌木沿一定方向（直线或曲线）按一定的株行距连续栽植的种植类型，如图2-1-3所示。行列栽植宜选用树冠体形比较整齐的树种，如圆形、卵圆形、倒卵形、椭圆形、塔形、圆柱形等，而不选枝叶稀疏、树冠不整形的树种。如行道树、林带、河边和绿篱的树木栽植。树种单一，突出植物的整齐之美。要求株行距：一般大乔木为5～8m，中小乔木为3～5m，大灌木为2～3m，小灌木为1～2m。行植成绿篱时，株行距一般为30～50cm。

4. 丛植（树丛）

丛植是由两株到十几株同种或异种、乔木或乔、灌木自然栽植在一起而成的种植类型，如图2-1-4所示。其是绿地中重点布置的种植类型，也是应用最多的栽植方式，在园林种植中占总种植面积的25%～30%。

图 2-1-3　行植

图 2-1-4　丛植

在古典园林中，树丛常与山石组合，设置在廊亭或房屋之角，起到装饰配景和障景的作用。树丛还可与孤植树一样，配置在草地的边缘，道路的两侧、水边、道路的交叉处。几个树丛组合在一起，称为树丛组。道路可从丛间通过。用树丛组合成小空场或草地的半闭锁空间，便于休息和娱乐。树丛组也常设在林缘、山谷等地的入口处对植或成为夹景起装饰作用。

5. 群植（树群）

几十棵同种或不同种树木栽植，组成较大面积的树木群体。群植是由多数乔灌木（一般在20～30株以上）混合成群栽植在一起的种植类型，如图2-1-5所示。树群与树丛的不同点在于植株数量多，种植面积大，所表现的是群体美，对单株要求不严格，仅考虑树冠上部及林缘外部的整体的起伏曲折韵律及色彩表现的美感。对构成树群的林缘处的树木，应重点选择和处理。树群的规模不可过大，一般长度不大于60m，长宽比不大于3:1，树种不宜过多。树群常与树丛共同组成园林的骨架，布置在林缘、草地、水滨、小岛等地成为主景。几个树群组和，常成为小花园、小植物园的主要构图，在园林绿地中应用很广，占较大的比重，是园林立体栽植的重要种植类型。

6. 片植（林植或纯林、混交林）

单一树种或两个以上树种大量成片栽植（上百棵），如图2-1-6所示。如中国传统园林中喜爱的竹林、梅林、松林，都是面积不大的纯林。如果将彩叶植物成片栽植，达到一定的规模，可营造出较有气势的景观。

图2-1-5 群植

图2-1-6 片植

2.2 花卉在园林中的应用

2.2.1 花坛

2.2.1.1 花坛定义

花坛是古老的花卉应用形式，是一种特殊的园林绿地，花坛是在具有几何形轮廓的种植床，其内种植各种不同色彩的花卉，运用花卉的群体效果来体现图案纹样，或观赏盛花时绚丽景观的一种花卉应用形式。

2.2.1.2 花坛的作用

1. 美化环境作用

花坛具有美化环境作用，其表现在园林构图中常作为主景或配景，盛开的花卉给现代城市增加五彩缤纷的色彩，通过运用随季节更替的花卉，能产生形态和色彩上的丰富变化，具有很好的环境效果和欣赏及心理效应。从而协调了人与城市环境的关系，提高人们艺术欣赏的兴趣。

2. 装饰基础作用

装饰作用是一种配景作用。花坛往往设置在一座建筑物前庭或内庭，美化衬托建筑物。花坛对一个主景，硬质景观，如纪念碑、水池、山石小品、宣传牌等起陪衬装饰作用，增加其艺术的表现力和感染力。而作为基础装饰的花坛不能喧宾夺主。

3. 分隔空间作用

用花坛分隔空间也是园林设计中一种常见艺术处理手法。在城市道路两旁设置不同形式花坛，可收到似隔非隔的效果。带型花坛则起到划分地面、装饰道路的作用，同时在一些地段设置花坛，可充实空间，增添环境美。

4. 组织交通作用

在分车带或道路交叉口设立花坛可分流车辆或人员,从而提高驾驶员的注意力,使人也有安全感。

5. 渲染气氛作用

在过年、过节期间,花坛运用大量有生命色彩的花卉装点街景,无疑增添节日的喜庆热闹气氛。

6. 生态保护作用

花卉植物,是净化空气的"天然工厂"。花卉不仅可以消耗二氧化碳,供给氧气,而且可吸收氯、氟、硫、汞等有毒物质。有的鲜花具有香精油,而具芳香气味的鲜花都有抗菌作用,飘散在空气中的香味对于杀结核杆菌、肺炎球菌、葡萄球菌以及预防感冒,减少呼吸系统的疾病具有显著效果。

2.2.1.3 花坛的类型

现代花坛式样极为丰富,根据不同的划分方法,可将花坛分为不同的类型。

1. 根据花材分类

根据花材使用的不同,可分为盛花花坛和模纹花坛。

(1)盛花花坛(花丛花坛)。

主要由观花草本植物组成,表现盛花的群体的色彩美或绚丽的景观,如图 2-2-1 所示。盛花花坛又称集栽花坛,是将几种不同种类、不同高度及不同色彩的花卉栽植成花丛状,一般是中间高,四周低,以供全方位欣赏或后高前低供单面欣赏。适合的花卉应当株丛紧密,开花繁茂,在盛花时应完全覆盖枝叶,要求花期较长,开放一致,花色明亮鲜艳,有丰富的色彩幅度变化。图案是从属的,可由同种花卉不同品种或不同花色的多种花卉群体组成。

图 2-2-1 盛花花坛

北方盛花花坛常用的花卉有三色堇、雏菊、金盏菊、紫罗兰、金鱼草、石竹类、瓜叶菊、美女樱、矮牵牛、鸡冠花、凤仙花、翠菊、一串红等。

(2)模纹花坛。

图 2-2-2 模纹花坛

主要由低矮的观叶植物或花和叶兼美的植物组成,表现群体组成的精美图案或装饰纹样(见图 2-2-2)。模纹花坛是以色彩鲜艳的低矮种类为主,在平面或立面上用植物种植成各种精美图案的一种花坛形式。模纹花坛中所有的花纹都一样平,称毛毡花坛。花纹高低不平,有的凸出有的凹陷,称浮雕花坛。

常用的花卉有五色苋、半支莲、香雪球、地被石竹、彩叶草、四季秋海棠等,平时应经常修剪以保持花坛图案的纹样清晰和整齐美观。

2. 根据空间位置分类

根据空间位置,可分为:平面花坛、斜面花坛、立体花坛。

(1)平面花坛。

平面花坛从观赏角度来说,平面花坛就是以平面为观赏面的花坛。

(2)斜面花坛。

斜面花坛是以斜面为观赏面,经常设置在斜坡处或者搭架构建。我们看到的很多模纹花坛也可以称为斜面花坛，如图 2-2-3 所示。

（3）立体花坛。

立体花坛的特点就是可以从四面观赏，向空间构建的花坛，很多都属于立体花坛，如图 2-2-4 所示。

图 2-2-3 斜面花坛 　　　　　　图 2-2-4 立体花坛

3. 根据花坛的组合分类

根据花坛的组合及布局分为独立花坛、花坛群和带状花坛。

（1）独立花坛。

独立花坛就是一个独立存在的花坛，常是一个局部构图的主体或构图中心，如图 2-2-5 所示。它可以布置成平面形式、斜面形式、又可布置成立体形式。形状可以是圆形、椭圆形、多边形等，也可以是多面对称的几何图形。其形式可是花丛式、模纹式、标题式等。独立花坛面积不宜太大，否则远处的花卉就会模糊不清。独立花坛在许多情况下还可做突出处理，如在花坛的中央做一个瓶饰、雕像、或用常绿树装饰中心。

图 2-2-5 独立花坛

（2）花坛群。

花坛群是由多个花坛组成一个不可分割的构图整体（见图 2-2-6）。可以由许多个相同或不同形式的独立花坛组成，但在构图及景观上具有统一性。花坛群的配置一般为对称排列。单面对称，许多花坛对称排列在中轴线的两侧。多面对称，多个花坛对称排列在多个相交轴线的两侧。花坛群的构图中心是独立花坛、水池、喷泉、雕塑等。组成花坛群的各花坛之间常用道路、草皮等互相联系，可允许游人入内，有时还可设置座椅、花架等供游人休息。花坛群与独立花坛相比，游人可以进入观赏，艺术感染力更强。国外的沉床花坛群，布置在凹地，有更强的艺术效果。

（3）带状花坛。

一般情况下游人的视线是运动的。带状花坛可以做主景，布置在道路的中央。可以作配景，为观赏草坪镶边，布置在道路的两侧，起装饰美化作用，在建筑物的墙基，掩映建筑与道路所形成的呆板的直角，如图 2-2-7 所示。

图 2-2-6 花坛群

图 2-2-7　带状花坛

2.2.2　花境

2.2.2.1　花境的定义

花境是模拟自然界中林地边缘地带多种野生花卉交错生长的自然美，又展示了植物自然组合的群落美。花境实际上是园林中从规则式构图到自然式构图的一种过渡半自然式种植形式。它以树丛、绿篱或建筑物为背景，通常由几种花卉呈自然块状混合配置而成，表现花卉自然散布的生长景观。它的构图形式既不是色彩，也不是纹样，而是植物群落的自然景观，如图 2-2-8 和图 2-2-9 所示。

图 2-2-8　花境（一）

图 2-2-9　花境（二）

花境与花坛的区别在于地上部分花卉材料的选择和栽种形式。花坛是以一、二年生花卉为主，做规则式种植，花境内植物的选择以在当地露地越冬、不需特殊管理的宿根花卉为主，兼顾一些小灌木及球根和一二年生花卉，做自然式种植。花境在外形上有别于自然曲线的花丛和带状花坛，实际上是一种人工群落，需要精心养护管理才会保持较好的自然景观。花境多用于林缘、墙基、草坪边缘、路边坡地、挡土墙垣等装饰边缘。

2.2.2.2　花境的类型

花境依设计方式的不同可分为单面观赏花境和双面观赏花境。

1. 单面观赏花境

单面观赏花境，游人仅从一侧观赏的花境。一般布置在建筑物和绿篱的前面，道路的边缘。以建筑物及绿篱为背景，其高度可以稍微超过游人的视线，但不能高于背景物。一般宽度为 2~3m 为宜，如图 2-2-10 所示。

2. 双面观赏花境

双面观赏花境的两侧都可供游人观赏。一般设置在道路、广场、草地的中央，没有背景。以植物形成中间高两侧低。中间高的部分不超过游人的视线（花灌木花境除外），花境一般布置成长方形或狭长的带形，如图 2-2-11 所示。

图2-2-10 单面观赏花境

图2-2-11 双面观赏花境

2.2.2.3 花境植物选择要求

1. 花境植物选择总体要求

花境植物选择应该是花期长、花叶兼美、管理简易、适应性强、能够露地越冬的多年生花卉。因此，所有的宿根花卉、球根花卉、花灌木都可以作为花境的种植材料。花境所表现的是植物群落的水平和垂直综合的自然景观。因此花卉植物的生物学特性和花境的艺术构图对植物都有要求。

2. 花期配合

要求四季美观，能不必经常更换而陆续开花，随不同季节交替变化。

3. 体形配合

使不同大小、高矮、形态互相参差，形成一定的变化，杂而不乱。花境的花卉植物通常是多种自然混合而成。

4. 色彩配合

植物间的色彩配合要有主次。植物与背景的色彩配合应有对比协调。

2.2.3 花丛

2.2.3.1 花丛的定义

花丛是用几株或几十株花卉组合成丛的自然式应用，以显示华丽色彩为主，极富自然之趣，管理比较粗放。

图2-2-12 花丛（花带）

2.2.3.2 花丛设计的要求

花丛适宜布置在建筑物旁、路旁、林下、草地、岩缝和水边，特别适宜于自然式园林中应用。花丛多选用多年生，耐粗放管理的宿根或球根花卉，如蜀葵、芍药、鸢尾、萱草、菊花、百合、玉簪等。

由于花丛体量较小，选材时应少而精，以一种或两种花卉为主体。同时，还应根据土壤条件和周边环境进行选材和配置。花丛要求自然式布置，栽种时各株间距不要相等，也不要成行成列地种植，避免形成直线。同时各种花卉要高低错落、疏密间致，富有层次变化，并注意游人前进的方向，各花丛应有变化，避免千篇一律，如图2-2-12所示。

2.2.4 花台

2.2.4.1 花台的定义

花台又称高设花坛，是高出地面栽植花木的种植地，与花坛类似，但面积较小，在庭院中做厅堂的对景或入门的框景，也有将花台布置在广场、道路交叉口或园路的端头以及其他突出醒目便于观赏的地方。四周用砖、石、混凝土等堆砌作台座，其内填入土壤，栽入花卉，一般在高出地面的台座上面形成的花卉景观，一般面积较小，台座高度多在40～60cm，如图2-2-13所示。

2.2.4.2 花台的形式

花台按形式分为规则式和自然式两种。

1. 规则式花台

规则式花台有圆形、椭圆形、方形、梅花形、菱形等，多用于规则式园林中。

2. 自然式花台

自然式花台常用于中国传统的自然式园林中，形式较为灵活，常结合环境与地形布置。

图2-2-13 花台

2.2.4.3 花台植物选择要求

植物材料选择应根据花台形状、大小、及所在环境来选择。规则式花台多选用花色艳丽、株高整齐、花期一致的草本花卉，如鸡冠花、万寿菊、一串红、郁金香等，还可用麦冬类、南天竹、金叶女贞等作配植；自然式花台在植物种类选择上更为灵活，花灌木和宿根花卉最为常用，如芍药、玉簪、麦冬、牡丹、南天竹、迎春、竹类等，在配置上可以单独种植如牡丹台等，也可以不同植物进行高低错落、疏密有致的搭配，不同植物种类混植时要考虑各种植物的生物学特性及生态要求。

2.2.5 花箱

2.2.5.1 花箱的定义

花箱它是随着现代城市的发展、施工手段的完善而推出的花卉应用形式。它具有施工便捷，形成最具迅速，便于移动和重新组合等优点，用木、竹、瓷、塑料、制造的，专供花灌木或草木花卉栽植使用的箱子称为花箱，如图2-2-14和图2-2-15所示。

图2-2-14 组合花箱（一）

图2-2-15 组合花箱（二）

有时为烘托地域文化内涵，可以模仿手推车、围棋子、鼓、扇子、鸡蛋壳、瓜果等制作的容器造型，其造型逼真形象，有趣味性，可反映一定的文化气息，丰富城市景观效果，适合公园、绿地、花卉展示等环境使用。

2.2.5.2 花箱形式

活动花台的形式,可参考插花造型设计,一般根据观赏角度的不同,可分为单面观、双面观和多面观。

1. 单面观

单面观活动花箱以主视面为主,多摆放在只能一侧观看的庭院、绿地、建筑墙体前等,观赏人只需看到造型的一面。

2. 双面观、多面观

双面观和多面观一般摆放在广场、人行道、多角度观看的庭院及绿地内等,观赏人可从各个角度观看。

2.2.5.3 花箱植物选择要求

活动花坛种植的花卉种类十分广泛,如一二年生花卉,球根和宿根花卉,矮生的蔓性和匍匐性植物及多肉植物等。植物种类选择时以应时花卉为主。

植物材料的选择,株型、株高的配置,色彩的搭配都是花卉配置的关键,由于活动花台体量有限,花卉的品种不能太多,色彩不宜太杂,两三种为宜,若组合类品种可适当丰富,但也不宜超过五种。常用的有四季海棠、凤仙类、矮牵牛类、彩叶草、百日草类、孔雀草、万寿菊、一串红、兰花鼠尾草、美女樱、福禄考、三色堇、角堇、夏堇、石竹类、天竺葵等。

2.2.6 花卉立体应用

2.2.6.1 花卉立体应用的定义

花卉立体应用是相对于常规平面应用而言的一种应用形式,主要是通过适当的载体和植物材料,结合环境色彩美学与立体造型艺术,通过合理搭配,将花卉的装饰功能从平面延伸到空间,从而达到较好的立面或三维立体的绿化装饰效果。

花卉立体应用具有造型丰富、施工快捷、养护简便、观赏期长、不受场地限制、适应性广等主要特点。

2.2.6.2 应用形式

根据景观特点及所使用的花卉材料不同,花卉立体应用的形式也是多种多样的,一般应用形式有花球、花柱、花墙、花塔、花钵、花树、花桥、花拱门、亭台楼阁等。

花球主要有球形花球和球柱形花球两种。球形花球又分为直径为40cm和60cm两种规格,球柱形花球直径为40cm。

花柱、花墙、花桥、花拱门、亭台楼阁、巨型花球等,以不同色彩的花卉拼构出非常细致的图案,如图2-2-16、图2-2-17所示,另外这种立体花卉应用一般都是利用卡盆为基本单元,使得安装更为便利、快速、日常维护更为便捷。可用于城市广场、街道、公共绿地等场所,能充分体现出三维绿化、美化的优点。

图2-2-16 花球、花柱

图2-2-17 花拱门

花塔有时也称为立体造型组合盆，不仅可用于栽植草本花卉，也可用于栽植小型绿篱植物或观花植物，快速形成大型花塔、黄杨球（塔）、女贞球（塔）、矮紫薇球（塔）等景观。

总之，花卉在室外环境中应用无处不在，大到广场、街道、公园、居住区，小到居室、庭院、几案无不进行独具匠心的花卉装饰，花卉造景也已以为反映一个城市、一个地区的精神文明、社会生活、园艺水平的窗口。

2.3 水生植物在园林中的应用

水生植物是指终年生长在水或沼泽地中的多年生草本观赏植物，一般情况下，生长迅速，适应性强，栽培管理省工省事。

2.3.1 水生植物的类型

2.3.1.1 挺水植物

它的根浸在泥中，茎叶挺出水面，一般生长在水深不超过 1m 的浅水中或沼泽地。如荷花（见图 2-3-1）、千屈菜（见图 2-3-2）、芦苇、慈姑、菖蒲等。

图 2-3-1 荷花

图 2-3-2 千屈菜

2.3.1.2 浮水植物

它们在根生长在水底泥中，但茎不挺出水面，仅叶、花浮于水面或略高于水面，这些植物一般在稍深一些水域（2m 左右）都能生长。睡莲（见图 2-3-3），王莲（见图 2-3-4）、大藻、荇菜、水鳖、田字萍等。

图 2-3-3 睡莲

图 2-3-4 王莲

2.3.1.3 漂浮植物

全株漂浮在水面或水中，可随水漂浮流动，一般繁殖迅速，在深水、浅水中都能生长，这类植物可以人静水面的点缀装饰，在大水面上可以增加曲折变化。如水浮莲、浮萍（见图 2-3-5）、凤眼莲（见图 2-3-6）等。

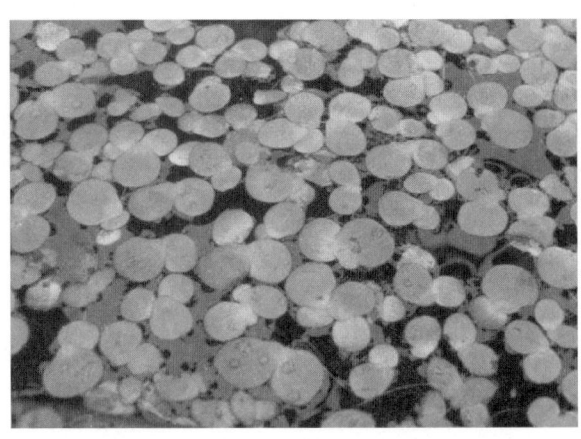

图 2-3-5 浮萍　　　　　　　　　　　　　图 2-3-6 凤眼莲

2.3.1.4 沉水植物

茎、叶全部沉于水中，可用于生态鱼缸。黑藻、金鱼藻、毛茛（见图 2-3-7）、眼子菜（见图 2-3-8）、苦草、菹草等。

图 2-3-7 毛茛　　　　　　　　　　　　　图 2-3-8 眼子菜

2.3.2 水生植物的栽植设计

2.3.2.1 水生植物的栽植设计形式

水生植物的栽植设计形式有两种，单一种植式和混种式。

1. 单一种植式

只有一种植物，如较大的水面种植荷花或芦苇等，可结合生产进行栽植。

2. 混种式

两种或两种以上的植物种植在一起，既要考虑生态要求，又要考虑美化效果上的主次关系，形成特色。如香蒲与慈姑配在一起，观赏效果较好，比香蒲与荷花配在一起更相宜，香蒲与荷花高矮差不多，配在一起相互干扰，显得凌乱，而香蒲与慈姑配在一起，有高有矮，搭配适宜，富于变化。

2.3.2.2 设计要求

1. 因地制宜，合理搭配

根据水面的大小、深浅，水生植物的特点，选择集观赏、经济、水质改良为一体的水生植物。如在大的湖面种植荷花和芡实很合适，在小的水面则以种植物叶形较小的睡莲更合适；在沼泽和低湿地带种千屈菜、香蒲、石菖蒲等；处于静水的水池、水塘宜种植睡莲、王莲；水深 1m 左右，水流缓慢的地方宜植荷花，超过 1m 的湖塘多植浮萍、凤眼莲等。

2. 数量适当，有疏有密

水生植物种植时不宜种满一池，使水面看不到倒影，失去扩大空间和美化作用，也不要沿岸种植一圈。而疏密相间，有断有续，点、线、面结合。水生植物的面积应不超过水面的 1/3 左右，留有一定的空间显得生动活泼。

3. 控制生长，安置设施

为了控制水生植物的生长，常用的方法是将水生植物设置在种植床或种植缸内，以点缀水面，防止水生植物因生长而远离设计地点，在较大面积种植时，用砖或混凝土砌成栽植台，以限制植物长出所设计的区域。

【知识拓展】

在网上有很多园林植物资源，像中国植物数据库、植物图片大全等，可以充分利用网络资源来学习园林植物，了解植物形态。

1. CVH 植物图片库：http://www.cvh.ac.cn/
2. 中国数字植物标本馆：http://www.cvh.org.cn/
3. 中国园林花木网：http://www.cx987.cn/
4. 中国植物数据库：http://www.plant.csdb.cn/

【实训提纲】

1. 目的要求

通过实训相关环节的练习可以使学生对园林树木和花卉应用等相关内容有个全面的了解与掌握，在对校园内植物的运用类型调查的过程，可以增加对此部分内容的理解。对校园内植物运用类型的调查并对其进行评价，积累和体会植物的配置方式。

2. 实训项目支撑条件

此环节的实训项目训练可以结合后面的植物分类进行，调查、整理、绘图、分析等过程。所需条件有校园绿化环境、笔记本、笔、绘图工具。

3. 实训任务书

题目：植物应用调查训练

作业要求：选择校园内典型植物配置方式地块，画该地块的植物配置平面图，并标明尺寸和植物名称。

【思考与练习】

1. 园林树木的配置形式有哪些？简述其特点。
2. 什么是花坛？花坛的类型有哪几种？
3. 什么是花境？花境的类型有哪几种？
4. 水生植物有哪几种类型？简述其特点。

第3章 园林植物的分类

内容提要：
本章主要介绍了园林植物的命名以及园林植物的各种分类方法。
学习目标：
1. 了解植物分类的方法、植物分类的系统和植物分类的单位；
2. 掌握植物命名的法则；
3. 重点掌握植物分类检索的方法，能够编制植物检索表。

3.1 植物分类的目的

植物分类学是研究整个植物界不同类群的起源、亲缘关系及进化发展规律的一门学科，其目的是把繁杂的植物进行鉴定、分群归类、命名并按一定系统排列起来，以便于认识，便于研究和利用。

3.2 植物分类的任务

植物分类学任务有探索种的起源和进化；建立自然分类系统；记述和命名植物的"种"，命名和描述植物种的特征，编写出各地区的植物志；扩大植物应用，为提高园林苗木生产及合理利用植物种质资源提供理论依据。

3.3 植物分类

3.3.1 植物分类的方法

植物分类学是在人类认识植物和利用植物的社会实践中发展起来的一门古老科学，为了更好地发掘、利用和改造植物，就需对它们进行系统科学的分类。

植物分类的方法是人们对植物的形态、构造、生活史和生活习性进行观察、研究、比较个体间的异同点，把具有共同点的种类归为一个类群，分成不同的等级。

1. 人为分类法

早期人们对植物的认识是从其习性、用途等几个特征作为分类依据，而不考虑亲缘关系和演化关系。如我国明朝李时珍著的《本草纲目》，以用途和习性为依据。再如瑞典的林奈是以雄蕊（有无、数目、着生情况）为分类依据，均属于人为分类的方法。

人为分类法是按照人们的应用目的和方法，以植物一个或几个特征作为分类依据，根据形态、习性、用途进行分类，利用的性状较少，不考虑植物物种之间的亲缘关系。这种方法着眼于应用上的方便，突出某一方面的实用性，通常不具有预测性。例如：按照园林观赏用途将植物分为行道树、孤散植类、垂直绿化类、造型及树桩盆景类、绿篱类等。

2. 自然分类法

19世纪后期，随着达尔文进化论的出现，自然分类逐渐发展。自然分类法是以植物进化过程中亲缘关系的远近作为分类标准，利用尽可能多的证据（包括形态学、化学、细胞学、解剖学、分子生物学等）反映各物种间的亲缘关系。

这种方法科学性较强，在生产实践中也有重要意义，并具有可预测性。例如用于人工杂交、培育新品种、探索植物资源等。随着生物分子领域的深入研究，现代科学技术对植物分类也起到了很大的促进作用，主要介绍以下几种。

（1）形态学分类。利用标本室核对、文献资料，形态解剖学等途径进行植物分类研究。形态分类研究对象有瓣型、花期、花色、雌雄蕊数目等，研究时需要对每个性状的描述非常详细，重要的是抓住主要特征是什么，提取出植物的独特性进而分类。

（2）细胞学分类。通过研究植物间染色体组型的相似及差别，判定植物间的亲缘关系远近。研究对象有染色体臂比、染色体臂长、染色体数目、染色体附属物等。

（3）生化水平分类。通过提取植物所含有的化学物质、分子信息，对物质含量进行测定，对分子信息进行观察分析，进而对植物间的亲缘关系进行研究，以区分各种植物。

（4）分支分类。不同性状有不同的源，进化过程也是不等值的。通常某种性状可能进化快，某些性状可能进化慢。类群内共有的性状为祖先性状，不同的性状为个体特有的性状。以此为依据，进行类群内各植物的分析研究，判定其亲缘关系的远近，从而进行分类。

3. 二元分类法

以植物的自然起源为主线，依据植物在园林中的应用进行分类。例如：梅花依据形态学不同分为四大系——美人梅系、真梅系、杏梅系和果梅系。而真梅系中人们依据观赏特性的不同又分为直枝梅、垂枝梅、龙游梅。

3.3.2 植物分类的系统

植物分类系统最著名的有 A. 恩格勒（A.Engler）系统和 J. 哈钦松（J.Hutchinson）系统。恩格勒是德国的植物学家。恩格勒系统分类的特点是：认为柔荑花序类植物在双子叶植物中是比较原始的类群；单子叶植物比双子叶植物原始。该系统在 1964 年根据多数植物学家的意见，将错误的部分加以更正，即认为单子叶植物是较高级的植物，放在双子叶植物后，目、科的范围亦有调整。由于恩格勒系统较为稳定和实用，所以在世界各国及中国北方多采用。

哈钦松是英国植物学家。哈钦松系统分类的特点是：认为木兰目植物比较原始；认为木本支与草本支分别以木兰目和毛茛目为原始点平行进化；柔荑花序类植物比较进化；单子叶植物比双子叶植物进化。

目前很多人认为哈钦松系统较为合理，我国南方学者采用哈钦松系统分类的较多。

3.3.3 植物分类的单位

种是植物分类的基本单位，也是各级单位的起点。所谓种，是指起源一共同的祖先，具有相似的形态特征，且能进行自然交配，产生正常后代（少数例外）并具有一定自然分布区的生物类群。种内个体由于受环境影响而产生显著差异时，可视差异大小分为亚种、变种等。其中变种是最常用的。集种成属，集属成科，集科成目，由此类推组成纲、门、界等分类单位。因此界、门、纲、目、科、属、种成为分类学的各级分类单位。在各级单位中，根据需要可再分成亚级，现以桃树为例说明分类上所用单位：

界……植物界（*Regnum Plantae*）
 门……种子植物门（*Spermatophyta*）
  亚门……被子植物亚门（*Angiospermae*）
   纲……双子叶植物纲（*Dicotyledoneae*）
    亚纲……离瓣花亚纲（*Archichlamydeae*）
     目……蔷薇目（*Rosales*）
      亚目……蔷薇亚目（*Rosineae*）
       科……蔷薇科（*Rosaceae*）

亚科……李亚科（*Prunoideae*）

属……梅属（*Prunus*）

亚属……桃亚属（*Amygdalus*）

种……桃（*Prunus Persica*）

3.4 植物的命名

每种植物，在不同的国家，或同一国家不同地区之间其名称也不相同，因而就易出现同物异名或同名异物的混乱现象，造成识别植物、利用植物、交流经验等的障碍。因此，为方便交流和统一植物名称，共同的命名法则是非常必要的。

在植物命名上，国际植物会议按照《国际植物命名法规》，规定了植物的统一科学名称，简称"学名"。学名是用拉丁文命名的，国际通用的是瑞典植物学家林奈（C.Linnaeus）所倡用的植物"双名法"。

（1）一种植物只能有一个合理的拉丁学名。

（2）拉丁名采用双名制，即属名加种名。

（3）属名用名词，首字母大写；种名一般用形容词，首字母小写。

（4）学名组成为：属名 + 种加词 + 命名人姓氏缩写。如桑树：Morus alba L，桑树学名的属名是拉丁文名词 *morus*（桑树），首字母大写，种加词一般是形容词，起着标志这一植物种的作用，首字母小写；桑树的学名种加词 alba 是"白色"的意思；命名人姓氏，除单音节外均应缩写，缩写时要加省略号"."，且第一个字母大写如 Linnaeus（林奈）缩写为 L.

（5）两种不同植物不能有相同的学名。

（6）一般的植物，皆有双名的学名，少数具亚种（sub.）、变种（var.）或变型（f.）的，可具三名；"三名法"即学名由属名 + 种加词 + 亚种（变种或变型）加词组成。

如亚种，其学名组成是：属名 + 种加词 + 命名人 +sub.（亚种的缩写）+ 亚种加词 + 亚种命名人；变种，其学名组成是：属名 + 种加词 + 命名人 + var.（变种的缩写）+ 变种加词 + 变种命名人，属名和命名人首字母大写外，其余以下各级名称首字母均小写。

3.5 园林植物的分类方法

园林植物种类繁多，分类体系多样。但园林植物分类仍以系统分类为主，着眼于应用的方便，按照园林植物的生长类型、生态习性、观赏性状等进行分类。

3.5.1 依植物进化系统分类

1. 裸子植物

由胚、胚乳和珠被形成种子，并不形成子房和果实，胚珠和种子裸露。如松柏类植物、苏铁等。

2. 被子植物

有真正的花，种子被果皮所包被。被子植物又分为双子叶植物和单子叶植物两大类。

双子叶植物种子的胚有 2 片子叶，主根发达，多为直根系。如垂柳、国槐、月季、菊花等大多数常见的植物。

单子叶植物种子的胚只有 1 片子叶，多数为草本，须根系。如禾本科草坪植物、百合、萱草等。

3. 苔藓植物

最低等的高等生物，植物无花，无种子，以孢子繁殖。园林上应用较少。

4. 蕨类植物

以耐阴的观叶和地被植物为主，少数为木本。

3.5.2 依植物生长类型分类

1. 木本植物

（1）乔木类。主干明显，树干和树冠有明显的区分。树形高大，一般分为落叶乔木和常绿乔木。

（2）灌木类。无明显主干，近地面处生出许多枝条，呈丛生状。通常大灌木为2m以上；中型灌木为1～2m；小灌木为1m以下。

（3）藤本类。茎木质化，长而细弱不能直立，必须缠绕或攀援它物上才能向上生长。

（4）匍地类。干、枝等均匍地生长，与地面接触部分可生出不定根而扩大占地范围，如铺地柏等。

2. 草本植物

（1）一、二年生花卉。一年内完成一个生活周期，称一年生植物。一般春季播种，夏秋季开花。秋季播种、翌年春季开花，在二年内完成一个生活周期，称为二年生植物。

（2）多年生花卉。在完成一个生育周期以后，其地下部分经过休眠，并能重新生长、开花和结果。根据地下形态的不同，可分为宿根植物和球根植物。

1）宿根花卉。冬季陆地可以越冬，根系存于土壤之中，次年重新萌发生长。

2）球根花卉。地下部分具有大的变态根或变态茎。根据其形态的不同又分为：鳞茎类、球茎类、块茎类、块根类和根茎类。

（3）草坪及地被植物。如早熟禾、狗牙根、假俭草、黑麦草等。

3.5.3 依植物生态习性分类

1. 阳性植物

在阳光比较充足的环境条件下，才能正常生长的树种，称为阳性植物。如大部分松柏类植物、一串红、结缕草等。

2. 阴性植物

能在蔽荫环境条件下正常生长的树木称为阴性植物。如玉簪、八仙花、普通早熟禾、黑麦草等。

3. 中性植物

对阳光的要求介于阴性和阳性两者之间的植物，称为中性植物。如苏铁、金银花、紫羊茅等。

4. 耐水植物

这类植物要求土壤水分充足，即使根部延伸至水中也不影响其正常生长。如水杉、垂柳、水曲柳等。

5. 耐旱植物

耐干旱性强，如白皮松、刺槐、细叶早熟禾等。

6. 耐盐碱植物

这类植物生长在含有一定盐碱的土中，如柽柳、白蜡等。

7. 抗性植物

具有保护环境、能抵抗污染和自然灾害的植物都属于抗性植物。

3.5.4 依植物观赏特性分类

1. 形木类

以观赏树木的特殊姿态为主。如雪松、龙爪槐、南洋杉等。

2. 叶木类

以观赏叶形、叶色、大小为主。如银杏、紫叶李、龟背竹、鹅掌木等。

3. 花木类

以观赏花形、花色、花香为主。如牡丹、紫薇、丁香等。

4. 果木类

以观赏果实的大小、形状、色彩为主。如火炬树、石榴、丝绵木等。

5. 干枝类

以观赏枝干的色彩为主。如山桃、白皮松、红瑞木等。

6. 根木类

以观赏植物的板根、气生根为主。如榕树等。

3.5.5 依植物观赏花期分类

1. 春花类

2—4月开放，如梅花、水仙、郁金香等。

2. 夏花类

5—7月开放，如荷花、玫瑰等。

3. 秋花类

8—10月开放，如菊花、桂花等。

4. 冬花类

11月至次年1月开放，如腊梅、山茶等。

3.5.6 依园林用途分类

1. 行道树

栽植在道路两侧，如公路、街道、园路、铁路等两侧，整齐排列，以遮阴、美化为目的的乔木树种。世界五大行道树：银杏、鹅掌楸、椴树、悬铃木、七叶树。

2. 孤散植树

布置在花坛、广场、草地中央、道路交叉点、河流曲线转折处外侧、水池岸边、庭院角落及园林建筑等处起主景、局部点缀或遮阴作用的一类树木。

3. 垂直绿化类

依据藤蔓植物的生长特性和绿化应用对象选择树种。

4. 绿篱类

以耐密植、耐修剪、养护管理方便，有一定观赏价值的木本种类为主。

5. 造型及树桩盆景类

经过人工修整的植物或置于盆内再现大自然风貌的植物均是园林景观不可或缺的艺术品。

3.6 植物分类依据及分类检索表

3.6.1 植物分类依据

植物的鉴定、分群归类主要的依据有形态学、细胞学、解剖学、植物化学、分子植物学的各类标记等。形态学是通过研究植物的形态和结构（如花色、瓣形、雄蕊的数目等），根据个体发育与系统发育的特征进行植物的分类与系统演化的研究。深入到细胞学、分子生物学领域的植物分类研究能够更准确的确定植物间的亲缘关系、植物性状的发展快慢以及系统的发展演化关系。

3.6.2　植物分类检索表

植物分类检索表是鉴定植物的工具，一般包括分科、分属及分种检索表。植物检索表的编制常用植物形态比较法，按照科、属、种划分的标准和特征，选用一对明显不同的特征，将植物分为两类，又从两类中再找相对的特征区分为两类。以此类推，最后即可分出科、属、种或品种。常用的检索表有平行和定距两种形式。

1. 平行检索表

平行检索表中每一相对性状的描写紧紧并列以便比较，在一种性状描述结束即列出所需的名称或是一个数字。此数字重新列于较低的一行之首，与另一组相对性状平行排列。如：

1. 木本植物……………………………………………………2
1. 草本植物……………………………………………………5
2. 单叶…………………………………………………………3
2. 复叶…………………………………………………………4
3. 羽状叶脉………………………………………………（sp.1）
3. 掌状叶脉………………………………………………（sp.2）
4. 奇数羽状复叶…………………………………………（sp.3）
4. 偶数羽状复叶…………………………………………（sp.4）
5. 叶对生………………………………………………………6
5. 叶互生…………………………………………………（sp.7）
6. 四强雄蕊………………………………………………（sp.5）
6. 二强雄蕊………………………………………………（sp.6）

2. 定距检索表

定距检索表中每对特征写在左边一定的距离处，前面标以数字，与之相对应的特征写在同样距离处。如此下去每行字数减少，距离越来越短，逐组向右收缩。定距检索表使用上较为方便，每组对应性状一目了然，便于查找核对。如：

1. 木本植物
 2. 单叶
  3. 羽状叶脉……………………………………………（sp.1）
  3. 掌状叶脉……………………………………………（sp.2）
 2. 复叶
  4. 奇数羽状复叶………………………………………（sp.3）
  4. 偶数羽状复叶………………………………………（sp.4）
1. 草本植物
 5. 叶对生
  6. 四强雄蕊……………………………………………（sp.5）
  6. 二强雄蕊……………………………………………（sp.6）
 5. 叶互生……………………………………………………（sp.7）

【知识拓展】

种及种下分类群

1. 种（Species）

是生物分类的基本单位。它是具有一定的自然分布区和一定的生理、形态特征的生物类群。同一种中的各个个体具有相同的遗传性状，而且彼此杂交可以产生繁育后代，但与另一个种的个体杂交，一般情况下，则不能产生后代。种是生物进化与自然选择的产物。

2. 种群（Population）

是物种的结构单元，一个物种是由若干个种群所组成，一个种群由同种许多个体所组成。而各个种群总是不连续地分布于一定的区域内（即种的分布区域）。每一种群内即是一个集体，自成一个繁殖体系，个体之间进行有性繁殖，交流基因，维持种的繁衍。

3. 亚种（Subspecies）

一个种内的类群。形态上有差别，分布上或生态上或季节上有隔离，这样的类群为亚种。

4. 变种（Variety）

种内有形态变异，变异比较稳定，他分布的范围比亚种小得多。是一个种的地方种。

5. 变型（Form）

有形态变异，但看不出有一定的分布区，而是零星分布的个体，这样的个体为变型。

6. 栽培品种（Cultivar）

为了农业和园艺上的目的，凡具有任何一种特征（形态学的、生理学的、细胞化学的或其他）的栽培个体的集合，且被繁殖后（无性的或有性的），仍能保持这种可以区别的特征。

【实训提纲】

1. 实训目标

（1）能够利用检索表检出植物所属科名。

（2）能够编制简单的植物检索表。

2. 实训内容

在校园内进行园林植物的认识，进行以下内容的实训。

（1）给定已编制好的某些园林植物的分科检索表，通过课内园林植物的形态认识学习，在校园内断定具体的物种。

（2）通过课外园林植物物种的认识实习，编制植物检索表。

3. 考核评价

（1）出勤率（10%）。

（2）过程表现（20%）。

（3）园林植物判定的准确性（30%）。

（4）编制植物检索表的科学合理性（40%）。

第4章 木本园林植物

内容提要：

木本园林植物是指多年生的、茎部木质化的植物，是园林绿化骨干材料，本章将介绍园林中常见木本园林植物包括各种乔木、灌木、藤本、竹子等的识别要点、分布、习性及其在园林中的应用。

学习目标：

能够识别常见木本园林植物，其中乔木120种，灌木70种，藤本20种，竹类15种，并用专业术语描述其形态特征。

掌握常见木本园林植物的植物学分类、分布习性及其园林用途，为在园林建设中，更好地应用各种园林植物打下基础。

4.1 乔木

乔木类是指树体高大（通常6m至数十米），具有明显的高大的主干。依其高度可分为伟乔（31m以上）、大乔（21～30m）、中乔（11～20m）和小乔（6～10m）4级。按其冬季或旱季是否落叶又分为常绿乔木和落叶乔木。

由于乔木类一般树体雄伟高大，树形美观，多数具有宽阔的树干，繁茂的枝叶，所以，在园林中一般多用于庭荫树、行道树、独赏树等。为了便于学生能更好地掌握乔木类在园林造景中的应用，乔木类将按照常绿乔木类和落叶乔木类分别进行讲述。

4.1.1 常绿乔木

常绿乔木是一种终年具有绿叶的乔木，这种乔木的叶寿命是2～3年或更长，并且每年都有新叶长出，在新叶长出的时候也有部分旧叶的脱落，由于是陆续更新，所以终年都能保持常绿。这种乔木由于其有四季常青的特性，因此，常被用来作为园林绿化的首选之物，由于它们常年保持绿色，其美化和观赏价值非常高。

4.1.1.1 针叶乔木

1. 苏铁（见图4-1-1）

植物名称：苏铁（别名：铁树、凤尾蕉、凤尾松、避火蕉）

拉 丁 名：*Cycas revolute Thunb*

科　　属：苏铁科 苏铁属

（1）形态特征。

1）树形：常绿棕榈状乔木，高达5m，全株呈伞形。

2）枝干：主干粗壮，圆柱形，少有分枝，有显著的落叶痕迹。

3）叶：大型羽状复叶丛生茎端，长达0.5～2.0m，厚革质而坚硬。羽片多达100对以上，条形，长9～18cm，边缘翻卷，深绿色，有光泽。

图4-1-1 苏铁

4）花：花顶生，雌雄异株，雄球花圆柱形，黄色；雌球花头状扁球形，密生褐色绒毛，花期为6—7月。

5）种子：种子倒卵形，略扁，10月成熟，熟时棕红色。

（2）分布习性。

1）分布：热带和亚热带树种。原产我国福建、台湾、广东等地。华南、西南地区可露地栽植，长江流域及以北地区多盆栽。

2）习性：喜光，但耐半阴；喜温暖湿润，不耐严寒及长期干旱；寿命长，可达300年以上；在原产地通常10年生植株即可开花，且连年均能开花结实，但长江以北由于日照过长，且积温不够，因而不易孕蕾开花，故有"60年一花"或"千年铁树难开花"之说。

（3）园林用途。

1）色彩：铁树四季常青，主干铁青而叶色墨绿并具光泽。

2）配置方式：苏铁树形优美，是表现热带风光的优良树种。在南方适于草坪内孤植或群植，北方地区多盆栽，可布置于花坛中心，也可用于装饰大型会场。羽状叶可用于插花。

（4）应用注意事项。

因苏铁为肉质根，不耐积水，因此，盆栽时忌用黏质土壤，亦忌浇水过多，否则易烂根。

图4-1-2 辽东冷杉

2. 辽东冷杉（见图4-1-2）

植物名称： 辽东冷杉（别名：杉松）

拉丁名： *Abies holophylla Maxim.*

科　属： 松科 冷杉属

（1）形态特征。

1）树形：常绿乔木，树冠阔圆锥形，老龄时为广伞形。

2）枝干：幼树树皮淡褐色不裂，老树树皮灰褐色浅纵裂，内皮赤色。

3）叶：叶条形，上面凹下，深绿色有光泽，下面有2条白色气孔带，先端突尖或渐尖。

4）果实：球果圆柱形，长6～14cm，熟时淡黄褐或淡褐色，近无柄，苞鳞短不露出，先端有刺尖头，果当年10月成熟。

（2）分布习性。

1）分布：产于辽宁东部、吉林及黑龙江省，但小兴安岭没有分布，在长白山区及牡丹江山区为主要树种之一。俄罗斯西伯利亚及朝鲜亦有分布。北京引种后生长良好；杭州亦有引种，生长良好。

2）习性：阴性树，抗寒能力较强，喜生长于土层肥厚的阴坡，在干燥阳坡极少见。

（3）园林用途。

1）色彩：在辽东冷杉老树下点缀山石和观叶灌木，可形成姿、色俱佳之景色。

2）配置方式：辽东冷杉树姿雄伟端正，宜孤植作庭荫树，也可以列植、丛植或群植。在北京和杭州均可以生长良好。还可盆栽做室内装饰。

（4）应用注意事项。

辽东冷杉为浅根性树种，栽植时注意进行防风保护。

3. 红皮云杉（见图4-1-3）

植物名称： 红皮云杉（别名：虎尾松、高丽云杉）

拉丁名： *Picea koraiensis Nakai.*

科　　属：松科 云杉属

（1）形态特征。

1）树形：常绿乔木，高30m，树冠尖塔形。

2）枝干：大枝斜伸或平展，小枝上有明显的木针状叶枕，1年生枝淡红褐色或淡黄褐色，芽长圆锥形，小枝基部宿存芽鳞之先端常反曲。

3）叶：叶锥形，先端尖，多辐射伸展，横切面菱形，四面有气孔线。

4）果实：球果卵状圆柱形或圆柱状矩圆形，熟后褐色；种鳞薄木质，三角状倒卵形，种子上端有膜质长翅。花期5—6月，果9—10月成熟。

（2）分布习性。

1）分布：分布于东北小兴安岭、吉林山区海拔1400～1800m地带，朝鲜及乌苏里地区亦产。北京植物园引种大苗，生长表现良好，可作为独赏树在北京地区推广。

2）习性：较耐阴，浅根性；适应性较强，在分布区内除沼泽化地带及干燥的阳坡、山脊外，均能生长。

（3）园林用途。

红皮云杉树姿优美，适应性强，生长快，可作为独赏树应用于园林绿地中，也可列植或丛植；也可作为风景区和"四旁"绿化树种。

图4-1-3　红皮云杉

图4-1-4　白杆

4. 白杆（见图4-1-4）

植物名称：白杆（别名：麦氏云杉、毛枝云杉）

拉丁名：*Picea meyeri* Rehd.et Wils.

科　　属：松科 云杉属

（1）形态特征。

1）树形：常绿乔木，高约30m，树冠狭圆锥形。

2）枝干：树皮灰色，呈不规则薄鳞状剥落，大枝平展，小枝黄褐色或褐色，芽鳞反卷。

3）叶：四棱状条形，弯曲，呈粉状青绿色，端钝，四面有气孔线，螺旋状排列。

4）果实：球果长圆状圆柱形，初期浓紫色，成熟时则变为有光泽的黄褐色。花期4月，果9—10月成熟。

（2）分布习性。

1）分布：我国特产树种，在山西，河北及内蒙古等地均有分布，华北城市如北京等地园林中多见栽培。

2）习性：耐阴性强，性耐寒，喜空气湿润气候；喜生于中性及微酸性土壤，但也可生于微碱性土壤中。

（3）园林用途。

白杆树形端正，枝叶茂密，下枝能长期存在，最适孤植，丛植时亦能长期保持郁闭。华北城市可较多应用，庐山等南方风景区亦有引种栽培。

（4）应用注意事项。

白杆为浅根性树种，但根系有一定的可塑性，在土层厚而较干处根可生长稍深。

5. 青杆（见图4-1-5）

植物名称：青杆（别名：魏氏云杉、细叶云杉）

拉　丁　名：*Picea wilsonii* Mast.

科　　属：松科 云杉属

（1）形态特征。

1）树形：常绿乔木，高50m，树冠圆锥形。

2）枝干：一年生小枝淡黄绿、淡黄或淡黄灰色，2年或3年生枝变为淡灰色或灰色，小枝基部宿存的芽鳞不反卷。

3）叶：叶针状四棱形，坚硬，较短，枝上的叶贴伏小枝生长。

4）果实：球果卵状圆柱形或圆柱状长卵形，初绿色，熟时褐色。花期4月，果期10月。

图4-1-5　青杆

（2）分布习性。

1）分布：分布于河北、甘肃中南部、陕西西部、湖北西部、青海东部及四川等地区。北京、太原、西安等地城市园林中常见栽培。

2）习性：性强健，适应力强，耐阴性强，耐寒，喜凉爽湿润气候；喜排水良好，适当湿润之中性或微酸性土壤，但在微碱性土中亦可生长。

（3）园林用途。

青杆枝叶繁密，层次清晰，叶色蓝灰，优雅别致，是极为优良的绿化树种。适宜在园林绿地中孤植、散植、对植、列植。

（4）应用注意事项。

青杆根系浅，抗风力差，不宜修剪。忌高温干旱、水涝及盐碱土。

6. 雪松（见图4-1-6）

植物名称：雪松（别名：香柏、喜马拉雅山雪松、喜马拉雅杉）

拉　丁　名：*Cedrus deodara*（Roxb.）Loud.

科　　属：松科 雪松属

（1）形态特征。

1）树形：常绿乔木，高50~72m，树冠圆锥形。

2）枝干：大枝一般平展，不规则轮生，小枝略下垂。树皮灰褐色，裂成鳞片，老时剥落。

3）叶：叶针状，质硬，灰绿色。在长枝上为螺旋状散生，在短枝上簇生。

4）果实：球果椭圆状卵形，成熟后种鳞与种子同时散落，种子具翅。花单生枝顶，花期10—11月。球果翌年10月成熟。

图4-1-6　雪松

（2）分布习性。

1）分布：原产喜马拉雅山西部，现长江流域各大城市中多有栽培，青岛、西安、昆明、北京、郑州、上海、南京等地的雪松均能生长良好。

2）习性：喜光，有一定耐阴能力，大树要有充足的阳光。喜温凉气候，有一定耐寒能力，栽培北界在北京，但应选背风处栽植为佳；耐干旱，忌积水；对土壤要求不严；对烟尘等污染气体抗性较差，可作为指示植物。

（3）园林用途。

雪松树体高大，树形优美，其主干下部的大枝自近地面处平展，长年不枯，为世界著名的观赏树。最适宜孤植于草坪中央、建筑前庭之中心、广场中心或主要建筑物的两旁及园门的入口等处；也可列植于园路的两旁，形成甬道，亦极为壮观。

（4）应用注意事项。

雪松为浅根性树种，抗风力差。对二氧化硫抗性较弱，空气中的高浓度二氧化硫往往会造成植株死亡，尤其是4—5月间发新叶时更易造成伤害。

7. 红松（见图 4-1-7）

植物名称：红松（别名：海松、果松、红果松、朝鲜松）

拉 丁 名：*Pinus koraiensis Sieb. et Zucc.*

科　　属：松科 松属

（1）形态特征。

1）树形：常绿乔木，高达 50m，树冠卵状圆锥形。

2）枝干：树皮灰褐色，呈不规则长方形裂片，内皮赤褐色。1年生小枝密被黄褐色或红褐色柔毛。

3）叶：叶5针一束，长6～12cm，在国产的五针松中最为粗硬、直，深绿色。

4）果实：球果圆锥状长卵形，长9～14cm，成熟后种鳞不张开，先端反卷，种子大，无翅。花期5—6月。球果翌年9—10月成熟。

图 4-1-7　红松

（2）分布习性。

1）分布：产于我国东北各地，长白山、小兴安岭极多。朝鲜、俄罗斯及日本北部亦有分布。

2）习性：喜光，较耐阴；喜凉爽气候，耐寒性强，能耐 –50℃左右的低温；喜空气湿润的海洋性气候，不耐酷热和干燥；喜生于深厚肥沃、排水良好而又适当湿润的微酸性土壤。

（3）园林用途。

红松树形雄伟高大，宜作北方森林风景区材料，或配置于庭院中。在北京郊区及山东山区引种，生长表现较好。

（4）应用注意事项。

红松在自然界中表现为浅根性，水平根系很发达，只有少数长根，故较易风倒。

8. 日本五针松（见图 4-1-8）

植物名称：日本五针松（别名：五钗松、日本五须松、五针松）

拉 丁 名：*Pinus parviflora Sieb. et Zucc.*

科　　属：松科 松属

（1）形态特征。

1）树形：常绿乔木，高 10～30m，树冠圆锥形。

2）枝干：树皮灰黑色，呈不规则鳞片状剥裂，内皮赤褐色。1年生小枝淡褐色。

图 4-1-8　日本五针松

3）叶：叶较细，5针一束，长3～6cm，簇生枝端，带蓝绿色，内侧两面有白色气孔线。

4）果实：球果卵圆形或卵状椭圆形，长4～7cm，熟时淡褐色。

（2）分布习性。

1）分布：原产日本。长江流域部分城市及青岛等地园林中有栽培。各地也常栽为盆景。

2）习性：阳性树，但比赤松及黑松耐阴。喜生于土壤深厚、排水良好、适当湿润之处，在阴湿之处生长不良；虽对海风有较强得抗性，但不适于沙地生长；生长速度缓慢；不耐移植，移植时不论大小苗均需带土球；耐整形。

（3）园林用途。

日本五针松姿态苍劲秀丽，针叶葱郁纤秀，富有诗情画意，是名贵的观赏树种之一。可孤植配奇峰怪石，也可整形后在公园、庭园、宾馆作点景树，适宜与各种古典或现代的建筑配置。还可列植园路两侧作园路树，亦可在园路转角处2～3株丛植。因耐整形修剪，适作盆景、桩景等用。

（4）应用注意事项。

绿化实践中，应注意五针松是较难移栽成活的树种，须十分注意操作和养护。

9. 华山松（见图4-1-9）

植物名称：华山松（别名：五须松、青松）

拉　丁　名：*Pinus armandii* Franch.

科　　属：松科 松属

（1）形态特征。

1）树形：常绿乔木，高35m，树冠广圆锥形。

2）枝干：大枝开展，轮生现象明显，幼树树皮灰绿色或淡灰色，平滑，老时裂成方形或长方形厚块片。

3）叶：叶5针一束，长8～15cm，质柔软，叶鞘早落。

4）果实：球果圆锥状长卵形，长10～20cm，柄长2～5cm，成熟时种鳞张开，种子脱落。花期4—5月，球果翌年9—10月成熟。

图4-1-9　华山松

（2）分布习性。

1）分布：原产山西、河南、甘肃、湖北及西南各省，现各地均有栽培。

2）习性：喜光，幼苗须适当庇荫；喜温凉湿润气候，耐寒力强，不耐炎热和盐碱；能适应多种土壤，最宜深厚、湿润、疏松的中性或微酸性壤土；对二氧化硫抗性较强。

（3）园林用途。

华山松高大挺拔，针叶苍翠，冠形优美，生长迅速，是优良的庭院绿化树种。华山松在园林中可用作园景树、庭荫树、行道树，亦可用于丛植、群植，并系高山风景区之优良风景林树种。

10. 白皮松（见图4-1-10）

植物名称：白皮松（别名：白果松、虎皮松）

拉　丁　名：*Pinus bungeana* Zucc. ex Endl.

科　　属：松科 松属

（1）形态特征。

1）树形：常绿乔木，树冠阔圆锥形、卵形或圆头形。

2）枝干：树皮淡灰绿色或粉白色，呈不规则裂片状剥落。大枝自近地面处斜出。

图 4-1-10 白皮松

3）叶：叶 3 针一束，长 5～10cm，粗硬，叶鞘早落。

4）果实：球果圆锥状卵形，熟时淡黄褐色，近无柄。种子脱落。花期 4—5 月，球果翌年 9—11 月成熟。

（2）分布习性。

1）分布：我国特产树种，是东亚唯一的 3 针松。山东、山西、河北、陕西、河南、四川、湖北、甘肃等省均有分布。

2）习性：阳性树种，喜光，幼树稍耐阴，较耐寒，耐干旱，不择土壤，喜生于排水良好、土层深厚的土壤中；深根性树种，寿命长，对二氧化硫及烟尘污染有较强的抗性。

（3）园林用途。

1）色彩：白皮松树皮呈斑驳状，碧叶白干，宛若银龙，独具奇观。

2）配置方式：白皮松高大雄伟，树干斑驳，是优美的庭院树种，在我国古典园林中应用广泛。孤植、列植、丛植皆宜，庭园、亭侧、房前屋后均可栽植，尤宜与山石配置在一起。

11. 马尾松（见图 4-1-11）

植物名称：马尾松

拉 丁 名：*Pinus massoniana* Lamb.

科　　属：松科 松属

（1）形态特征。

1）树形：常绿乔木，高 45m，树冠在壮年期呈狭圆锥形，老年期则开张如伞状。

2）枝干：干皮红褐色，呈不规则裂片。一年生小枝淡黄褐色，轮生。

3）叶：叶 2 针 1 束，罕 3 针 1 束，长 12～20cm，质软。

4）果实：球果长卵形，有短柄，熟时栗褐色，脱落。花期 4 月，球果翌年 10—12 月成熟。

图 4-1-11 马尾松

（2）分布习性。

1）分布：马尾松分布极广，北自河南及山东南部，南至两广、台湾，东自沿海，西至四川中部及贵州，遍布于华中、华南各地。

2）习性：强阳性树种，喜光，喜温暖湿润气候，耐寒性差，喜酸性黏质土壤，能耐干旱贫瘠之地，不耐盐碱，在钙质土上生长不良；深根性；对氯气有较强的抗性，为酸性土壤指示植物。

（3）园林用途。

马尾松树形高大雄伟，树冠如伞，姿态古奇。适于孤植或丛植在庭前、亭旁、假山之间，也可植于山涧、岩际、池畔及道旁。

（4）应用注意事项。

马尾松极喜光、耐寒性差，绿化应用时应注意树冠上方须有充足阳光。

12. 油松（见图 4-1-12）

植物名称：油松（别名：短叶马尾松、东北黑松）

图 4-1-12 油松

拉 丁 名：*Pinus tabulaeformis Carr.*

科　　属：松科 松属

（1）形态特征。

1）树形：常绿乔木，高达 30m，树冠在壮年期呈塔形或广卵形，老年期呈平顶状。

2）枝干：树皮灰棕色，呈鳞片状开裂，裂缝红褐色；大枝平展或斜向上。

3）叶：叶 2 针一束，暗绿色，较粗硬，长 10～15cm，叶鞘宿存。

4）果实：球果卵圆形，熟时淡褐色，种子有翅。花期 4—5 月，球果翌年 9—12 月成熟。

（2）分布习性。

1）分布：产于辽宁、吉林、内蒙古、河北、河南、陕西、山西、山东、甘肃、宁夏、青海、四川北部等地，朝鲜亦有分布。

2）习性：温带树种，强阳性，喜光，幼苗稍需庇荫；抗寒，耐干旱、贫瘠，深根性，不耐水涝，不耐盐碱，在深厚肥沃的棕壤土及淋溶褐土上生长最好。

（3）园林用途。

油松树干挺拔苍劲、四季常青，树冠开展，年龄愈老姿态愈奇，可作行道树，适于孤植、丛植、群植。适于作油松伴生树种的有元宝枫、栎类、桦木、侧柏等。

13. 黑松（见图 4-1-13）

植物名称：黑松（别名：白芽松、日本黑松）

拉 丁 名：*Pinus thunbergii Parl.*

科　　属：松科 松属

（1）形态特征。

1）树形：常绿乔木，高 30～35m，树冠幼时呈狭圆锥形，老年期呈扁平的伞形。

2）枝干：树皮灰黑色，裂成鳞片状脱落，枝条开展，老枝略下垂。

3）叶：叶 2 针为 1 束，粗硬，长 6～12cm。

4）果实：球果圆锥状卵形、卵圆形，种子倒卵形，有种翅。花期 3—5 月，球果翌年 10 月成熟。

（2）分布习性。

1）分布：原产日本及朝鲜。我国山东沿海、辽东半岛、江苏、安徽、浙江、福建等沿海诸省普遍栽培。

2）习性：喜光，喜温暖湿润的海洋性气候，极耐海风和海雾；对土壤要求不严，忌黏重，不耐积水；对二氧化硫和氯气抗性强。

（3）园林用途。

黑松为著名的海岸绿化树种，可用于作防风、防潮、防沙林带及海滨浴场附近的风景林、行道树或庭荫树，也可于公园和绿地内整枝造型后配置假山、花坛或孤植于草坪。亦可作整形式高篱。

图 4-1-13 黑松

14. 杉木（见图 4-1-14）

植物名称：杉木（别名：沙木、刺杉）

拉 丁 名：*Cunninghamia lanceolata*（Lamb.）Hook.

科　　属：杉科 杉木属

（1）形态特征。

1）树形：常绿乔木，高 30m，树冠幼时尖塔形，大树为广圆锥形。

2）枝干：树皮褐色，裂成长条片状脱落，小枝对生或轮生。

3）叶：叶披针形或条状披针形，镰状微弯，革质，坚硬，深绿色，有光泽。

4）果实：球果卵圆至圆球形，熟时棕黄色，种子长卵形，暗褐色。花期 4 月，球果 10 月下旬成熟。

（2）分布习性。

1）分布：我国特产。分布广，产秦岭、淮河以南各省区。

图 4-1-14　杉木

2）习性：喜光，喜温暖湿润气候，怕风、怕旱，不耐寒，喜深厚、肥沃、排水良好的酸性土壤，不耐盐碱；浅根性，速生。

（3）园林用途。

配置方式：杉木树干端直，树冠参差，极为壮观。适于大面积群植，可作风景林，或在山谷、溪边、林缘与其他树种混植，也可列植于道旁。

15. 柳杉（见图 4-1-15）

植物名称：柳杉（别名：长叶孔雀松、长叶柳杉、孔雀杉）

拉 丁 名：*Cryptomeria fortunei Hooibrenk ex Otto et Dietr.*

科　　属：杉科 柳杉属

（1）形态特征。

1）树形：常绿乔木，高 40m，树冠圆锥形。

2）枝干：树皮赤棕色，纤维状裂成长条片脱落。大枝近轮生，小枝绿色，常下垂。

3）叶：叶钻形，两侧扁，先端尖而微向内弯曲。

4）果实：球果近圆球形，深褐色；种子近椭圆形，褐色，周围有窄翅。花期 4 月，球果 10 月成熟。

（2）分布习性。

1）分布：我国特有树种，产长江流域以南至广东、广西、云南、贵州、四川等地。

2）习性：暖温带树种，喜温暖湿润的气候和深厚肥沃的砂质壤土，不耐严寒、干旱和积水；根系较浅，抗风力差；对二氧化硫、氯气、氟化氢等有较好抗性，是优良的防污染树种。

（3）园林用途。

树形圆整高大，树干粗壮，极为雄伟。适宜孤植、对植、列植，也适宜丛植或群植。自古以来常用作墓道和

图 4-1-15　柳杉

风景林树种。

16. 侧柏（见图 4-1-16）

植物名称： 侧柏（别名：扁桧、扁柏）

拉 丁 名： *Platycladus orientalis*（ L. ）Franco

科　　属： 柏科 侧柏属

（1）形态特征。

1）树形：常绿乔木，高 20m，幼树树冠尖塔形，老树广圆形。

2）枝干：树皮薄，浅褐色，条片状纵裂。小枝扁平呈一平面，两面同型，斜上展，不下垂。

3）叶：叶全为鳞片状，背面有腺点。

4）果实：球果卵圆形，熟时红褐色，开裂。种子长卵圆形，无翅。花期 3—4 月，球果 9—10 月成熟。

图 4-1-16　侧柏

（2）品种。

1）千头柏（*Sieboldii*）：无主干，枝条丛生密集生长，树冠扫帚状。

2）金塔柏（*Beverleyensis*）：树冠塔形，叶金黄色。

（3）分布习性。

1）分布：侧柏为我国特产种，华北地区有野生。除青海、新疆外，全国均有分布。人工栽培遍及全国。常有百年和数百年以上的古树。

2）习性：喜光，但有一定耐阴力，喜温暖湿润气候，亦耐湿、耐旱；较耐寒，适应能力很强；对土壤要求不严，耐干旱瘠薄，耐盐碱，寿命长，抗二氧化硫、氯化氢等有毒气体。

（4）园林用途。

侧柏是我国应用最广泛的园林绿化树种之一，自古以来就常栽植于寺庙、陵墓和庭园中。在园林中需成片种植时，与圆柏、油松、黄栌、臭椿等混交为佳。可用于道旁庇荫或作绿篱，亦可用于工厂和四旁绿化。

（5）应用注意事项。

用侧柏作绿篱时，冬天枝叶下部有干枯现象，且叶片颜色变为褐色。

17. 圆柏 [见图 4-1-17（a）]

植物名称： 圆柏（别名：刺柏、桧柏）

拉 丁 名： *Sabina chinensis*（ Linn. ）Ant.

科　　属： 柏科 圆柏属

（1）形态特征。

1）树形：常绿乔木，高 20m，树冠尖塔形或圆锥形，老树则呈广圆形。

2）枝干：树皮灰褐色，呈浅纵条剥离，有时呈扭转状。

3）叶：叶有两型，幼树全为刺形叶，3 枚轮生；老树多为鳞形叶，交叉对生；壮龄树则刺形叶与鳞形叶并存。

4）果实：球果近球形，熟时暗褐色，被白粉，不开裂。内有种子 1~4 粒。花期 4 月，球果翌年 10—11 月成熟。

（2）品种。

1）龙柏 [见图 4-1-17（b）]（*Kaizuka*）：树冠柱状塔形，侧枝短而环抱主干，端梢扭曲斜上展，形似龙抱柱。小枝密，全为鳞形叶，密生，幼叶淡黄绿，后呈翠绿色。球果蓝黑色，微被白粉。

2）塔柏（*Pyramidalis*）：树冠圆柱状或圆柱状尖塔形。枝密生，向上直展。叶多为刺形，稀间有鳞形叶。

3）鹿角桧（*Pfitzeriana*）：丛生灌木。干枝自地面向四周斜上伸展，针叶灰绿色。

图 4-1-17（a） 圆柏

图 4-1-17（b） 龙柏

（3）分布习性。

1）分布：原产于我国内蒙古及沈阳以南，南达两广北部，西南至四川省西部、云南、贵州等省，西北至陕西、甘肃南部均有分布。西藏有栽培。朝鲜、日本也有分布。

2）习性：喜光树种，较耐阴；喜凉爽温暖气候，忌积水，耐修剪，易整形；耐寒、耐热，对土壤要求不严；深根性树种；对二氧化硫、氯气和氟化氢抗性强。

（4）园林用途。

圆柏幼龄树树冠整齐圆锥形，树形优美，大树干枝扭曲，姿态奇古，可以独树成景，是我国传统的园林树种。古庭院、古寺庙等风景名胜区多有千年古柏，"清""奇""古""怪"各具幽趣。可以群植草坪边缘作背景，或丛植、镶嵌树丛的边缘、建筑附近。常整形后在树坛、花坛中栽植。

18. 罗汉松（见图 4-1-18）

植物名称：罗汉松（别名：土杉、罗汉柏）

拉　丁　名：*Podocarpus macrophyllus*（*Thunb.*）D. Don

科　　属：罗汉松科 罗汉松属

（1）形态特征。

1）树形：常绿乔木，高达 20m，树冠广卵形。

2）枝干：树皮灰褐色，浅裂，呈薄片状脱落，枝较短而横斜开展密生。

3）叶：条状披针形，螺旋状排列，先端尖，基部楔形，两面中脉明显，叶面暗绿，叶背淡绿或粉绿色。

4）种子：种子卵形，熟时紫黑色，外被白粉，着生于肉质膨大的种托上，有柄。花期 4—5 月，种子 8—11 月成熟。

（2）分布习性：

1）分布：产于江苏、浙江、福建、安徽、江西、湖南、

图 4-1-18 罗汉松

四川、云南、贵州、广西、广东等省（自治区），在长江以南各省均有栽培。日本也有分布。

2）习性：喜光，能耐半阴；喜温暖、湿润环境，耐寒力稍弱；耐修剪；适生于排水良好、深厚肥沃的湿润土壤。

（3）园林用途。

罗汉松树形优美，夏、秋果实累累，惹人喜爱，是广泛用于庭园绿化的优良树种。地栽适用于小庭院门前和墙垣、山石旁配置，宜作孤植、对植或树丛配置。可修整成塔形或球形，也可整形后做景点布置。盆栽或制作树桩盆景亦可供室内陈设。

图 4-1-19 竹柏

19. 竹柏（见图 4-1-19）

植物名称：竹柏（别名：猪油木、罗汉柴）

拉 丁 名：*Podocarpus nagi*（Thunb.）O. Kuntge

科　　属：罗汉松科 罗汉松属

（1）形态特征。

1）树形：常绿乔木，高达 20m，树冠广圆锥形。

2）枝干：树干通直，树皮平滑。

3）叶：叶为变态的枝条，交叉对生，厚革质，椭圆状披针形，有多数平行细脉。

4）种子：种子球形，熟时假种皮紫黑色，被白粉。花期 3—5 月，种子 9—10 月成熟。

（2）分布习性。

1）分布：产于浙江、江西、湖南、四川、台湾、福建、广东、广西等地。

2）习性：耐阴树种，喜温暖湿润气候，适生于深厚、肥沃、疏松的酸性砂质壤土，在贫瘠干旱土壤上生长极差；不耐修剪，不耐移植；种子忌暴晒。

（3）园林用途。

竹柏树冠浓郁，四季常青。适宜于建筑物南侧、门庭入口、园路两边配置，还可丛植林缘、池畔及疏林草地，是良好的庭荫树和行道树，亦是城乡四旁绿化的优良树种。著名的木本油料树种，叶、树皮可药用。

20. 东北红豆杉（见图 4-1-20）

植物名称：东北红豆杉（别名：紫杉）

拉 丁 名：*Taxus cuspidata* Sieb. et Zucc.

科　　属：红豆杉科 红豆杉属

（1）形态特征。

1）树形：常绿乔木，高达 20m，树冠卵形或倒卵形。

2）枝干：树皮赤褐色，呈片状剥裂；枝平展或斜展。

3）叶：条形，长 1~2.5cm，先端突尖，上面深绿色，有光泽，背面有 2 条灰绿色气孔带，在主枝上呈螺旋状排列，在侧枝上呈不规则羽状排列。

4）种子：种子卵圆形，坚果状，赤褐色，假种皮浓红色。花期 5—6 月，种子 9—10 月成熟。

（2）分布习性。

1）分布：产于黑龙江、松花江流域以南老爷岭、张广才岭及长白山，辽宁东部。

图 4-1-20 东北红豆杉

2）习性：阴性树种；生长缓慢，耐修剪，寿命长；浅根性，喜生于富含有机质的潮润土壤中；耐寒性强。

（3）园林用途。

东北红豆杉树形端正优美，枝叶繁茂，浓绿如盖。园林中可孤植、群植或列植，也可修剪成各种整形绿篱。既耐寒又有极强的耐阴性，是高纬度地区园林绿化的良好材料。

4.1.1.2 阔叶乔木

1. 广玉兰（见图4-1-21）

植物名称：广玉兰（别名：大花玉兰、荷花玉兰、洋玉兰）

拉　丁　名：*Magnolia grandiflora*

学　名　为：*Magnolia grandiflora* Linn.

科　　　属：木兰科 木兰属

（1）形态特征。

1）树形：常绿乔木，高达30m，树冠阔圆锥形。

2）枝干：树皮灰色平滑，芽及小枝有锈色柔毛。

3）叶：单叶，互生，厚革质，倒卵状长椭圆形，先端钝，表面光泽，叶背有铁锈色柔毛，叶缘微波状，叶柄粗。

4）花：花白色芳香，径达20～25cm，宛若荷花，芳香；花瓣通常6枚；萼片花瓣状，3枚。花期5—8月。

5）果实：聚合果密被锈色毛。果10月成熟。

图4-1-21　广玉兰

（2）分布习性。

1）分布：原产北美东部。我国长江流域至珠江流域的园林中常见栽培。

2）习性：喜光，亦颇耐阴，是弱阴性树种；喜温暖湿润气候，亦有一定的耐寒力；能抗烟尘、二氧化硫；生长速度中等。

（3）园林用途。

广玉兰叶厚而有光泽，花大而芳香，树姿雄伟壮丽，绿荫浓密，为珍贵树种之一，其聚合果成熟后，蓇葖开裂露出鲜红色的种子也颇美观。宜孤植在草坪上或列植道路两侧，或作背景树。

2. 樟树（见图4-1-22）

植物名称：樟树（别名：香樟、乌樟）

拉　丁　名：*Cinnamomum camphora*（L.）Presl.

科　　　属：樟科 樟属

（1）形态特征。

1）树形：常绿乔木，高30m，树冠广卵形。

2）枝干：树皮幼时绿色，光滑，老时灰褐色，纵裂。

3）叶：叶互生，卵状椭圆形，长5～8cm，离基3出脉，脉腋有腺体，全缘，两面无毛，背面灰绿色。

4）花：圆锥花序腋生于新枝，花被淡黄绿色，6裂。花期5月。

5）果实：核果球形，熟时紫黑色，果托盘状。果

图4-1-22　樟树

9—11月成熟。

（2）分布习性。

1）分布：产于长江流域以南，尤以江西、浙江、福建、台湾最多。

2）习性：喜光，稍耐阴，喜温暖湿润气候，耐寒性不强；对土壤要求不严，以深厚、肥沃、湿润的微酸性黏质土最好，较耐水湿，但不耐干旱瘠薄和盐碱土；主根发达，深根性，能抗风；萌芽力强，耐修剪，寿命长；能吸收多种有毒气体，较能适应城市环境。

（3）园林用途。

樟树枝叶茂密，冠大荫浓，树姿雄伟，是城市绿化的优良树种，广泛用作庭荫树、行道树、防护林及风景林。配置于池畔、水边、山坡、平地无不相宜。若孤植于空旷地，让树冠充分发展，浓荫覆地，效果更佳。在草地中丛植、群植或作背景树都很合适。吸毒和抗毒性能较强，故也可作工矿区绿化树种。

3. 蚊母树（见图4-1-23）

植物名称：蚊母树

拉　丁　名：*Distylium racemosum* Sieb. et Zucc.

科　　　属：金缕梅科 蚊母树属

（1）形态特征。

1）树形：常绿乔木，栽培时常呈灌木状，树冠球形。

2）枝干：小枝略呈"之"字形曲折，嫩枝具星状鳞毛。

3）叶：单叶互生，叶倒卵状椭圆形，长3～7cm，先端钝或稍圆，全缘、厚革质，光滑无毛，两面网脉不明显。

4）花：总状花序长约2cm，花药红色。花期4月。

5）果实：蒴果卵形，长约1cm，密生星状毛，顶端有2宿存花柱。果9月成熟。

（2）分布习性。

1）分布：产于我国广东、福建、台湾、浙江和海南岛，

图4-1-23　蚊母树

长江流域城市园林中栽培较多。

2）习性：喜光，稍耐阴，喜温暖湿润气候，喜酸性、中性土壤。

（3）园林用途。

蚊母树枝叶密集，树形整齐，叶色浓绿，经冬不凋，春日开细小红花也很美丽。抗性强，防尘及隔音效果好，是理想的城市及工矿区绿化及观赏树种。可植于路旁、庭前草坪及大树下，或成丛、成片栽植作为分隔空间或作为其他花木的背景，亦可栽作绿篱和防护林带。

4. 榕树（见图4-1-24）

植物名称：榕树（别名：细叶榕、小叶榕）

拉　丁　名：*Ficus microcarpa* L. f.

科　　　属：桑科 榕属

（1）形态特征。

1）树形：常绿乔木，高达30m，冠大而开展。

2）枝干：枝具垂须状气生根，入土生根，复成一干，形似支柱。

图4-1-24　榕树

3）叶：单叶互生，倒卵形至椭圆形，革质、全缘或浅波状，无毛。

4）果实：隐花果腋生，近扁球形，熟时紫红色。果7—9月成熟。

（2）分布习性。

1）分布：产于华南，如浙江、福建、海南、台湾等地区。印度、越南、缅甸、马来西亚、菲律宾等国亦有分布。

2）习性：喜温热多雨气候及酸性土壤；生长快，寿命长。

（3）园林用途。

榕树枝叶茂密，树冠开展，气生根入地生长，粗壮如干，可形成"独木成林"的景观。适于作行道树、庭荫树，也可作盆景。

5. 橡皮树（见图4-1-25）

植物名称：橡皮树（别名：印度橡皮树、印度胶榕）

拉 丁 名：*Ficus elastica* Roxb.

科　　属：桑科 榕属

（1）形态特征。

1）树形：常绿乔木，高达45m，树冠开展。

2）枝干：树皮有乳汁，全体无毛。

3）叶：单叶互生，厚革质，有光泽，长椭圆形，长10～30cm，全缘；中脉显著，羽状侧脉多而细，且平行直伸。托叶大，淡红色，包被幼芽。

4）花：花单性，雌雄同株，花细小，白色。花期5—6月。

5）果实：隐花果成对腋生，长椭圆形，无果柄，熟时黄色。

图 4-1-25　橡皮树

（2）分布习性。

1）分布：原产印度、缅甸。

2）习性：喜温湿气候，不耐寒。

（3）园林用途。

橡皮树叶大光亮，四季葱绿，为常见的观叶树种。我国长江流域及北方各大城市多作盆栽观赏，温室越冬。华南温暖地区可露地栽培，作庭荫树及观赏树。

6. 山茶（见图4-1-26）

植物名称：山茶（别名：耐冬、海石榴）

拉 丁 名：*Camellia japonica* L.

科　　属：山茶科 山茶属

（1）形态特征。

1）树形：常绿灌木或小乔木，高达10～15m。

2）枝干：小枝淡绿色或紫绿色，全株无毛。

3）叶：单叶互生，厚革质，长5～11cm，卵形、倒卵形或椭圆形，先端渐尖，基部楔形，叶缘有细齿，叶表有光泽，网脉不显著。

4）花：花单生或对生于叶腋或枝顶，无柄，红色，径6～12cm，萼密被短毛；花瓣5～7或重瓣，顶端微凹。

图 4-1-26　山茶

花期2—4月。

5）果实和种子：蒴果近球形，外壳木质化，径2~3cm。种子有光泽，椭圆形。果实9—10月成熟。

（2）品种。

山茶是我国传统名花，园艺品种较多，我国达300多个品种，常分为：

1）单瓣类：花瓣1~2轮，5~7片，基部连生，多呈筒状，雌、雄蕊发育完全，能结实。

2）半重瓣类：花瓣3~5轮，20片左右，多者达50片。有半重瓣型、五星型、荷花型、松球型等。

3）重瓣类：大部分雄蕊瓣化，花瓣数在50片以上。有托桂型、菊花型、芙蓉型、皇冠型、绣球型、放射型及蔷薇型等。

（3）分布习性。

1）分布：原产我国东部、日本、朝鲜。现我国各地均有栽培。

2）习性：喜侧方庇荫；喜温暖湿润气候，不耐热，不耐严寒；喜肥沃湿润排水良好的微酸性土壤（pH值5~6.5），不耐盐碱及积水。

（4）园林用途。

山茶花大色艳，花型多变，花色丰富，花期长，且四季常青，是闻名中外的名贵花木。可孤植、群植于庭园、公园、建筑物前、甬道两侧，亦可配置在假山石旁，还可在牡丹园，玉兰园配置，使它们花期交错，显得春意盎然。

7. 杜英（见图4-1-27）

植物名称：杜英（别名：山杜英、胆八树）

拉 丁 名：*Elaeocarpus sylvestris*（Lour.）Poir.

科 属：杜英科 杜英属

（1）形态特征。

1）树形：常绿乔木，高达20m。

2）枝干：小枝无毛，红褐色。

3）叶：单叶互生，倒卵形或倒卵状披针形，长4~8cm，叶缘有钝锯齿，绿叶中常存有鲜红的老叶。

4）花：总状花序长4~6cm，花瓣倒卵形，上部10裂，外被毛。花期6—8月。

5）果实：核果椭圆形，长约1cm，果期10—12月。

（2）分布习性。

1）分布：分布于我国江南一带。越南、老挝、泰国也有分布。

图4-1-27 杜英

2）习性：喜温暖湿润气候，稍耐阴，不耐寒，不耐积水；抗二氧化硫；根系发达，萌芽力强，耐修剪。

（3）园林用途。

1）色彩：枝叶茂密，郁郁葱葱，老叶落前绯红，红绿相间，鲜艳夺目。

2）配置方式：杜英树冠圆整，枝叶繁茂，宜作基调树种和背景树，丛植、列植作绿篱，对植庭前、入口，群植于草坪边缘，均美观别致；也适于作防噪声隔离带和厂矿绿化。

8. 枇杷（见图4-1-28）

植物名称：枇杷（别名：卢橘、无忧扇）

拉 丁 名：*Eribotrya japonica*（Thunb.）Lindl.

科　　属：蔷薇科 枇杷属

（1）形态特征。

1）树形：常绿小乔木，高达10m，树冠圆形。

2）枝干：小枝粗壮，小枝、叶背及花序均密被锈色绒毛。

3）叶：单叶互生，革质，倒卵状披针形或倒卵状长椭圆形，先端尖，基部楔形，锯齿粗钝，侧脉11～21对，表面多皱有光泽。

4）花：圆锥花序顶生，花白色，芳香。花期10—12月。

5）果实：梨果近球形，橙黄色。翌年5—6月成熟。

图4-1-28　枇杷

（2）分布习性。

1）分布：原产于四川、湖北，南方各地作果树普遍栽培。浙江塘栖、江苏洞庭及福建莆田都是枇杷的名产地。

2）习性：喜光，稍耐阴，喜温暖气候及肥沃湿润而排水良好的土壤，不耐寒；花期忌风，幼果期畏霜冻；抗二氧化硫及烟尘；深根性，生长慢，寿命长。

（3）园林用途。

1）色彩：枇杷树形宽大整齐，叶大荫浓，特别是冬日白花盛开，初夏硕果累累，可呈"树繁碧玉簪，柯叠黄金丸"之景。

2）配置方式：在庭院中常作绿篱及基础种植材料，也可丛植或孤植于池畔、亭隅边缘或园路转角处。果枝还是瓶插的好材料，橙红果可经久不落。叶、果可药用。

9. 石楠（见图4-1-29）

植物名称：石楠（别名：千年红、扇骨木）

拉丁名：*Photinia serrulata* Lindl.

科　　属：蔷薇科 石楠属

（1）形态特征。

1）树形：常绿小乔木，高达12m，树冠卵形或圆球形。

2）枝干：幼枝绿色或灰褐色，光滑无毛。

3）叶：单叶互生，革质，表面深绿，有光泽，长椭圆形至倒卵状椭圆形，先端尖，缘有细尖锯齿。新叶红色。

4）花：花单性，复伞房花序顶生，花小，白色。花期5—7月。

5）果实：梨果球形，红色。果期10—11月。

图4-1-29　石楠

（2）品种。

红叶石楠（*Photinia fraseri*）为我国产的石楠与光叶石楠（*P.glabra*）杂交而成，外形与石楠甚相似，主要区别是：常绿小乔木，叶长椭圆至卵状椭圆形，新梢及嫩叶鲜红持久，艳丽夺目。园林中常见的栽培品种有"红罗宾"（*Photinia fraseri* "Red Robin"）和"红唇"（*Photinia fraseri* "Red Tip"），均是目前国外红色绿篱的主栽品种，被誉为"红叶绿篱之王"。耐寒能力强，最低可达 -18℃，适合在我国黄河流域以南地区栽植。

（3）分布习性。

1）分布：主产长江流域及秦岭以南地区，华北地区有栽培，多呈灌木状。

2）习性：喜温暖湿润的气候，抗寒力不强，气温低于-10℃以下会落叶、死亡，焦作、西安可露地越冬；喜光也耐阴，对土壤要求不严，以肥沃湿润的砂质土壤最为适宜；萌芽力强，耐修剪，对烟尘和有毒气体有一定的抗性。

（4）园林用途。

1）色彩：石楠树冠圆整，叶片光绿，初春嫩叶紫红，春末白花点点，秋日红果累累，极富观赏价值，是著名的庭院绿化树种。

2）配置方式：在园林中孤植、丛植及作基础栽植都很合适。低矮的灌木丛可与金叶女贞、红叶小檗，扶芳藤等组成美丽的图案。叶根可入药。南方地区常用作嫁接枇杷的砧木。

10. 冬青（见图 4-1-30）

植物名称：冬青

拉 丁 名：Ilex purpurea Hassk.

科　　属：冬青科 冬青属

（1）形态特征。

1）树形：常绿乔木，高 15m，树冠卵圆形。

2）枝干：树皮暗灰色，小枝浅绿色，具棱线。

3）叶：单叶互生，薄革质，长椭圆形至披针形，先端渐尖，基部楔形，缘有疏浅锯齿，表面深绿色，有光泽，侧脉 6～9 对。

图 4-1-30　冬青

4）花：聚伞花序腋生，花单性，雌雄异株，淡紫红色。花期 5 月。

5）果实：核果椭圆形，红色光亮，经冬不落。果期 10—11 月。

（2）分布习性。

1）分布：主产长江流域及其以南各省区，西至西川，南达海南。

2）习性：喜光，稍耐阴，喜温暖湿润气候和排水良好的酸性土壤，不耐寒，较耐湿；深根性，萌芽力强，耐修剪。

（3）园林用途。

1）色彩：冬青枝叶繁茂，葱郁如盖，果熟时红若丹朱，分外艳丽，是优良的观赏树种。

2）配置方式：宜列植于墙际、甬道两侧，孤植、丛植于池畔、草坪、广场边缘，或配置在园中的叠石和小丘，甚是美观；也可作绿篱栽培。

11. 荔枝（见图 4-1-31）

植物名称：荔枝（别名：丹荔）

拉 丁 名：Litchi chinensis Sonn.

科　　属：无患子科 荔枝属

（1）形态特征。

1）树形：常绿乔木，高 30m。

2）枝干：树皮灰褐色，不裂。

3）叶：偶数羽状复叶，互生；小叶 2～4 对，长椭圆

图 4-1-31　荔枝

状披针形，全缘，表面侧脉不甚明显，中脉在叶面凹下，背面粉绿色。

4）花：花杂性同株，无花瓣，顶生圆锥花序。花期3—4月。

5）果实和种子：核果球形或卵形，熟时红色，果皮有显著突起小瘤体。种子棕褐色，具白色、肉质、半透明、多汁的假种皮。果期5—8月。

（2）分布习性。

1）分布：原产华南、云南、四川、台湾，海南有天然林。

2）习性：喜光，喜温暖湿润气候及富含腐殖质的深厚、酸性土壤，怕霜冻。

（3）园林用途。

荔枝是华南地区的重要果树，品种很多；树冠开阔，枝叶茂密，也常用于庭园种植。果可食用，果核及根可入药。

12. 女贞（见图4-1-32）

植物名称：女贞（别名：大叶女贞、蜡树）

拉 丁 名：*Ligustrum lucidum* Ait.

科　　属：木犀科 女贞属

（1）形态特征。

1）树形：常绿乔木，高15m，树冠倒卵形。

2）枝干：树皮灰色平滑，枝开展，具皮孔，全株无毛。

3）叶：叶革质，卵形至卵状披针形，变化较大，先端尖、钝或略呈凹头，基部楔形，全缘，表面深绿色，有光泽。

4）花：圆锥花序顶生，花小、白色，芳香，花冠裂片与花冠筒近等长。花期6—7月。

5）果实：浆果状核果椭圆形，熟时紫黑色。果期11—12月。

图4-1-32　女贞

（2）分布习性。

1）分布：分布于长江流域及以南各地。长江以北地区有栽培。

2）习性：喜光，稍耐阴，喜温暖，不耐寒，不耐干旱，在微酸性至微碱性湿润土壤上生长良好；对二氧化硫、氯气、氟化氢等有害气体抗性强；生长快，萌芽力强，耐修剪；侧根发达，移栽易成活。

（3）园林用途。

1）色彩：女贞枝叶清秀，终年常绿，夏日白花满树，微带芳香，冬季紫果经久不凋，是优良绿化树种和抗污染树种。

2）配置方式：可孤植、列植于园林绿地、草坪边缘、广场、建筑物周围，亦可作行道树。生长快又耐修剪，也用于绿篱。我国北方地区露地多栽植于建筑物的南侧。

13. 桂花（见图4-1-33）

植物名称：桂花（别名：木犀）

拉 丁 名：*Osmanthus fragrans*（Thunb.）Lour.

科　　属：木犀科 木犀属

（1）形态特征。

1）树形：常绿灌木或小乔木，高12m，树冠圆头形或椭圆形。

2）枝干：树皮粗糙，灰褐色或灰白色。

3）叶：单叶对生，革质，椭圆形、卵形或长椭圆形，先端急尖或渐尖，全缘或上半部疏生细锯齿。

4）花：聚伞状花序3～5朵簇生叶腋，花小，淡黄色，浓香。花期9—10月。

5）果实：核果椭圆形，熟时紫黑色。果期翌年4—5月。

（2）变种。

1）金桂（var.thunbergii Mak.）：花金黄色，香味浓或极浓。

2）银桂（var.latifolius Mak.）：花黄白色或淡黄色，香味浓至极浓。

3）丹桂（var.aurantiacus Mak.）：花橙黄或橘红色，香味较淡。

4）四季桂（var.semperflorens Hort.）：花黄色或白色，一年内花开数次，香味淡。

（3）分布习性。

1）分布：原产我国西南地区，现长江流域广泛栽培。北方盆栽。

2）习性：喜光，喜温暖湿润气候，耐半阴，不耐寒；对土壤要求不严，不耐干旱瘠薄，忌积水；萌发力强，寿命长，对有毒气体抗性强。

图 4-1-33　桂花

（4）园林用途。

桂花四季常青，枝繁叶茂，秋日花开，芳香四溢，是我国的传统名花。常作园景树，孤植、对植或成丛、成林栽植。在古典厅前多采用两株对称栽植，古称"双桂当庭"或"双桂留芳"；与牡丹、荷花、山茶等配置，可使园林四时花开。对有毒气体有一定抗性，可用于工矿区绿化。花用于食品加工或提取芳香油，叶、果、根等可入药。

图 4-1-34　棕榈

14. 棕榈（见图 4-1-34）

植物名称：棕榈（别名：棕树、山棕）

拉 丁 名：Trachycarpus fortunei（Hook.）.H.Wendl

科　　属：棕榈科　棕榈属

（1）形态特征。

1）树形：常绿乔木，高 10m。

2）枝干：树干圆柱形，直立，不分枝，老叶柄基部残存不脱落，被暗棕色的叶鞘纤维包裹。

3）叶：叶簇生于干顶，扇形或近圆形，径 50～70cm，掌状深裂达中下部；叶柄长 40～100cm，两侧细齿明显。

4）花：雌雄异株，圆锥状肉穗花序腋生，花小，黄色。花期4—5月。

5）果实：核果肾状球形，径约 1cm，蓝黑色，被白粉。果期10—11月。

（2）分布习性。

1）分布：原产我国及日本、印度、缅甸。广布我国华南沿海及秦岭、长江流域以南。现我国大部分地区有栽培。

2）习性：喜温暖湿润气候，可耐 -8℃低温，是棕榈科中最耐寒的树种之一。喜排水良好、湿润肥沃壤土，耐一定干旱与水湿；较耐阴；对二氧化硫及氟化氢等有毒气体有很强的吸收能力；浅根系，须根发达，生长缓慢。

（3）园林用途。

棕榈挺拔秀丽，一派南国风光，适应性强，能抗多种有毒气体。棕皮用途广泛，供不应求，故系园林结合生产的理想树种，又是工厂绿化优良树种。可列植、丛植或成片栽植，也常用盆栽或桶栽作室内或建筑前装饰及布置会场之用。

15. 蒲葵（见图 4-1-35）

植物名称：蒲葵（别名：葵树）

拉 丁 名：*Livistona chinensis*（*Jacq.*）*R. Br.*

科　　属：棕榈科 蒲葵属

（1）形态特征。

1）树形：常绿乔木，高 20m，树冠近圆球形，冠幅可达 8m。

2）枝干：树皮灰棕色，有环纹及纵纹。单干粗壮直立，老茎中部较粗，茎表面有少量棕皮和叶鞘包被。

3）叶：叶大，扇形，簇生于茎顶，革质，光滑，掌状分裂至中上部，裂片末端 2 裂，下垂；叶柄粗壮，长达 1m，呈三棱状。

图 4-1-35 蒲葵

4）花：腋生肉穗花序，多分枝而疏散。雌雄异株，小花黄色，花冠 3 裂，花期 3—4 月。

5）果实：椭圆形核果，果肉柔软多汁，成熟后蓝黑色，外被蜡质。种子圆形。果期 9—10 月。

（2）分布习性。

1）分布：原产我国南部亚热带地区，福建、广东、广西、台湾广为栽培，东南亚各国也有分布。

2）习性：喜温暖湿润气候，不耐寒，越冬最低温度在 0℃以上；不耐旱，可耐短期水涝；除我国亚热带华南、西南外，其他地方适宜盆栽；适宜肥沃湿润的土壤，怕盐碱，耐移植，对氯气和二氧化硫抗性强。

（3）园林用途。

蒲葵树形美观，为热带、亚热带地区优美的庭荫树和行道树，可丛植、列植、孤植，也可盆栽。蒲葵全身是宝，嫩叶制葵扇，老叶制蓑衣、编席，叶脉制牙签，树干做梁柱，果实及根、叶可入药，是园林结合生产的理想树种。

16. 王棕（见图 4-1-36）

植物名称：王棕（别名：大王椰子）

拉 丁 名：*Roystonea regia*（*HBK.*）*O.F.Cook.*

科　　属：棕榈科 王棕属

（1）形态特征。

1）树形：常绿乔木，高 20m。

2）枝干：干挺直，不分枝，淡灰色，中部最粗，向上及向下稍细，基部膨大，具整齐的环状叶鞘痕。

3）叶：叶簇生于枝顶，羽状全裂，裂片线状披针形，在

图 4-1-36 王棕

叶轴上不整齐地排成 4 行，全缘，有数条明显的纵脉。

4）花：花单性，雌雄同株，肉穗花序腋生于叶鞘基部，多 3 回分枝，雄花淡黄色，佛焰苞张开后，花序伸展直径可达 1m 并下垂。

5）果实：浆果球形，红褐色至淡紫色。种子卵形，骨质。

（2）分布习性。

1）分布：原产古巴。广泛分布于世界各热带地区，我国广东、广西、云南和台湾也有栽培。

2）习性：喜光，喜温暖湿润气候，不耐寒；对土壤适应性强，以深厚疏松、排水良好、富含有机质的肥沃冲积土最为理想。

（3）园林用途。

王棕树干挺拔高大，中部膨大成纺锤形，适宜作行道树、园景树。可孤植、丛植和片植，均具良好效果。种子可作鸽子饲料。

17. 鱼尾葵（见图 4-1-37）

植物名称：鱼尾葵（别名：假桄榔）

拉丁名：*Caryota ochlandra* Hance.

科　　属：棕榈科 鱼尾葵属

（1）形态特征。

1）树形：常绿乔木，高 20m。

2）枝干：单干直立，有环状叶痕。

图 4-1-37　鱼尾葵

3）叶：二回羽状复叶，大而粗壮，先端下垂，羽片厚而硬，形似鱼尾。

4）花：圆锥状肉穗花序长 3m，多分枝，悬垂。花 3 朵聚生，黄色。花期 7 月。

5）果实：果球形，熟时淡红色。

（2）分布习性。

1）分布：原产亚洲热带、亚热带及大洋洲。我国福建、广东、广西、云南有栽培。

2）习性：喜温暖、湿润气候，较耐寒，能耐受短期 -4℃低温霜冻；根系浅，不耐干旱，茎干忌曝晒；要求排水良好，疏松肥沃的土壤。

（3）园林用途。

鱼尾葵茎干挺直，叶片翠绿，花色鲜黄，果实如圆珠成串。常作行道树、庭荫树。盆栽宜布置于空间较大的厅堂等处。

18. 巴西铁（见图 4-1-38）

植物名称：巴西铁（别名：巴西木、巴西千年木、香龙血树）

拉丁名：*Dracaena fragrans*（L.）Ker.

科　　属：百合科 龙血树属

（1）形态特征。

1）树形：常绿乔木，高 6m，有分枝。

2）叶：叶聚生茎顶，长椭圆状披针形，尖稍钝，弯曲成弓形，有亮黄色或乳白色的条纹，叶缘有波浪状起伏。

图 4-1-38　巴西铁

3）花：圆锥花序生于茎上部叶腋，花小白色，芳香。

（2）分布习性。

1）分布：原产加那利群岛和非洲几内亚等地。

2）习性：喜光照充足、高温、高湿的环境；亦耐阴、耐干燥；要求排水良好的砂质土壤；在明亮的散射光和北方居室较干燥的环境中生长良好。

（3）园林用途。

巴西铁叶片宽大，具金黄色条纹，是优良的室内观叶植物。盆栽做室内陈设，或与其他植物配置成组合装饰。

4.1.2　落叶乔木

落叶乔木是指每年秋冬季节或干旱季节叶全部脱落的乔木。一般指温带的落叶乔木，落叶是植物减少蒸腾、渡过寒冷或干旱季节的一种适应，这一习性是植物在长期进化过程中形成的。落叶的原因，是由短日照引起的，其内部生长素减少，脱落酸增加，产生离层的结果。

4.1.2.1　针叶乔木

1. 华北落叶松（见图4-1-39）

植物名称：华北落叶松

拉　丁　名：*Larix principis-rupprechtii* Mayr.

科　　属：松科 落叶松属

图4-1-39　华北落叶松

（1）形态特征。

1）树形：落叶乔木，高30m，树冠圆锥形。

2）枝干：树皮暗灰褐色，呈不规则鳞片状裂开，大枝平展，小枝不下垂。

3）叶：叶窄条形，长2～3cm，宽约1cm。

4）果实和种子：球果卵形，种子灰白色，有褐色斑纹，有长翅。花期4—5月，球果9—10月成熟。

（2）分布习性。

1）分布：我国华北地区特有树种，主要分布于河北和山西。辽宁、内蒙古、山东、甘肃、宁夏、新疆等地区有引种栽培。

2）习性：强阳性树，性极耐寒；对土壤的适应性强，喜深厚湿润而排水良好的酸性或中性土壤，略耐盐碱；有一定的耐湿和耐旱力；根系发达，生长迅速，寿命长。

（3）园林用途。

华北落叶松树冠整齐，呈圆锥形，叶轻柔而潇洒，可形成美丽的景观。适宜于较高海拔和较高纬度地区栽植应用，园林中可孤植、丛植或成片种植。

2. 金钱松（见图4-1-40）

植物名称：金钱松（别名：金松）

拉　丁　名：*Pseudolarix kaempferi*（*Lindl.*）*Gord.*

科　　属：松科 金钱松属

本属仅此1种，子遗植物。

（1）形态特征。

1）树形：落叶乔木，高 40m，树冠阔圆锥形。

2）枝干：树皮赤褐色，狭长鳞片状剥离，大枝不规则轮生，平展。

3）叶：叶条形，在长枝上互生，在短枝上轮状簇生。

4）果实和种子：球果卵形或倒卵形，有短柄，淡红褐色。种子卵形，白色，有翅。花期 4—5 月，球果 10—11 月成熟。

（2）分布习性。

1）分布：我国特产。产于江苏、安徽、浙江、福建、江西、湖南、四川、湖北等地。

2）习性：喜光，喜温凉湿润气候及深厚、肥沃、排水良好的中性或酸性土壤，不耐干旱瘠薄，不适应盐碱地和长期积水地；深根性，耐寒，抗风能力强。

（3）园林用途。

1）色彩：金钱松树干端直，入秋叶色变为金黄色，形如金钱，极为美丽，为世界五大公园树种之一。

图 4-1-40　金钱松

2）配置方式：在园林中可作行道树，也可孤植、对植、丛植，与阔叶树混植并衬以常绿灌木效果更好。亦可盆栽，是制作丛林式盆景的极好材料。国家二级保护树种。

（4）应用注意事项。

喜光性强，幼年树种应用时需庇荫。

3. 水松（见图 4-1-41）

植物名称：水松

拉　丁　名：*Glyptostrobus pensilis*（Staunt.）Koch.

科　　属：杉科 水松属

该属仅此 1 种，第四纪冰川期后的孑遗植物。

（1）形态特征。

1）树形：落叶或半常绿乔木，高 8～16m，树冠圆锥形。

2）枝干：树皮褐色，具扭状长条浅裂，生于低湿环境者树干基部膨大，有瘤状呼吸根。枝条稀疏，小枝绿色。

3）叶：叶异型，条形及钻形，柔软，冬季与小枝同落；鳞形叶宿存，螺旋状着生主枝上。

4）果实和种子：球果倒卵形。种子椭圆形，微扁，下部具翅。花期 1—2 月，球果 10—11 月成熟。

图 4-1-41　水松

（2）分布习性。

1）分布：我国特产。产于广东、福建、广西、江西、四川、云南等地。长江流域各城市有栽培。

2）习性：喜光，喜温暖湿润气候，不耐低温；最适于富含水分的冲积土，极耐水湿，不耐盐碱；浅根性，根系发达，萌芽力强。

（3）园林用途。

1）色彩：水松春叶鲜绿色，入秋后转为红褐色，若于湖中小岛群植数株，尤为雅致。

2）配置方式：水松大枝平展，树形美丽，最宜河边、湖畔及低湿处栽植，也可作防风护堤树。国家二级保护树种。

（4）应用注意事项。

水松为浅根性树种，根系发达，萌芽力强，可按需要修剪树形。

4．落羽杉（见图 4-1-42）

植物名称：落羽杉

拉 丁 名：*Taxodium distichum*（L.）Rich.

科　　属：杉科 落羽杉属

（1）形态特征。

1）树形：落叶乔木，高 50m，幼树树冠圆锥形，老时伞形。

2）枝干：树皮褐色，呈长条状剥落，树干基部常膨大且有呼吸根。

3）叶：叶条形，扁平，排成羽状 2 列，淡绿色，秋季落叶前变棕褐色。

图 4-1-42　落羽杉

4）果实和种子：球果卵圆形，熟时淡黄褐色，被白粉。种子褐色三角形，有短棱。花期 5 月，球果翌年 10 月成熟。

（2）分布习性。

1）分布：原产美国东南部。我国长江流域栽培广泛，山东、河南也有引种。

2）习性：强阳性树种；喜温暖湿润气候，不耐寒，耐水湿，能生长于海岸、沼泽或潮湿地，抗风性强；生长快，寿命长。

（3）园林用途。

1）色彩：落羽杉近羽毛状叶丛极为秀丽，秋季叶变成棕褐色，是很好的秋色叶树种。

2）配置方式：落羽杉树形优美，枝叶秀丽婆娑，秋叶棕褐色，是观赏价值较高的园林树种。特别适于水滨、河滩、湖边、低湿草地成片栽植、孤植或丛植。

5．池杉（见图 4-1-43）

植物名称：池杉（别名：池柏、沼杉、沼落羽杉）

拉 丁 名：*Taxodium ascendens* Brongn.

科　　属：杉科 落羽杉属

（1）形态特征。

1）树形：落叶乔木，高 25m，树冠尖塔形。

2）枝干：树皮褐色，纵裂，呈长条状剥落，树干基部膨大，常有呼吸根。

3）叶：叶多钻形，紧贴小枝，仅上部稍分离。

4）果实和种子：球果圆球形或长圆球形，有短梗，熟时褐黄色。种子红褐色。花期 3—4 月，球果 10—11

图 4-1-43　池杉

月成熟。

（2）分布习性。

1）分布：原产美国南部，常于沿海平原的沼泽及低湿地海拔 30m 以下见到。我国许多城市都有栽培。

2）习性：强阳性树种；喜温暖湿润气候，喜深厚疏松的酸性、微酸性土；耐涝，亦较耐旱；不耐盐碱，抗风性强；萌芽力强，速生树种。

（3）园林用途。

1）色彩：池杉枝叶青翠秀丽，秋叶棕褐色，是良好的秋色叶树种。

2）配置方式：池杉树形优美，常与水杉、落羽杉通用。特别适合水边湿地成片栽植，孤植或丛植为园景树。也适宜于公园、水滨、桥头、低湿草坪上列植、对植、群植。

6. 水杉（见图 4-1-44）

植物名称：水杉

拉丁名：*Metasequoia glyptostroboides* Hu et Cheng.

科　　属：杉科 水杉属

本属仅 1 种，第四纪冰川期后的孑遗植物。

（1）形态特征。

1）树形：落叶乔木，高 35m，树冠塔形。

2）枝干：树皮灰褐色，裂成长条片状脱落，树干基部常膨大，大枝近轮生。

3）叶：叶扁平条形，几无柄，交互对生，排成羽状 2 列。

4）果实和种子：球果近球形，具长柄，熟时深褐色。种子扁平，倒卵形，周围有窄翅。花期 2 月，球果当年 11 月成熟。

（2）分布习性。

图 4-1-44　水杉

1）分布：我国特产。产于四川石柱县、湖北利川县及湖南龙山、桑植等地。目前国内南北各地及国外许多国家都有引种。

2）习性：阳性树种，喜温暖湿润气候，有一定抗寒性，在北京可露地过冬；喜深厚肥沃的酸性土，喜湿怕涝；较耐盐碱，对有毒气体抗性较弱；浅根性，速生。

（3）园林用途。

1）色彩：水杉叶色翠绿，入秋后叶色金黄，是著名的秋色叶观赏树。

2）配置方式：水杉树干通直挺拔，宜在园林中丛植、列植或孤植，亦可成片林植，是城郊区、风景区绿化的重要树种。亦可作防护林。我国一级保护树种。

（4）应用注意事项。

水杉喜湿，但怕涝，因此在生长期间既要保持土壤湿润，又要避免积水受渍。

4.1.2.2　阔叶乔木

1. 银杏（见图 4-1-45）

植物名称：银杏（别名：白果树、公孙树）

拉丁名：*Ginkgo biloba*

科　　属：银杏科 银杏属

（1）形态特征。

1）树形：落叶大乔木，树高35～40m，树冠在青壮年时呈圆锥形，老龄树则呈广卵形。

2）枝干：树干端直，树皮黑褐色，有纵裂纹，大枝粗壮，斜向上生。

3）叶：叶扇形，先端常有2浅裂，在短枝上簇生，新叶嫩黄色，后逐渐变成绿色，秋季变成绚丽的明黄色。

4）花果：雌雄异株，种子椭圆形，长2～3.5cm，熟时变成黄色，表面被白粉。花期4—5月，种子9—10月成熟。

（2）分布习性。

1）分布：我国特有种，属活化石植物，是我国特产的名贵树种，世界著名的古生树种，全国各地均有栽培。

2）习性：喜光，耐旱怕涝，以深厚肥沃、湿润、排水良好的砂质土为佳，深根性，生长较慢，寿命极长。

（3）园林用途。

1）色彩：秋天金黄色，著名的观秋叶树种，最宜丛植或混植于槭类、黄栌、乌桕等秋色叶树种当中。

图4-1-45 银杏

2）配置方式：可作行道树、庭荫树、建筑前树种、广场树种、风景林、秋叶观赏树等。

（4）应用注意事项。

银杏雌雄异株，作为行道树、广场树等近人尺度的种植树时，最好选用雄株，因为银杏果熟后会坠落，容易污染行人衣物及铺装，另外，有部分人对此过敏，要适当加以考虑。

图4-1-46 玉兰

2. 玉兰（见图4-1-46）

植物名称：玉兰（别名：白玉兰、望春花）

拉 丁 名：*Magnolia denudata* Desr.

科　　属：木兰科 木兰属

（1）形态特征。

1）树形：落叶乔木，高20m，树冠幼年圆锥形，渐成卵形或近球形。

2）枝干：小枝淡灰褐色，枝上有环状托叶痕。冬芽大，密生灰绿色长绒毛。

3）叶：单叶互生，纸质，倒卵形或倒卵状长圆形，先端圆宽，具短突尖，基部楔形。

4）花：花芽长卵形。花两性，单生于枝顶，花被片9枚，白色，早春叶前开放。花期3—4月。

5）果实：聚合蓇葖果，熟时开裂，种皮鲜红色。果期9—10月。

（2）分布习性。

1）分布：原产我国浙江、江西、湖南、安徽等省。黄河以南各地及京、津一带均有栽培。

2）习性：喜光，稍耐阴，颇耐寒，喜肥沃、适当湿润而排水良好的弱酸性土壤，但亦能生长于碱性土中；肉质根，忌积水；生长速度较慢。

（3）园林用途。

玉兰早春先叶开花，花大而洁白，花被片厚实而清香，为我国珍贵花木。古时常在住宅的厅前院后配植，名为"玉兰堂"，与西府海棠、迎春、牡丹、桂花配植，象征"玉堂春富贵"，也可用深色针叶树作背景树，前面用花期相近的花灌木配植，构成春光明媚的景色。

（4）应用注意事项。

玉兰为肉质根，不耐积水，否则易烂根。

3. 二乔玉兰（见图4-1-47）

植物名称：二乔玉兰（别名：朱砂玉兰）

拉丁名：*Magnolia soulangeana* (Lindl.) Soul.

科　　属：木兰科 木兰属

（1）形态特征。

1）树形：落叶小乔木，高6～10m。

2）叶：单叶互生，倒卵形或卵状长椭圆形。

3）花：花大，呈钟状，内面白色，外面淡紫，芳香，花萼似花瓣，但长仅为花瓣的一半，叶前开花。花期4月。

4）果实：聚合蓇葖果。

图4-1-47　二乔玉兰

（2）分布习性。

1）分布：原产我国浙江、江西、湖南、安徽等省。黄河以南各地及京、津一带均有栽培。

2）习性：二乔玉兰是玉兰与紫玉兰的杂交种，喜光，稍耐阴，较亲本更耐寒、耐旱，移植难。有较多的变种和品种。

（3）园林用途。

庭院观赏树，孤植、对植、丛植或群植均可。

（4）应用注意事项。

玉兰为肉质根，不耐积水，否则易烂根。

图4-1-48　厚朴

4. 厚朴（见图4-1-48）

植物名称：厚朴

拉丁名：*Magnolia officinalis* Rehd et Wils.

科　　属：木兰科 木兰属

（1）形态特征。

1）树形：落叶乔木，高15～20m。

2）枝干：树皮厚，紫褐色，有突起圆形皮孔。冬芽大，有黄褐色绒毛。

3）叶：叶革质，倒卵形或倒卵状椭圆形，背有白粉，网状脉上密生有毛，叶柄粗，托叶痕达叶柄中部以上。

4）花：花单生枝顶，白色，芳香，花被片厚肉质。花期5月。

5）果实：聚合蓇葖果圆柱形，木质，有短尖头。果期9—10月。

（2）分布习性。

1）分布：产于长江流域和陕西、甘肃南部。

2）习性：中等喜光，喜凉爽、湿润、多云雾、相对湿度大的气候环境；在土层深厚肥沃、疏松的微酸性或中性土壤上生长较好；根系发达，生长快，萌生力强。

（3）园林用途。

厚朴树姿优美，阴质浓厚，花香色白，是良好的庭荫树、行道树和营造混交林、"四旁"绿化的树种。

5. 鹅掌楸（见图4-1-49）

植物名称：鹅掌楸（别名：白玉兰、望春花）

拉　丁　名：*Liriodendron chinense* Sarg.

科　　　属：木兰科 鹅掌楸属

（1）形态特征。

1）树形：落叶乔木，高40m，树冠圆锥形。

2）枝干：小枝灰色或灰褐色。

3）叶：单叶互生，先端截形，两侧常各具1裂口，向中腰部缩入，形如"马褂"；老叶背部有白色乳状突点。

4）花：花单生于枝顶，杯状，花被片淡绿色，内面近基部淡黄色。花期5—6月。

5）果实：聚合果纺锤形，由具翅的小坚果组成；果期9—10月。

图4-1-49　鹅掌楸

（2）分布习性。

1）分布：产于我国长江流域以南地区。

2）习性：喜光，喜温暖湿润气候，可耐-15℃的低温；在湿润深厚肥沃疏松的酸性、微酸性土中生长良好，不耐干旱瘠薄，忌积水。

（3）园林用途。

1）色彩：鹅掌楸叶形奇特，秋叶金黄，树形端正挺拔，是珍贵的庭荫树、行道树。

2）配置方式：宜丛植草坪、列植园路，或与常绿针、阔叶树混交成风景林效果很好，也可在居民区、街头绿地与各种花灌木配植点缀秋景。

图4-1-50　悬铃木

6. 悬铃木（见图4-1-50）

植物名称：悬铃木（别名：英桐、二球悬铃木）

拉　丁　名：*Platanus acerifolia*（Ait.）Willd.

科　　　属：悬铃木科 悬铃木属

（1）形态特征。

1）树形：落叶乔木，高35m，树冠圆形或卵圆形。

2）枝干：树皮灰绿色，呈片状剥落，内皮淡黄白色。嫩枝密生星状毛，1年生枝条呈之字形曲折，具环状托叶痕。

3）叶：单叶互生，3~5掌状浅裂，基部心形或截形，边缘有不规则尖齿和波状齿，幼时密生星状柔毛，后脱落。

4）花：花单性，雌雄同株，头状花序球形。花期4—5月。

5）果实：聚花果2个1串悬于总梗上，坚果，基部有长毛。果期9—10月。

常见还有三球悬铃木（法国梧桐）（*Platanus orientalis* Linn.）一球悬铃木（美国梧桐）（*Platanus* occidentalis Linn.）。

（2）分布习性。

1）分布：该种为三球悬铃木和一球悬铃木的杂交种，在英国育成，广植于世界各地。我国各地栽培的也以本种为多。

2）习性：喜光，不耐阴，喜温暖湿润气候，有一定抗寒力；对土壤的适应能力极强，能耐干旱、瘠薄、又耐水湿；耐修剪，抗烟尘、硫化氢等有害气体，是三种悬铃木中对不良环境抗性最强的一种。

（3）园林用途。

悬铃木树形雄伟端正，叶大荫浓，树冠广阔，杆皮光洁，繁殖容易，生长迅速，对城市环境的适应能力极强，故世界各国广为应用，有"行道树之王"的美称。

（4）应用注意事项。

悬铃木根系浅，易风倒。在北京幼树易受冻害，须防寒。

7. 杜仲（见图4-1-51）

植物名称： 杜仲（别名：丝绵树、丝绵木）

拉 丁 名： *Eucommia ulmoides Oliv.*

科　　属： 杜仲科 杜仲属

该科仅此1属1种，我国特产。

（1）形态特征。

1）树形：落叶乔木，高20m，树冠卵形。

2）枝干：树干端直，树皮灰色，小枝黄褐色，具片状髓。枝、叶、树皮、果实内均有白色胶丝。

图4-1-51　杜仲

3）叶：单叶互生，椭圆形或椭圆状卵形，先端渐尖，基部楔圆形，边缘有锯齿，老叶表面叶脉下陷，呈皱纹状，叶背有柔毛，脉上尤密。

4）花：雌雄异株，无花被，常先叶开放，生于小枝基部。花期3—4月。

5）果实：翅果长椭圆形，扁平，顶端2裂，熟时深褐色。果期9—10月。

（2）分布习性。

1）分布：原产于我国华东、中南、西北、西南各地，北京以南各地栽培普遍。

2）习性：喜光、不耐庇荫，对气候、土壤适应能力强；深根性，萌芽力强。

（3）园林用途。

杜仲树形整齐，枝叶茂密，适宜作庭荫树和行道树。体内胶丝可提炼优质硬性橡胶，树皮为名贵中药材，是我国重要的特用经济树种。国家二级重点保护树种。

8. 榆树（见图4-1-52）

植物名称： 榆树（别名：白榆、家榆）

拉 丁 名： *Ulmus pumila L.*

科　　属： 榆科 榆属

（1）形态特征。

1）树形：落叶乔木，高25m，树冠圆球形。

图4-1-52　榆树

2）枝干：树皮纵裂，粗糙，暗灰色，小枝灰色，细长，排成2列。

3）叶：单叶互生，常排成2列状，卵状长椭圆形，先端尖，基部偏斜，缘具重锯齿。

4）花：花两性，聚伞花序簇生于去年生枝上，叶前开花。花期3—4月。

5）果实：翅果近圆形，顶端有凹缺，种子位于中央。果期4—5月。

（2）分布习性。

1）分布：产于我国华东、华北、东北、西北等地区，华北、淮北平原常见栽培。

2）习性：喜光，耐寒，适应干冷气候；对土壤要求不严，耐干旱瘠薄，耐轻度盐碱；根系发达，抗风，萌芽力强，耐修剪，生长迅速，寿命可达百年以上；对烟尘和有毒气体的抗性较强。

（3）园林用途。

榆树树干通直，树形高大，绿荫较浓，可用作城乡绿化，作行道树、庭荫树，或作为防护林、水土保持林和盐碱地造林树种。

9. 榔榆（见图4-1-53）

植物名称：榔榆（别名：小叶榆、秋榆）

拉　丁　名：*Ulmus parvifolia Jacq.*

科　　属：榆科 榆属

（1）形态特征。

1）树形：落叶乔木，高25m，树冠扁球形至卵圆形。

2）枝干：树皮灰褐色，不规则薄片状剥落，内皮红褐色，较光滑。小枝纤细，褐色，有软毛。

3）叶：单叶互生，排成2列状，叶较小，近革质，卵状椭圆形或长椭圆形，基部偏斜，缘具单锯齿。

4）花：花两性，聚伞花序簇生于当年生枝的叶腋。花期8—9月。

图4-1-53 榔榆

5）果实：翅果长椭圆形，种子位于中央。果期10—11月。

（2）分布习性。

1）分布：产于我国长江流域及其以南地区，北至山东、山西、陕西等省都有分布。

2）习性：喜光，稍耐阴，喜温暖气候，对二氧化硫等有毒气体及烟尘的抗性较强。

（3）园林用途。

1）色彩：榔榆树形优美，姿态潇洒，树皮斑驳，小枝婉垂，秋日叶色变红，是良好的观赏树及工厂绿化、"四旁"绿化树种。

2）配置方式：在庭院中孤植、丛植、或与亭榭、山石配植都很合适，也是制作树桩盆景的优良材料。

10. 榉树（见图4-1-54）

植物名称：榉树（别名：大叶榉）

拉　丁　名：*Zelkova schneideriana Hand. Mazz.*

科　　属：榆科 榉属

（1）形态特征。

1）树形：落叶乔木，高25m，树冠倒卵状伞形。

2）枝干：树干通直，树皮深灰色，不裂，老时呈薄鳞片状，剥落后仍光滑。1年生枝密生柔毛。

图4-1-54 榉树

3）叶：单叶互生，叶卵形至椭圆状披针形，先端渐尖，基部宽楔形近圆，心形锯齿排列整齐，上面粗糙，背面密生灰色柔毛，叶柄短。

4）花：花杂性同株，雌花和两性花单生，雄花簇生于新枝下部叶腋。花期3—4月。

5）果实：坚果，卵圆形，顶端偏斜。果期10—11月。

（2）分布习性。

1）分布：产于我国淮河以南，长江中下游至华南、西南各省区。

2）习性：中等喜光，喜温暖湿润气候，适生于肥沃的微酸性及中性土壤；不耐水湿，也不耐干旱瘠薄；耐烟尘，抗病虫害能力强；深根性，根系发达，抗风力强，寿命较长。

（3）园林用途。

1）色彩：榉树枝条纤细，树形优美，绿荫浓密，秋叶红艳，是优良的庭院秋季观叶树。

2）配置方式：可列植人行道、公路旁作行道树，也可林植、群植作风景林。居民区、农村"四旁"绿化都可应用，也是长江中下游各地的造林树种。

图 4-1-55 小叶朴

11. 小叶朴（见图4-1-55）

植物名称：小叶朴（别名：黑弹朴）

拉 丁 名：*Celtis bungeana* Bl.

科　　属：榆科 朴属

（1）形态特征。

1）树形：落叶乔木，高20m，树冠倒广卵形至扁球形。

2）枝干：树皮灰褐色，平滑。小枝通常无毛。

3）叶：单叶互生，叶长卵形，先端渐长尖，锯齿较钝，两面无毛，或仅幼树及萌芽枝之叶背面沿脉有毛。

4）果实：核果近球形，紫黑色。果期9—10月。

（2）分布习性。

1）分布：产于我国东北南部、华北至长江流域及四川、云南等地。

2）习性：喜光，稍耐阴；耐寒；喜深厚之中性黏质土壤，常生于向阳山地、平地及河流两岸。

（3）园林用途。

小叶朴树冠枝叶茂密，可作庭荫树及绿化造林用。

12. 桑树（见图4-1-56）

植物名称：桑树

拉 丁 名：*Morus alba* L.

科　　属：桑科 桑属

（1）形态特征。

1）树形：落叶乔木，高15m，树冠倒广卵形。

2）枝干：树皮、小枝黄褐色，根皮鲜黄色。

3）叶：单叶互生，卵形或广卵形，基部圆形或心形，锯齿粗钝，有时有不规则分裂，表面无毛，有光泽，背面脉腋有簇毛。

4）花：花单性异株，花柱极短或无，柱头2裂，宿存。花期4月。

图 4-1-56 桑树

5）果实：聚花果圆柱形，成熟时紫红色或白色。果期5—6月。

（2）品种。

1）龙桑'Tortuosa'：枝条扭曲。

2）垂枝桑'Pendula'：枝条下垂。

（3）分布习性。

1）分布：原产我国中部，现各地广泛栽培，长江中下游及黄河流域较多。

2）习性：适应性强，喜光，喜温暖，稍耐寒，耐旱，亦耐水湿，抗烟尘；对土壤要求不严；根系发达，有较强的抗风力；生长快，萌芽性强，耐修剪，易更新。

（4）园林用途。

1）色彩：桑树树冠广阔，枝叶茂密，秋叶金黄，颇为美观。

2）配置方式：宜孤植作庭荫树，也可与花灌木配置树坛、树丛或与其他树种混植风景林，果能吸引鸟类，宜构成鸟语花香的自然景观。我国古代人民有在房前屋后栽种桑树和梓树的传统，因此常把"桑梓"代表故土、家乡。

13. 构树（见图4-1-57）

植物名称：构树（别名：楮树）

拉丁名：*Broussonetia papyrifera*（L.）L' Her. ex Vent.

科　　属：桑科 构属

（1）形态特征。

1）树形：落叶乔木，高16m。

2）枝干：树皮浅灰色，不裂。小枝、叶柄、叶背、花序柄均密被长绒毛。

3）叶：单叶互生，卵形，先端渐尖，基部圆形或近心形，有锯齿，不裂或不规则2～5裂，上面密生硬毛。

4）花：花单性，雌雄异株，雄花序为腋生下垂的柔荑花序，雌花排列成紧密的头状花序。花期5月。

5）果实：聚花果球形，熟时橙红色。果期8—9月。

（2）分布习性。

1）分布：分布极广，主产华东、华中、华南、西南及华北。

2）习性：喜光，适应性强，耐干冷及湿热气候，对环境要求不严，生长速度快，萌芽力强；对烟尘及二氧化硫等多种有毒气体抗性很强。

图4-1-57　构树

（3）园林用途。

构树外貌虽较粗犷，但枝叶茂密且有抗性、生长快、繁殖容易等许多优点，是城乡绿化的重要树种，尤其适合用作矿区及荒山坡地绿化，亦可选作庭荫树及防护林用。

14. 枫杨（见图4-1-58）

植物名称：枫杨（别名：柠柳）

拉丁名：*Pterocarya stenoptera* C.DC.

科　　属：胡桃科 枫杨属

（1）形态特征。

图4-1-58 枫杨

1）树形：落叶乔木，高30m，树冠广卵形。

2）枝干：幼树皮光滑，老时深纵裂。小枝灰绿色，髓心片状分隔。裸芽，密被褐色毛。

3）叶：奇数羽状复叶，顶生小叶有时不发育而成假偶数羽状复叶，叶轴有窄翅，小叶9～25枚，长椭圆形至长椭圆状披针形，具细锯齿。

4）花：雄花序生于去年生枝叶腋，雌花序生于新枝顶端，花序轴密被柔毛，果序下垂。花期4—5月。

5）果实：坚果近球形，果具2椭圆状披针形果翅。果期8—9月。

（2）分布习性。

1）分布：广泛分布于我国华北、华中、华南和西南各省；在长江、淮河和黄河流域最为常见，朝鲜也有。

2）习性：喜光，喜温暖湿润气候，也较耐寒，耐湿，但不宜长期积水；对二氧化硫、氯气等抗性强；深根性，萌芽力强，萌蘖性强。

（3）园林用途。

枫杨树冠宽广，枝繁叶茂，为河床两岸低洼湿地的良好绿化树种，既可以作为行道树，也可成片种植或孤植于草坪及坡地。

（4）应用注意事项。

枫杨叶片有毒，鱼池附近不宜栽植。

15. 胡桃（见图4-1-59）

植物名称：胡桃（别名：核桃）

拉 丁 名：*Juglans regia Linn.*

科　　属：胡桃科 胡桃属

（1）形态特征。

1）树形：落叶乔木，高25m，树冠广卵形至扁球形。

2）枝干：树皮灰白色，老时深纵裂。幼枝有密毛，髓心片状分隔。

3）叶：奇数羽状复叶，互生，小叶5～9枚，椭圆形至卵状椭圆形，全缘。

4）花：花单性同株，雄花为柔荑花序下垂，雌花单生或2～3朵集生枝顶，直立。花期4—5月。

5）果实：核果大形，外果皮薄，中果皮肉质，内果皮坚硬骨质，有皱纹及纵脊，果期9—11月。

图4-1-59 胡桃

（2）分布习性。

1）分布：原产欧洲东南部及亚洲西部，我国广为栽培，以西北、华北为主产区。

2）习性：喜光照充足、温暖凉爽环境，耐干冷，不耐湿热；喜深厚、肥沃、湿润而排水良好土壤；深根性，有粗大肉质根，怕积水。

（3）园林用途。

胡桃树冠开展，庞大雄伟，绿荫覆地，树干灰白洁净，宜孤植或丛植庭院、公园、草坪、池畔、建筑旁。因其花、果、叶挥发的气味具有杀菌、杀虫的保健功效，居民新村、风景疗养区亦可作庭荫树、行道树及成片栽植。还是优良的园林结合生产树种。国家二级保护树种。

（4）应用注意事项。

胡桃为深根性树种，有粗大肉质根，怕积水，在黏土、酸性、地下水位高处生长不良。

16. 板栗（见图4-1-60）

植物名称：板栗（别名：栗子、毛栗）

拉 丁 名：*Castanea mollissima Bl.*

科　　属：山毛榉科（壳斗科）栗属

（1）形态特征。

1）树形：落叶乔木，高20m，树冠扁球形。

2）枝干：树皮灰褐色，交错深纵裂，幼枝被灰褐色绒毛，无顶芽。

3）叶：单叶互生，卵状椭圆形至椭圆状披针形，先端渐尖，基部圆形或广楔形，缘齿尖芒状，背面被灰白色星状短柔毛。

图4-1-60　板栗

4）花：花单性，雌雄同株，雄花为柔荑花序，直立，雌花生于枝条上部的雄花序基部，2～3朵生于总苞内。花期5—6月。

5）果实：总苞发育成壳斗，外密被针刺，有紧贴星状柔毛，成熟后开裂，内有2～3个坚果，褐色。果期9—10月。

（2）分布习性。

1）分布：我国特产树种，产于辽宁以南各地，栽培历史悠久，以华北及长江流域各地栽培最为集中。

2）习性：喜光树种，北方品种较能耐寒、耐旱；南方品种则喜温暖而不怕炎热，但耐寒、耐旱性较差。适于土层深厚湿润、含有机质多的砂壤或砂质土、酸性或中性土壤。

（3）园林用途。

板栗树冠宽圆、枝茂叶大，在公园、草坪孤植或群植均适宜，是山区、坡地绿化的优良树种。坚果为著名干果，是园林接合生产的好树种。华北地区群众把板栗称为"铁杆庄稼"。

图4-1-61　栓皮栎

17. 栓皮栎（见图4-1-61）

植物名称：栓皮栎（别名：栗子、毛栗）

拉 丁 名：*Quercus variabilis Bl.*

科　　属：山毛榉科（壳斗科）栎属

（1）形态特征。

1）树形：落叶乔木，高25m，树冠广卵形。

2）枝干：树皮灰褐色，深纵裂，栓皮层发达，特别厚。小枝淡褐黄色，无毛。

3）叶：单叶互生，长椭圆状披针形，先端渐尖，基部楔形，缘有芒状锯齿，背面被灰白色星状毛。

4）花：雄花序生于当年生枝下部，雌花单生或双生于当年生枝叶腋。花期5月。

5）果实：总苞杯状，鳞片反卷，有毛。坚果卵球形或椭圆形。果翌年9—10月成熟。

（2）分布习性。

1）分布：世界各地广泛栽培。我国产于辽宁省以南直到广东省，而以鄂西、秦岭、大别山区为其分布中心。

2）习性：本种喜光，常生于山地阳坡，对气候和土壤适应性强，耐旱、耐瘠薄。

（3）园林用途。

1）色彩：栓皮栎树干通直，树冠雄伟，浓荫如盖，秋季叶色转为橙褐色，季相变化明显，是良好的绿化观赏树种。

2）配置方式：孤植、丛植或与其他树混交成林，均甚适宜。因根系发达，适应性强，树皮不易燃烧，又是营造防风林，水源涵养林及防护林的优良树种。

18. 白桦（见图4-1-62）

植物名称：白桦（别名：桦树、桦木）

拉 丁 名：*Betula platyphylla* Suk.

科　　属：桦木科 桦木属

（1）形态特征。

1）树形：落叶乔木，高25m，树冠卵圆形。

2）枝干：树皮白色，纸状剥离，皮孔黄色。小枝细，红褐色，外被白色蜡层。

3）叶：单叶互生，三角状卵形或菱状卵形，先端渐尖，基部宽楔形或截形，缘有不规则重锯齿，背面疏生油腺点。

4）花：花单性，雌雄同株，柔荑花序。花期5—6月。

图4-1-62　白桦

5）果实：果序单生，下垂，圆柱形。坚果小而扁，两侧具宽翅。果期8—10月。

（2）分布习性。

1）分布：产于东北、华北、西北及西南各地高山区。

2）习性：喜光，不耐阴，耐严寒；对土壤适应性强，喜酸性土，沼泽地、干燥阳坡及湿润阴坡都能生长；深根性，耐瘠薄，萌芽力强。

（3）园林用途。

1）色彩：白桦树干修直，洁白雅致，十分引人注目。若在山地或丘陵坡地成片栽植，可组成美丽的风景林。

2）配置方式：白桦枝叶扶疏，姿态优美。孤植、丛植于庭园、公园之草坪、池畔、湖滨或列植于道旁均颇美观。

19. 蒙椴（见图4-1-63）

植物名称：蒙椴（别名：小叶椴）

拉 丁 名：*Tilia mongolica* Maxim.

科　　属：椴树科 椴树属

（1）形态特征。

1）树形：落叶小乔木，高6~10m。

2）枝干：树皮红褐色。小枝光滑无毛。

3）叶：单叶互生，宽卵形至三角状卵形，叶缘具不整齐粗锯齿，有时3浅裂，仅背面脉腋有簇毛。

图4-1-63　蒙椴

4）花：花黄色，6~12朵排成聚伞花序，花序柄下部与一舌状苞片合生。花期6—7月。

5）果实：坚果倒卵形，外被黄色绒毛。果期8—9月。

（2）分布习性。

1）分布：主产我国华北，东北及内蒙古也有分布。

2）习性：较耐阴，喜生于湿润之阴坡，耐寒性强。

（3）园林用途。

1）色彩：蒙椴夏季黄花芳香，秋季叶色变黄，是北方优良的庭荫树。

2）配置方式：蒙椴树形较矮，只宜在公园、庭园及风景区栽植，不宜作大街的行道树。花内含蜜，是良好的蜜源树种。

20. 糠椴（见图4-1-64）

植物名称：糠椴（别名：大叶椴）

拉 丁 名：*Tilia mandschurica Rupr.er Maxim.*

科　　属：椴树科　椴树属

（1）形态特征。

1）树形：落叶乔木，高20m，树冠广卵形。

2）枝干：树皮暗灰色，有浅纵裂。小枝、芽、叶背均密被灰白色星状毛。

3）叶：单叶互生，近圆形或宽卵形，先端短尖，基部稍偏斜，浅心形或截形，缘具粗锯齿，齿端芒尖。

4）花：聚伞花序下垂，花黄色，苞片倒披针形。花期7—8月。

5）果实：坚果近球形，基部有5棱，密被黄褐色星状毛。果期9—10月。

图4-1-64　糠椴

（2）分布习性。

1）分布：主产我国东北，华北也有分布。

2）习性：喜光，耐寒，喜凉润气候，喜生于潮湿山地或干湿适中的平原；深根性，生长速度中等。

（3）园林用途。

糠椴树冠浓荫，树姿清幽，夏日黄花满树，是良好的庭荫树和行道树，也是优良的蜜源树种。

21. 梧桐（见图4-1-65）

植物名称：梧桐（别名：青桐）

拉 丁 名：*Firmiana platanifolia*（*Linn. f.*）*Marsili*

科　　属：梧桐科　梧桐属

（1）形态特征。

1）树形：落叶乔木，高20m，树冠卵圆形。

2）枝干：幼树树皮绿色，老树树皮灰绿色或灰色，通常不裂，平滑。

3）叶：单叶互生，3~5掌状裂，裂片全缘，掌状心形，先端渐尖，表面光滑，背面有毛，叶柄约与叶片等长。

4）花：花单性同株，顶生圆锥花序，黄绿色，花瓣缺，萼片5深裂，裂片披针形，向外反卷，外面密生黄色

图4-1-65　梧桐

星状毛。花期6—7月。

5）果实和种子：蓇葖果，具柄，果皮薄革质，果实成熟前心皮先行开裂，裂瓣呈舟形。种子棕黄色，形如豌豆，表面皱缩。果期9—10月。

（2）分布习性。

1）分布：产于我国黄河流域以南至台湾、海南。现北至河北，东至台湾，南至广东、广西，西至云南、贵州、四川均有栽培。

2）习性：喜光，耐寒，喜凉润气候，喜生于潮湿山地或干湿适中的平原；深根性，生长速度中等。

（3）园林用途。

1）色彩：梧桐皮青如翠，叶缺如花，且秋季转为金黄色，为优美的庭荫树和行道树。

2）配置方式：梧桐树干端直，干枝青翠，叶大荫浓，自古以来即为著名的庭荫树种，素有"梧桐栖凤"之说。栽植于庭前、屋后、草地、池畔等处极显幽雅清静；与棕榈、竹子、芭蕉等配置，点缀假山石园景，协调古雅，具有我国民族风格。对多种有毒气体有较强抗性，可作工矿区绿化或作行道树。

22. 柽柳（见图4-1-66）

植物名称：柽柳（别名：三春柳、红荆条）

拉　丁　名：*Tamarix chinensis* Lour.

科　　属：柽柳科 柽柳属

（1）形态特征。

1）树形：落叶小乔木，高10m，树冠圆球形。

2）枝干：小枝细长下垂，红褐色或淡棕色。

3）叶：单叶互生，鳞片状，钻形或卵状披针形，半贴生，背面有龙骨状突起。

4）花：总状花序组成顶生大型圆锥花序，多柔弱下垂；花粉红色或紫红色，苞片线状披针形。花期4—9月。

图4-1-66 柽柳

5）果实：蒴果3裂，长3~3.5cm。果期10月。

（2）分布习性。

1）分布：我国特有种。长江中下游至华北、辽宁南部各地，华南、西南有栽培。

2）习性：喜光，对气候适应性强，适于温凉气候；对土壤要求不严，耐盐碱土（pH值7.5~8.5）能力极强，也能分泌盐分，为盐碱地指示植物。深根性，根系发达，耐旱力、抗风力强；萌蘖力强，耐修剪，耐沙割与沙埋，生长快。

（3）园林用途。

柽柳枝条细柔，姿态婆娑，开花如红蓼，颇为美观。在庭院中可作绿篱用，适宜于水滨、池畔、桥头、河岸、堤防栽植。还有降低土壤含盐量的显著功效和保土固沙等防护功能，是改造盐碱地和海滨防护林的优良树种。老桩可作盆景。

23. 毛白杨（见图4-1-67）

植物名称：毛白杨

拉　丁　名：*Populus tomentosa* Carr.

科　　属：杨柳科 杨属

（1）形态特征。

1）树形：落叶乔木，高40m，树冠卵圆形或卵形。

2）枝干：树干通直，树皮灰绿色至灰白色，光滑，皮孔菱形，老树基部黑灰色，纵裂，小枝及幼枝有毛，逐

图 4-1-67 毛白杨

渐脱落,芽卵形略有绒毛。

3)叶:单叶互生,短枝叶卵形、宽卵形,长枝及幼树叶三角状卵形或近圆形,先端渐尖,基部心形或平截,叶缘波状缺刻或锯齿,背面密生白绒毛,后全脱落。叶柄扁,顶端常有 2~4 个腺体。

4)花:花单性,雌雄异株,柔荑花序,下垂,先叶开放。花期 3—4 月。

5)果实:蒴果 2 裂,三角形。果期 4—5 月。

(2)分布习性。

1)分布:我国特有种。主要分布在黄河流域,北起辽宁南部,南到江苏、浙江,西至甘肃东部,西南至云南均有。

2)习性:喜光,喜凉爽湿润气候,对土壤要求不严,喜深厚肥沃壤土,在酸性至碱性土上均能生长;深根性,生长较快,寿命较长;抗烟尘和污染能力强。

(3)园林用途。

毛白杨树干灰白端直,树形高大宽阔,气概雄伟,大形的叶片在微风吹拂时能发出欢快的响声。园林中适宜作行道树、庭荫树,可孤植于草坪上,列植广场、干道两侧,也是厂区绿化、"四旁"绿化及防护林、用材林的重要树种。

(4)应用注意事项。

毛白杨雌株春季有飞絮,给人们的生产、生活带来诸多不便,所以在绿化中应使用雄性毛白杨。

24. 银白杨(见图 4-1-68)

植物名称:银白杨

拉 丁 名:*Populus alba* L.

科　　属:杨柳科 杨属

(1)形态特征。

1)树形:落叶乔木,高 30m,树冠广卵形或圆球形。

2)枝干:树皮灰白色,光滑,老时基部纵深裂。幼枝叶及芽密被白色绒毛。

3)叶:单叶互生,长枝之叶广卵形至三角状卵形,掌状 3~5 裂,缘有粗齿或缺刻;基部截形或近心形;短枝之叶较小,卵形或椭圆状卵形,缘有不规则波状钝齿;叶柄微扁,老叶背面及叶柄密被白色绒毛。

4)花:花单性,雌雄异株,柔荑花序,下垂,先叶开放。花期 3—4 月。

5)果实:蒴果 2 裂,长圆锥形。果期 4—5 月。

(2)分布习性。

1)分布:分布于东北南部、华北、西北等地。

2)习性:喜光,不耐阴;抗寒性强,不耐湿热;喜湿润、肥沃、排水良好的砂质土壤,也能在较贫瘠的沙荒

图 4-1-68 银白杨

及轻碱地上生长；深根性，根系发达，萌蘖力强。

（3）园林用途。

1）色彩：银白杨树形高大，银白色的叶片在微风中摇动、阳光照射下有特殊的闪烁效果。

2）配置方式：可作庭荫树、行道树，丛植于草坪，还可作固沙、保土、护岩固堤及荒沙造林树种。

25. 新疆杨（见图 4-1-69）

植物名称：新疆杨

拉　丁　名：*Populus bolleana* Lauche

科　　属：杨柳科 杨属

（1）形态特征。

1）树形：落叶乔木，高 30m，树冠圆柱形，枝条直立。

2）枝干：树皮灰绿色，光滑，老时灰白色。

3）叶：单叶互生，短枝之叶近圆形，有粗缺齿，背面绿色，近无毛；长枝之叶常 3～5 掌状深裂，背面有白色绒毛。

（2）分布习性。

图 4-1-69　新疆杨

1）分布：产于新疆，以南疆地区较多。近年来，在北方各地区，如陕西、甘肃、宁夏、北京等北方地区引种栽植，生长良好。

2）习性：喜光，耐严寒，耐盐碱，耐干热，不耐湿热，适应大陆性气候。

（3）园林用途。

新疆杨树姿优美、挺拔，是新疆人民最喜爱的树种之一。常用作行道树、"四旁"绿化及防护林。材质较好，可供建筑、家具等用。

26. 加拿大杨（见图 4-1-70）

植物名称：加拿大杨（别名：加杨）

拉　丁　名：*Populus canadensis* Moench.

科　　属：杨柳科 杨属

（1）形态特征。

1）树形：落叶乔木，高 30m，树冠开展呈卵圆形。

2）枝干：树干通直，树皮灰褐色，粗糙，纵裂。小枝无毛，芽先端反卷，顶端有树脂。

3）叶：单叶互生，近三角形，先端渐尖，基部截形，无腺体或很少有 1～2 个腺体，锯齿钝圆，叶缘半透明，叶柄两侧压扁。

图 4-1-70　加拿大杨

4）花：花单性，雌雄异株，柔荑花序，下垂，先叶开放。花期 4 月。

5）果实：果序长达 27cm，蒴果卵圆形。果期 5—6 月。

（2）分布习性。

1）分布：广植于欧、亚、美各洲。我国北起哈尔滨，南至长江流域，西南至重庆、四川、贵州、广西均有栽培，尤以东北、华北及长江流域为多。

2）习性：喜光，耐寒，亦适应暖热气候，对土壤要求不严，对水涝、盐碱和瘠薄土地均有一定耐性；生长快，抗二氧化硫。

（3）园林用途。

加拿大杨树体高大，树冠宽阔，叶片大而具有光泽，夏季绿荫浓密，宜作行道树、庭荫树及防护林用。同时，也是工矿区绿化及"四旁"绿化的好树种。

27. 钻天杨（见图4-1-71）

植物名称：钻天杨

拉 丁 名：*Populus nigra italica*

科　　属：杨柳科 杨属

（1）形态特征。

1）树形：落叶乔木，高30m，树冠圆柱形。

2）枝干：树皮灰褐色，粗糙，纵裂。

3）叶：单叶互生，长枝之叶扁三角形，短枝之叶菱状卵形，叶柄扁。

4）花：柔荑花序，先叶开放。花期4月。

5）果实：蒴果2裂，先端尖，果柄细长。果期5月。

（2）分布习性。

1）分布：广植于欧、亚、美各洲。我国哈尔滨以南至长江流域有栽培，适生于华北、西北地区。

图4-1-71　钻天杨

2）习性：喜光，耐寒，耐旱，稍耐盐碱和水湿；生长快。

（3）园林用途。

钻天杨树冠圆柱状，树形高耸挺拔，姿态优美；可丛植、列植于草坪、广场、学校、医院等地。还可营造防护林。

28. 垂柳（见图4-1-72）

植物名称：垂柳（别名：垂杨柳）

拉 丁 名：*Salix babylonica L.*

科　　属：杨柳科 柳属

（1）形态特征。

1）树形：落叶乔木，高8m，树冠开展，常呈倒卵圆形。

2）枝干：树皮灰黑色，不规则开裂。小枝细长，下垂，淡黄绿色、淡褐色或淡褐黄色。

3）叶：单叶互生，叶披针形或线状披针形，缘有细锯齿，先端渐长尖，基部楔形，上面绿色，下面蓝灰绿色，托叶披针形。

图4-1-72　垂柳

4）花：花单性，柔荑花序，雄花具腺体2枚，腹生与背生各1枚，雌花具腺体1枚。花期3—4月。

5）果实：蒴果2裂。果期4—5月。

（2）分布习性。

1）分布：主要分布于长江流域及其以南，华北、东北亦有栽培，是平原水边常见树种。

2）习性：喜光；极耐水湿，树干在水中能生出大量不定根；高燥地及石灰性土壤亦能适应，过于干旱或土质过于黏重生长差，喜肥沃湿润土壤；耐寒性不及旱柳；发芽早，落叶迟；吸收二氧化硫能力强。

（3）园林用途。

垂柳枝条细长，柔软下垂，随风飘舞，姿态优美潇洒，植于河岸及湖池边最为理想，柔条依依拂水，别有风致，自古即为重要的庭院观赏树。若间植桃花，桃红柳绿为江南园林春景的特色配置方式之一。也可作庭荫树，孤植草坪、水滨、桥头，亦可列植作行道树、园路树。亦适用于工厂绿化，还是固堤护岸的重要树种。

29. 旱柳 [见图 4-1-73 (a)]

植物名称：旱柳（别名：柳树、立柳）

拉 丁 名：*Salix matsudana Koidz.*

科　　属：杨柳科 柳属

(1) 形态特征。

1) 树形：落叶乔木，高 20m，树冠广圆形至倒卵形。

2) 枝干：树皮暗灰黑色，纵裂。小枝纤细，斜展或直伸，淡褐黄色，无毛，嫩枝有时有毛。

3) 叶：单叶互生，叶披针形或条状披针形，先端长渐尖，基部楔形，缘有细锯齿，背面微被白粉。

4) 花：花单性，柔荑花序，先叶开放，花序轴有毛，花具腺体 2 枚。花期 2—3 月。

5) 果实：蒴果，果序长 2cm。果期 4—5 月。

(2) 栽培变种。

1) 龙须柳（龙爪柳）[见图 4-1-73 (b)] 'Tortuosa'：高达 12m，枝条自然扭曲。常见栽培观赏，但生长势较弱，易衰老。

2) 馒头柳 [见图 4-1-73 (c)] 'Umbraculifera'：分枝密，端梢齐整，树冠半圆球形，状如馒头。北京常见栽培，多作庭荫树及行道树。

3) 绦柳（旱垂柳）'Pendula'：枝条细长下垂，外形似垂柳。但小枝较短，黄色；叶披针形，无毛，缘有腺毛锐齿。我国北方城市常栽培，并常误认为是垂柳。

(a)

(b)

(c)

图 4-1-73
(a) 旱柳；(b) 龙须柳；(c) 馒头柳

(3) 分布习性。

1) 分布：原产我国，以我国黄河流域为栽培中心，东北、华北平原、黄土高原、甘肃、青海等皆有栽培。是我国北方平原地区最常见的乡土树种之一。

2) 习性：喜光，耐寒性强，耐水湿又耐干旱；对土壤要求不严。萌芽力强，耐修剪；深根性，固土、抗风力强，生长快。

(4) 园林用途。

旱柳枝条柔软，树冠丰满，是我国北方常用的庭荫树、行道树。常栽在河湖岸边或孤植于草坪，对植于建筑两旁。亦用作防护林及沙荒造林，农村"四旁"绿化等。

(5) 应用注意事项。

旱柳作庭荫树、行道树时最好选用雄株，以避免柳絮（种子）污染。

30. 柿树（见图 4-1-74）

植物名称：柿树（别名：猴枣）

拉 丁 名：*Diospyros kaki* L.f.

科　　属：柿树科 柿属

（1）形态特征。

1）树形：落叶乔木，高 15m，树冠球形或圆锥形。

2）枝干：树皮灰黑色，呈长方块状深裂，不易剥落。小枝及叶下面密被黄褐色柔毛。

3）叶：单叶互生，宽椭圆形至卵状椭圆形，近革质，上面深绿色，有光泽，下面淡绿色。

4）花：花钟状，黄白色，多为雌雄异株或杂性同株。花期 5—6 月。

5）果实：浆果卵圆形或扁球形，形状多变，大小不一，熟时橙黄色或鲜黄色，萼宿存。果期 9—10 月。

（2）分布习性。

1）分布：我国特产。自长城以南至长江流域以南各地均有栽培，以华北栽培最多。

2）习性：喜光，喜温暖亦耐寒，能耐 −20℃的短期低温，对土壤要求不严；对有毒气体抗性较强；根系发达，寿命长，300 年生的古树还能结果。

（3）园林用途。

1）色彩：柿树树冠广展如伞，叶大荫浓，秋叶红艳，丹实似火，悬于绿荫丛中，至 11 月落叶后仍可挂于枝头，极为美观。

2）配置方式：柿树是观叶、观果和园林结合生产的重要树种。可用于厂矿绿化，也是优良的行道树。久经栽培，品种繁多。

图 4-1-74　柿树

31. 君迁子（见图 4-1-75）

植物名称：君迁子（别名：黑枣、软枣）

拉 丁 名：*Diospyros lotus* L.

科　　属：柿树科 柿属

（1）形态特征。

1）树形：落叶乔木，高 14m。

2）枝干：树皮黑灰色，呈长方块状裂。芽尖卵形，黑褐色。

3）叶：单叶互生，椭圆形，表面深绿色，初密生柔毛，后脱落，背面灰色或苍白色。

4）花：淡橙色或绿白色。单性异株。花期 4—5 月。

5）果实：浆果近球形，熟时蓝黑色，外被蜡层，萼宿存。果期 9—10 月。

图 4-1-75　君迁子

（2）分布习性。

1）分布：产我国东北南部、华北至中南、西南各地；亚洲西部及日本也有分布。

2）习性：性强健，喜光，耐半阴；耐旱及耐寒性比柿树强，耐湿润；根系发达但较浅；生长较迅速。

（3）园林用途。

君迁子树干挺直，树冠圆整，适应性强，可供园林绿化用。果实脱涩后可食用；种子可入药。

32. 紫叶李（见图4-1-76）

植物名称：紫叶李（别名：红叶李）

拉 丁 名：*Prunus cerasifera f. atropurpurea Jacq.*

科　　属：蔷薇科 李属（樱属）

（1）形态特征。

1）树形：落叶小乔木，高8m。

2）枝干：干皮紫灰色，小枝光滑，紫红色。

3）叶：单叶互生，叶卵形至倒卵形，基部圆形，缘有重锯齿。叶片、花柄、花萼、雄蕊都成紫红色。

4）花：花单生或2～3朵聚生，淡粉红色。花期4—5月。

5）果实：核果近球形，暗红色。果期6—7月。

图4-1-76 紫叶李

（2）分布习性。

1）分布：原产亚洲西南部，现各地广为栽培。

2）习性：喜光，喜温暖湿润气候，有一定的抗旱能力；对土壤适应性强，不耐干旱，较耐水湿，但在肥沃、深厚、排水良好的黏质中性、酸性土壤中生长良好，不耐碱；浅根性，萌蘖性强。

（3）园林用途。

1）色彩：紫叶李叶片自春至秋呈红色，尤以春季最为鲜艳，花小，白色或粉红色，是良好的观叶植物。

2）配置方式：可丛植、孤植于草坪角隅和建筑物前，或以浅色叶树为背景树，更能烘托出叶色美的特性；与常绿树配植，则绿树红色相映成趣。

33. 杏（见图4-1-77）

植物名称：杏（别名：杏花、杏树、北梅）

拉 丁 名：*Prunus armeniaca L.*

科　　属：蔷薇科 李属（樱属）

（1）形态特征。

1）树形：落叶乔木，高10m，树冠圆整。

2）枝干：树皮黑褐色，不规则纵裂。小枝光滑，红褐色。

3）叶：单叶互生，叶宽卵形或卵状椭圆形，先端短锐尖，缘有细钝锯齿，两面无毛或背面脉腋有簇毛，叶柄红色。

图4-1-77 杏

4）花：花单生，先叶开放，白色至淡粉红色，萼鲜绛红色。花期3—4月。

5）果实：核果球形，杏黄色，一侧有红晕，具缝合线及柔毛。核扁，平滑。果期6月。

（2）分布习性。

1）分布：原产我国新疆，主产于秦岭-淮河以北、东北各省，是北方常见的果树。

2）习性：喜光，耐寒，耐高温，耐旱，喜土层深厚、排水良好的砂壤土或砾壤土；极不耐涝，也不喜空气湿度过高。

（3）园林用途。

杏树早春开花，先花后叶，宛若烟霞，是我国北方主要的早春花木。可与苍松、翠柏配植于池旁湖畔或植于山石崖边、庭院堂前，极具观赏性。宜群植或片植于山坡，可作北方大面积荒山造林树种。

34. 梅（见图4-1-78）

植物名称：梅（别名：梅花）

拉 丁 名：*Prunus mume* Sieb. et Zucc.

科　　属：蔷薇科 李属（樱属）

（1）形态特征。

1）树形：落叶乔木，高 15m，常具枝刺。

2）枝干：树干褐紫色，有纵驳纹。小枝细长，绿色。

3）叶：单叶互生，叶广卵形至卵形，先端渐长尖，锯齿细尖。

4）花：花 1~2 朵簇生，无梗或具短梗，淡粉或白色，有芳香，叶前开放。花期冬末至初春。

5）果实：核果近球形，有纵沟，黄色或绿黄色，密被短柔毛，味酸；果核表面有蜂窝状孔穴，与果肉粘着。果期 5—6 月。

图 4-1-78 梅

（2）品种与变种。

梅花按种性分为 3 系 5 类 18 型。

1）真梅系，梅之嫡系，品种最多，而香气好，适应最低温度 −10℃，在黄河以南可露地越冬。枝直伸或斜生，花、果、枝、叶均较典型，又分 3 类：①直枝梅类，有江梅型、宫粉型、玉蝶型、绿萼型、朱砂型、洒金型、黄香型等；②垂枝梅类，枝自然下垂或斜垂，俗称垂枝梅，有单粉垂枝型、残雪垂直型、白碧垂枝型、骨红垂枝型等；③龙游梅类，枝天然扭曲如龙游，仅有玉蝶龙游型。

2）杏梅系，品种次于真梅系，香气淡或无，但最耐寒。梅与杏的种间杂种，种性介乎二者之间，而枝、叶较似杏，花型也类杏，花托肿大，花期甚晚，单瓣至重瓣，多数几无香味。又可分为单杏型、丰后型和送春型。

3）樱李梅系，品种最少，但紫叶红花，重瓣大朵，可观叶，也较耐寒。杏梅系及樱李梅系可耐 −30℃~−25℃ 的低温。

（3）分布习性。

1）分布：原产我国，东自台湾，西至西藏，南自广西，北至湖北均有天然分布。

2）习性：喜光，性喜温暖而略潮湿的气候，有一定耐寒力；对土壤要求不严，较耐瘠薄土壤；在砾质黏土及砾质壤土等下层土质紧密的土壤上生长良好；梅最怕积水之地，要求排水良好。

（4）园林用途。

梅为我国传统名花，尤以风韵美著称。每当冬末春初，疏花点点，清香远溢，在园林、绿地、庭园、风景区可孤植、丛植、群植等；也可在屋前、坡上、石际、路边自然配植。若用常绿乔木或深色建筑作背景，更可衬托出梅花玉洁冰清之美。在我国与松、竹并称为"岁寒三友"，苍松是背景，修竹是客景，梅花是主景。另外，梅花可布置成梅岭、梅峰、梅园、梅溪、梅径、梅坞等。

35. 桃（见图 4-1-79）

植物名称：桃（别名：桃花）

拉 丁 名：*Prunus persica*（L.）Batsch

科　　属：蔷薇科 李属（樱属）

（1）形态特征。

1）树形：落叶小乔木，高 3~8m。

2）枝干：小枝红褐色或褐绿色，无毛，芽密生灰白色

图 4-1-79 桃

绒毛。

3）叶：单叶互生，叶椭圆状披针形，叶缘细钝锯齿；托叶线形，有腺齿。

4）花：花单生，先叶开放，粉红色，近无柄，花萼密生绒毛。花期3—4月。

5）果实：核果卵球形，表面密生绒毛；种子扁卵状心形。果期8—9月。

（2）主要品种与变种。

1）白花桃（*Alba*）：花白色，单瓣。

2）粉花桃（*Rosea*）：花粉红色，单瓣。

3）红花桃（*Rubra*）：花红色，单瓣。

4）白碧桃（*Albo-plena*）：花大，白色，重瓣，密生。

5）碧桃（*Duplex*）：花较小，粉红色，重瓣或半重瓣。

6）红碧桃（*Rubro-plena*）：花红色，近于重瓣。

7）"人面"桃（*Dianthiflora*）：花粉红色，不同枝上花色有深有浅，重瓣。

8）绯桃（*Magnifica*）：花亮红色，但花瓣基部变白色，重瓣。

9）绛桃（*Camelliaeflora*）：花深红色，半重瓣，大而密生。

10）"菊花"桃（*Stellata*）：花鲜桃红色，花瓣细而多，形似菊花。

11）紫叶桃（*Atropurpurea*）：嫩叶紫红色，后渐变为近绿色；花单瓣或重瓣，粉红或大红色。

12）"寿星"桃（*Dendsa*）：植株矮小，枝条节间特短，花芽密集；花单瓣或半重瓣，并有红、桃红、白等不同花色品种。

13）垂枝桃（*Pendula*）：枝条下垂；花多近于重瓣，并有白、粉红、红、粉白二色等花色品种。

14）塔形桃（*Pyramidalis*）：枝条近直立向上，形成窄塔形树冠。

（3）分布习性。

1）分布：原产我国，现全国都有栽培。在华北、华中、西南等地山区仍有野生桃树。

2）习性：喜光，耐旱，耐寒性较强，喜肥沃而排水良好的土壤，不耐水湿，碱性土及黏重土均不适宜。

（4）园林用途。

桃花烂漫芳菲，妩媚可爱，盛开时节皆"逃之夭夭，灼灼其华"。加之品种繁多，着花繁密，栽培简易，是园林中重要的春季花木。可孤植、列植、丛植于山坡、池畔、草坪、林缘等处，最宜与柳树配植于池边、湖畔，形成"桃红柳绿"的动人春色。

（5）应用注意事项。

若将桃树在黏重土上栽植易发生流胶病。

36. 山桃（见图4-1-80）

植物名称：山桃（别名：野桃、山毛桃）

拉丁名：*Prunus davidiana*（Carr.）Franch.

科　属：蔷薇科 李属（樱属）

（1）形态特征。

1）树形：落叶小乔木，高10m。

2）枝干：干皮紫褐色，有光泽，常具横向环纹，老时纸质剥落。

3）叶：单叶互生，叶狭卵状披针形，锯齿细尖。

4）花：花淡粉红色或白色。花期3—4月。

图4-1-80　山桃

5）果实：核果球形，肉薄而干燥，淡黄色，密被短柔毛。果期7月。

（2）常见栽培变种。

1）白花山桃（*Alba*）：花白色，单瓣。

2）红花山桃（*Rubra*）：花深粉红色，单瓣。

3）曲枝山桃（*Tortuosa*）：枝近直立而自然扭曲；花淡粉红色，单瓣。

4）白花山碧桃（*Albo-plena*）：树体较大而开展，树皮光滑，似山桃；花白色，重瓣，颇似白碧桃，但萼外近无毛，且花期较白碧桃早半月左右。是桃花和山桃的天然杂交种，也有学者将其归入桃花（*P.persica*）类。

（3）分布习性。

1）分布：分布于我国黄河流域、内蒙古及东北南部，西北也有，多生于向阳的碎岩山地。

2）习性：喜光，稍耐阴；耐寒，耐干旱、瘠薄，怕涝，较耐盐碱；对土壤适应性强。

（4）园林用途。

山桃花期早，花繁茂，园林中宜成片植于山坡并以苍松翠柏为背景，方可充分显示其娇艳之美。常植于庭园、墙际、山坡、岸边，与柳树配植效果极佳。也常为嫁接桃树良种的砧木。

37. 樱花（见图4-1-81）

植物名称： 樱花（别名：山樱花）

拉丁名： *Prunus serrulata* Lindl.

科　　属： 蔷薇科 李属（樱属）

（1）形态特征。

1）树形：落叶乔木，高15～25m。

2）枝干：树皮栗褐色，光滑。小枝无毛，有锈色唇形皮孔。

3）叶：单叶互生，叶卵形至卵状椭圆形，叶端尾尖，缘具尖锐单或重锯齿，两面无毛，叶柄端有2～4腺体。

4）花：花白或淡红色，单瓣或重瓣，3～5朵呈短伞房总状花序。花期4月，与叶同放。

5）果实：核果球形，先红而后变紫褐色。果期7月。

图4-1-81　樱花

（2）常见变种和栽培变种。

1）重瓣白樱花'*Albo-plena*'：花较大，径3～4cm，白色，重瓣。

2）红白樱花'*Albo-rosea*'：花先粉红后变白色，重瓣。

3）重瓣红樱花'*Roseo-plena*'：花粉红色，重瓣。

4）瑰丽樱花'*Superba*'：花大，淡红色，重瓣；花梗较长。

5）山樱花 var.*spontanea* Wils.：花单瓣而小，径约2cm，花瓣白色或浅粉红色，先端凹；花梗和花萼无毛或近无毛。

（3）分布习性。

1）分布：原产我国长江流域和日本。我国东北的南部也有。

2）习性：喜阳光，喜深厚肥沃而排水良好的土壤，对烟尘、有害气体及海潮风的抵抗力均较弱；有一定耐寒能力，根系较浅。

（4）园林用途。

樱花盛开时节，满树烂漫，如云似霞，是早春开花的著名观赏花木，也可作小径行道树用，还可大片栽植造成"花海"景观。三五成丛点缀于绿地形成锦团，也可孤植形成"万绿丛中一点红"之画意。

38. 日本晚樱（见图 4-1-82）

植物名称：日本晚樱（别名：山樱花）

拉 丁 名：*Prunus lannesiana Carr.*

科　　属：蔷薇科 李属（樱属）

（1）形态特征。

1) 树形：落叶乔木，高 10m。

2) 枝干：干皮淡灰色。

3) 叶：单叶互生，倒卵形，先端渐尖，长尾状，具渐尖重锯齿，齿端有长芒；叶柄端有腺体；新叶略带红褐色。

4) 花：花大，白色或粉红色，单瓣或重瓣，3～5 朵排成伞房花序，常下垂；小苞片叶状；花的总梗短或无。花期 4—5 月。

图 4-1-82　日本晚樱

5) 果实：核果球形。果期 6—7 月。

（2）品种。

关山（*Sekiyama*）：日本晚樱的一个品种，在我国广泛栽种。花期 3 月底或 4 月初，花叶同开。花浓红色，花径 6cm 左右，瓣约 30 枚，2 枚雌蕊叶化，因此不能结实，花梗粗且长。嫩叶茶褐色。小枝多而向上弯曲。

（3）分布习性。

1) 分布：原产日本，我国引种栽培，分布于华北至长江流域。

2) 习性：喜温暖气候，较耐寒，不耐盐碱，对有害气体抗性差。

（4）园林用途。

日本晚樱新叶红色，花叶同放，花期长，花大而芳香，盛开时繁花似锦，是春季观花树种，适宜丛植、群植、列植等，作庭院观赏、风景林。

39. 山楂（见图 4-1-83）

植物名称：山楂（别名：山樱花）

拉 丁 名：*Crataeguss pinnatifida Bunge.*

科　　属：蔷薇科 山楂属

（1）形态特征。

1) 树形：落叶小乔木，高 6m。

2) 枝干：枝密生，有细刺，幼枝有柔毛。

3) 叶：单叶互生，三角状卵形至菱状卵形，5～9 羽状深裂，裂缘有不规则锐锯齿，托叶大而有齿。

4) 花：伞房花序，总花梗和花梗均有柔毛，花白色，花期 5—6 月。

5) 果实：梨果球形，红色或黄色，宿萼较大，反折，有白色皮孔。果期 9—10 月。

图 4-1-83　山楂

（2）分布习性。

1) 分布：原产我国东北、华北、西北及长江中下游各地。

2) 习性：喜光，稍耐阴，耐干燥贫瘠，在湿润肥沃的砂质壤土中生长最好。根系发达，萌芽力强。

（3）园林用途。

山楂树冠整齐，花繁叶茂，果实鲜红可爱，是观花、观果和园林结合生产的良好绿化树种。可作庭荫树和园路树。

40. 水榆花楸（见图 4-1-84）

植物名称：水榆花楸（别名：凉子木）

拉丁名：*Sorbus aloifolia*（*Sieb. et Zucc.*）*K.Koch.*

科　属：蔷薇科 花楸属

（1）形态特征。

1）树形：落叶乔木，高 20m，树冠圆锥形。

2）枝干：树皮灰色光滑，小枝圆柱形，具灰白色皮孔，幼时微具柔毛，2 年生枝暗红褐色，老枝暗灰褐色，无毛。

3）叶：单叶互生，卵形至椭圆卵形，先端短渐尖，基部宽楔形至圆形，边缘有不整齐的尖锐重锯齿，有时微浅裂，侧脉直达叶边齿端。

4）花：复伞房花序具小花 6～25 朵，花瓣卵形白色。花期 5 月。

5）果实：梨果椭圆形或卵形，红色或黄色，有白粉，残留萼痕圆，明显。果期 9—10 月。

图 4-1-84　水榆花楸

（2）分布习性。

1）分布：分布于长江流域、黄河流域及东北中南部。朝鲜、日本也有分布。

2）习性：耐阴，耐寒；喜湿润排水良好的微酸性或中性土壤。

（3）园林用途。

1）色彩：水榆花楸树体高大，干直光滑，叶形美观，春季开花雪白，秋季叶片变黄后转红，果实累累，红黄相间，为优良观赏树种。

2）配置方式：宜群植于山岭形成风景林，也可作公园及庭园的风景树。

图 4-1-85　木瓜

41. 木瓜（见图 4-1-85）

植物名称：木瓜（别名：光皮木瓜、木梨）

拉丁名：*Chaenomeles sinensis*（*Thouin*）*Koehne.*

科　属：蔷薇科 木瓜属

（1）形态特征。

1）树形：落叶小乔木，高 20m。

2）枝干：树皮灰色，片状剥落，新皮光滑黄褐色。小枝紫红色，有棘刺状小枝。

3）叶：单叶互生，长圆状卵形，稀有倒卵形，有锯齿，先端急尖，边缘有刺芒状锐锯齿，齿尖有腺点；嫩叶背面被绒毛。

4）花：花单生于叶腋，红色或白色，花与叶同放稍晚，芳香。花期 4 月。

5）果实：梨果如瓜，长椭圆形，暗黄色，木质，芳香。果期 9—10 月。

（2）分布习性。

1）分布：原产于我国华东、中南、陕西等地，各地常见栽培。

2）习性：喜光而稍耐阴，喜排水良好的肥沃土壤，不耐盐碱和低湿地。

（3）园林用途。

木瓜树皮斑驳可爱，花色烂漫，树形好，病虫害少，是庭园绿化的良好树种，可丛植于庭园墙隅、林缘等处，春可赏花，秋可观果。

42. 海棠花（见图 4-1-86）

植物名称：海棠花（别名：海棠）

拉 丁 名：Malus spectabilis（Ait.）Borkh.

科　　属：蔷薇科 苹果属

（1）形态特征。

1）树形：落叶小乔木，高 8m。树形峭立。

2）枝干：树皮灰褐色，光滑，枝条直立，小枝红褐色。

3）叶：单叶互生，叶椭圆形至长椭圆形，先端短锐尖，基部楔形，缘具紧贴细锯齿，表面深绿色而有光泽，背面灰绿色并有短柔毛，叶柄细长，基部有 2 个披针形托叶。

4）花：花 5～7 朵簇生，伞形总状花序，未开时红色，开后逐渐变为粉红色。多为半重瓣，少有单瓣花。花期 4—5 月。

图 4-1-86　海棠花

5）果实：梨果近球形，黄绿色。果期 9 月。

（2）品种。

1）重瓣粉海棠（西府海棠）（*Riversii*）：花较大，重瓣，粉红色；叶也较宽大。北京园林绿地中栽培较多。

2）重瓣白海棠（*Albiplena*）：花白色，重瓣。

（3）分布习性。

1）分布：原产我国，是久经栽培的著名观赏树种。华北、华东尤为常见。

2）习性：喜光，耐寒，耐干旱，对盐碱地适应性强，忌水湿；在北方干燥地带生长良好；对二氧化硫有较强抗性。

（4）园林用途。

海棠花春可观花，秋可观果；花团锦簇，是十分悦目的观赏花木。宜植于庭前、道旁、池畔，也可作盆景置于客厅，丛植、片植于绿地、风景区，或用多数种类、品种布置成专类海棠园、海棠大道。

43. 垂丝海棠（见图 4-1-87）

植物名称：垂丝海棠

拉 丁 名：Malus halliana（Voss.）Koehne.

科　　属：蔷薇科 苹果属

（1）形态特征。

1）树形：落叶小乔木，高 5m。树冠疏散，开展。

2）枝干：幼枝紫色。

3）叶：单叶互生，卵形至长卵形，质较厚，缘齿细而钝，表面暗绿常带紫晕。

4）花：伞形花序 4～7 朵簇生于小枝顶端，花瓣鲜玫瑰红色，花萼紫色；花梗细长下垂，紫色。花期 3—4 月。

图 4-1-87　垂丝海棠

5）果实：梨果小，倒卵形，略带紫色。果期 9—10 月。

（2）分布习性。

1）分布：产于我国华东、西南等省区，各地广泛栽培。

2）习性：喜温暖湿润气候，耐寒性不强，耐旱、忌水涝；喜肥沃湿润土壤。在北京地区加以围护可露地栽植。

（3）园林用途。

垂丝海棠花色艳丽，秋季红黄果实高悬枝间，恰似红灯点点，别具风姿。宜植于小径两旁，或孤植、丛植于草坪上，最宜植于水边，犹如佳人照碧池。另外垂丝海棠还可制桩景。

44. 合欢（见图4-1-88）

植物名称：合欢（别名：绒花树、夜合花）

拉 丁 名：*Albizzia julibrissin* Durazz.

科　　属：含羞草科 合欢属

（1）形态特征。

1）树形：落叶乔木，高16m。树冠宽广而平展，呈伞形。

2）枝干：树皮灰褐色，不裂，小枝有棱无毛。

3）叶：2回羽状复叶，互生，羽片4~12对，小叶10~30对，镰刀形，先端锐尖，中脉偏斜，全缘。

图4-1-88　合欢

4）花：头状花序集生于枝顶，总梗细长，呈伞房状排列，萼片、花瓣各5枚，均为淡黄色，雄蕊多数，花色粉红色，细长如绒缨。花期6—7月。

5）果实和种子：荚果扁平带状，黄褐色；种子扁平。果期9—10月。

（2）分布习性。

1）分布：产于我国黄河流域以南。

2）习性：喜光，耐寒性略差；对土壤要求不严，能耐干旱，但怕水涝，生长迅速。

（3）园林用途。

合欢树姿优美，叶形雅致，盛夏绒花满树，有色有香，宜作庭荫树、行道树，或植于林缘、房前、草坪、山坡等地。

（4）应用注意事项。

合欢树皮薄，曝晒易开裂。

图4-1-89　皂荚

45. 皂荚（见图4-1-89）

植物名称：皂荚（别名：皂角）

拉 丁 名：*Gleditsia sinensis* Lam.

科　　属：苏木科 皂荚属

（1）形态特征。

1）树形：落叶乔木，高30m。树冠扁球形。

2）枝干：枝刺圆而有分枝。

3）叶：1回羽状复叶，小叶6~14枚，卵圆形，缘具细钝锯齿。

4）花：总状花序腋生，萼、花瓣都为4枚。花期5—6月。

5）果实：荚果肥厚，黑棕色，被白粉。果期10月。

（2）分布习性。

1）分布：产于黄河流域以南至华南、西南等地。

2）习性：喜光稍耐阴，喜温暖湿润气候，对土壤要求不严；生长慢，寿命长，深根性。

（3）园林用途。

皂荚树冠广阔，叶密浓荫，适宜作庭荫树及"四旁"绿化或造林用。果荚富含胰皂质，故可煎汁代替肥皂用；种子可榨油。

46. 凤凰木（见图4-1-90）

植物名称：凤凰木（别名：红花楹、楹树）

拉丁名：*Delonix regia*（*Boj.*）*Raf.*

科　　属：苏木科 凤凰木属

（1）形态特征。

1）树形：落叶乔木，高20m，树冠开展如伞状。

2）枝干：树皮灰褐色，小枝常被短绒毛并有明显的皮孔。

3）叶：2回羽状复叶，对生，小叶20～40对，长椭圆形，全缘，先端钝圆，基部歪斜，表面中脉凹下，侧脉不显，两面均有毛。

图4-1-90　凤凰木

4）花：伞房状总状花序顶生或腋生，花红色。花期5—8月。

5）果实：荚果木质，深褐色，扁平，下垂。果期11月。

（2）分布习性。

1）分布：原产于马达加斯加岛及热带非洲，现广植于热带各地。我国台湾、福建南部、广东、广西、云南均有栽培。

2）习性：喜光，不耐寒，生长迅速，根系发达，耐烟尘性差。

（3）园林用途。

凤凰木树冠高大，"叶如飞凰之羽，花若丹凤之冠"，花期花红叶绿，满树如火，富丽堂皇，是著名的热带观赏树种；在华南各地多栽作庭荫树及行道树；若植于水畔，枝叶探向水边，与倒影相衬，更觉婀娜多姿。

47. 刺槐（见图4-1-91）

植物名称：刺槐（别名：洋槐）

拉丁名：*Robinia pseudoacacia L.*

科　　属：蝶形花科 刺槐属

（1）形态特征。

1）树形：落叶乔木，高10～25m，树冠椭圆状倒卵形。

2）枝干：树皮灰褐色，粗糙纵裂，小枝灰褐色，具托叶刺。

3）叶：奇数羽状复叶，小叶7～19枚，椭圆形至卵状矩圆形，先端钝或微凹，全缘，有小尖头。

4）花：花冠蝶形，白色，芳香，成腋生总状花序。花期4—5月。

图4-1-91　刺槐

5）果实：荚果扁平，果期9—10月。

（2）栽培变种。

1）无刺刺槐（*Inermis*）：枝条无刺或近无刺。树形较原种整齐美观，宜作行道树用。

2）红花刺槐（*Decaisneana*）：花亮玫瑰红色，较原种美丽，是杂种起源。

（3）分布习性。

1）分布：原产于北美；现欧、亚各国广泛栽培。我国引种后现已遍布全国各地。

2）习性：强阳性，喜较干燥而凉爽的气候，较耐寒，耐干旱瘠薄；浅根性速生树种，萌蘖性较强，但抗风能力较弱，寿命较短。

（4）园林用途。

刺槐树冠高大，叶色鲜绿，开花季节绿白相映，素雅而芳香；是"四旁"绿化、厂矿及居住区绿化的理想树种，也是荒山绿化的先锋树种；还是良好蜜源植物。

48. 国槐 [见图 4-1-92（a）]

植物名称：国槐（别名：槐树）

拉丁名：*Sophora japonica* L.

科 属：蝶形花科 槐树属

图 4-1-92（a） 国槐

图 4-1-92（b） 龙爪槐

（1）形态特征。

1）树形：落叶乔木，高 25m，树冠圆球形。

2）枝干：树皮暗灰色，纵裂。小枝绿色，皮孔明显。柄下芽，极小，被青紫色毛。

3）叶：奇数羽状复叶，互生，小叶 9~15 枚，卵圆形至卵状披针形，全缘，叶端尖，背面有白粉及柔毛。

4）花：圆锥花序顶生，花浅黄绿色。花期 7—9 月。

5）果实：荚果串珠状，肉质，熟后不开裂，经冬不落。果期 9—10 月。

（2）常见变型及栽培变种。

1）龙爪槐 [见图 4-1-92（b）]（*Pendula*）：枝条扭转下垂，树冠伞形，颇为美观。常于庭园门旁对植或路边列植观赏。繁殖常以槐树作砧木进行高干嫁接。

2）蝴蝶槐（畸叶槐、五叶槐）[见图 4-1-92（c）]（*f.oligophylla* Franch.）：小叶 5~7 枚，常簇集在一起，大小和形状均不整齐，有时 3 裂。北京、河北、河南等地有栽培。生长势较弱，嫁接繁殖。

（3）分布习性。

1）分布：原产我国北部，现南北各地均有栽培，以黄河流域和华北平原最为习见。

图 4-1-92（c） 蝴蝶槐

2）习性：喜光，略耐阴，喜干冷气候，喜深厚、排水良好的砂质壤土，但在石灰性、酸性及轻盐碱土上均可正常生长；耐烟尘，能适应城市街道环境，对二氧化硫、氯气、氯化氢均有较强的抗性；生长速度中等，根系发达，为深根性树种，萌芽力强，寿命极长。

（4）园林用途。

树冠宽广，枝叶繁茂，寿命长而又耐城市环境，因而是良好的行道树和庭荫树。由于耐烟毒能力强，又是工矿区的良好绿化树种。是我国庭园绿化中的传统树种之一，富于民族特色情调，常成对配植门前或庭院中，又宜植于建筑前或草坪边缘。

49. 紫薇（见图4-1-93）

植物名称：紫薇（别名：百日红、痒痒树）

拉 丁 名：*Lagerstroemia indica* L.

科　　属：千屈菜科 紫薇属

（1）形态特征。

1）树形：落叶小乔木或灌木，高7m，树冠不整齐。

2）枝干：老树皮呈长薄片状剥落，脱落后内皮平滑细腻。小枝四棱形，常有狭翅。

图4-1-93　紫薇

3）叶：单叶对生或近对生，椭圆形至倒卵状椭圆形，全缘。

4）花：圆锥花序顶生，花色丰富，有淡红色、紫色、白色等，花瓣近圆形，皱缩，边缘有不规则缺刻，基部具长爪。花期6—9月。

5）果实：蒴果近球形，6瓣裂。果期9—11月。

（2）分布习性。

1）分布：产我国华东、中南及西南各地。朝鲜、日本、越南、菲律宾及澳大利亚也有分布。

2）习性：喜光，稍耐阴；喜温暖湿润气候，耐寒性不强；耐旱，怕涝；喜肥沃，尤以石灰性土壤最好；萌芽力强，生长较慢，寿命长，吸收有害气体及烟尘的能力较强。

（3）园林用途。

紫薇树姿优美，树皮光滑洁净，花朵繁密，花期长，在少花的夏秋季节开花，为园林常用树种。常植于建筑物前、庭园、池畔、河边、草坪旁及公园小径两旁，孤植、丛植、群植均适宜，还常用于专类园栽植，也是树桩盆景的好材料。

50. 石榴（见图4-1-94）

植物名称：石榴（别名：安石榴）

拉 丁 名：*Punica granatum* L.

科　　属：石榴科 石榴属

（1）形态特征。

1）树形：落叶小乔木或灌木，高5～7m，树冠不整齐。

2）枝干：幼枝近圆形或四棱形，顶端常成刺状，有短枝。

3）叶：单叶，在长枝上对生，在短枝上簇生；倒卵状长椭圆形，全缘，无毛而有光泽，背面中脉凸起，有短叶柄。

4）花：花两性，1～5朵聚生，花萼钟形，橘红色，质厚，顶端5～7裂，花瓣红色，有皱折。花期5—6月。

图4-1-94　石榴

5）果实和种子：浆果具革质果皮，卵球形，顶端有宿存花萼。种子多数，有肉质外种皮。果期9—10月。

（2）分布习性。

1）分布：原产伊朗及阿富汗等中亚地区，汉代引入我国，现各地广泛栽培。

2）习性：喜光，喜温暖气候，耐寒能力较强，喜肥沃、湿润而排水良好的石灰质土壤，寿命较长。

（3）园林用途。

石榴树姿优美，枝叶秀丽，初春嫩叶抽绿，婀娜多姿；盛夏繁花似锦，色彩鲜艳；秋季硕果累累，华贵端庄，四季皆宜观赏。可孤植或丛植于庭园、亭台，对植于门庭出口，列植于小溪、坡地、建筑物旁，也宜作矿区绿化和各种桩景的材料。

51. 灯台树（见图4-1-95）

植物名称：灯台树（别名：女儿木、灯塔树、瑞木）

拉 丁 名：*Cornus controversa* Hemsl.

科　　属：山茱萸科 梾木属

（1）形态特征。

1）树形：落叶乔木，高15~20m。

2）枝干：树皮暗灰色，老时浅纵裂。枝条紫红色，大侧枝呈层状生长，形成圆锥状树冠。

3）叶：单叶互生，常集生枝顶，叶卵状椭圆形至广椭圆形，叶背疏生贴伏毛。

图4-1-95 灯台树

4）花：伞房状聚伞花序顶生，花小，白色。花期5—6月。

5）果实：核果球形，熟时由紫红变成紫黑色。果期9—10月。

（2）分布习性。

1）分布：主产于我国长江流域及西南各地，北达东北南部；朝鲜、日本亦有分布。

2）习性：喜光，稍耐阴，喜温暖湿润气候，耐寒性强，喜肥沃、湿润且排水良好的土壤。

（3）园林用途。

灯台树树干端直，侧枝平展，分枝层次分明，状若灯台，树姿优美，白花素雅，秋果繁茂，宜用于公园、庭园、街道、风景区等绿化。

52. 丝绵木（见图4-1-96）

植物名称：丝绵木（别名：明开夜合、白杜）

拉 丁 名：*Euonymus bungeanus* Maxim.

科　　属：卫矛科 卫矛属

（1）形态特征。

1）树形：落叶小乔木，高6~8m，树冠圆形或卵圆形。

2）枝干：小枝细长，绿色无毛，四棱形。

3）叶：单叶对生，卵形至卵状椭圆形，先端急长尖，缘有细锯齿。

图4-1-96 丝绵木

4）花：花淡绿色，花部4数，3~7朵成聚伞花序。花期5月。

5）果实和种子：蒴果粉红色，4深裂，种子具红色假种皮。果期10月。

（2）分布习性。

1）分布：产我国华东、华中、华北各地。

2）习性：喜光，稍耐阴；耐寒，耐旱，耐水湿，对土壤要求不严；深根性，生长较慢，根系发达，根蘖性强；对有害气体有一定抗性。

（3）园林用途。

丝绵木枝叶秀丽，秋季叶果红艳，是良好的园林绿化和观赏树种。宜植于林缘、草坪、路旁、湖边及溪畔，也可用作防护林及工厂绿化树种。

53. 重阳木（见图4-1-97）

植物名称：重阳木（别名：朱树）

拉 丁 名：*Bischofia polycarpa* Airy-Shaw.

科　　属：大戟科 重阳木属

（1）形态特征。

1）树形：落叶乔木，高15m，树冠伞形。

2）枝干：树皮褐色，纵裂。

3）叶：羽状三出复叶，小叶卵形至椭圆状卵形，基部圆形或近心形，缘具细锯齿。

4）花：总状花序。花期4—5月。

5）果实：浆果较小，熟时红褐色至蓝黑色。果期8—10月。

（2）分布习性。

1）分布：产于秦岭－淮河流域以南至广东、广西北部，长江流域中下游地区习见树种。

图4-1-97　重阳木

2）习性：喜光，稍耐阴；耐水湿，对土壤要求不严。根系发达，抗风力强。

（3）园林用途。

1）色彩：重阳木树姿优美，冠如伞盖，花叶同放，花色淡绿，秋叶转红，艳丽夺目，抗风耐湿，生长快速，是良好的庭荫树和行道树种。

2）配置方式：用于堤岸、溪边、湖畔和草坪周围作为点缀树种极有观赏价值。孤植、丛植或与常绿树种配置，秋日分外壮丽。对二氧化硫有一定抗性，可用于工矿区、街道绿化。

54. 乌桕（见图4-1-98）

植物名称：乌桕（别名：腊子树）

拉 丁 名：*Sapium sebiferum* (L.) Roxb.

科　　属：大戟科 乌桕属

（1）形态特征。

1）树形：落叶乔木，高15m，树冠近球形。

2）枝干：树皮暗灰色，浅纵裂，小枝纤细。

3）叶：单叶互生，菱状至菱状卵形，先端尾尖，基部宽楔形，叶柄顶端有2腺体。

4）花：聚伞花序穗状，花黄绿色。花期5—7月。

5）果实和种子：蒴果3棱状球形，熟时黑色，果皮3裂，脱落。种子黑色，外被白蜡，固着于中轴上，经冬不落。果期10—11月。

图4-1-98　乌桕

（2）分布习性。

1）分布：原产于我国，分布甚广，广东、云南、四川，北至山东、河南、陕西均有。

2）习性：喜光，喜温暖气候，较耐旱。对土壤要求不严，在排水不良的低洼地和间断性水淹的江河堤塘两岸都能良好生长，对酸性土和含盐量达 0.25% 的土壤也能适应；对二氧化硫及氯化氢抗性强。

(3) 园林用途。

1）色彩：乌桕树冠整齐，叶形秀丽，秋叶经霜时如火如荼，十分美观，有"乌桕赤于枫，园林二月中"之赞名。若与亭廊、花墙、山石等相配，也甚协调。冬日白色的乌桕子挂满枝头，经久不凋，也颇美观，古人就有"喜桕树梢头白，疑是江海小着花"的诗句。

2）配置方式：可孤植、丛植于草坪和湖畔、池边；还可作行道树，栽植于道路景观带，也可栽植于广场、公园、庭院中，或成片栽植于景区、森林公园中，能产生良好的造景效果。

55. 枣树（见图 4-1-99）

植物名称：枣树

拉 丁 名：*Ziziphus jujuba* Mill.

科　　属：鼠李科 枣属

(1) 形态特征。

1）树形：落叶乔木，高 10m，树冠卵形。

2）枝干：树皮灰褐色，条裂。枝有长枝、短枝与脱落性小枝之分。长枝红褐色，呈"之"字形弯曲，光滑，有托叶刺或不明显；短枝在 2 年生以上的长枝上互生；脱落性小枝较纤细，无芽，簇生于短枝上，秋后与叶俱落。

3）叶：单叶互生，叶卵形至卵状长椭圆形，先端钝尖，边缘有细锯齿，基生 3 出脉，叶面有光泽，两面无毛。

图 4-1-99　枣树

4）花：聚伞花序腋生，花小，黄绿色。花期 5—6 月。

5）果实：核果卵形至长圆形，熟时暗红色。果核坚硬，两端尖。果期 8—9 月。

(2) 变种。

1）龙爪枣（*Tortuosa*）：枝、叶柄卷曲，生长缓慢，以观赏为主。

2）酸枣（var.*spinosa*）：常呈灌木状，但也可长成高 10m 的大树。托叶刺明显，一长一短，长者直伸，短者向后钩曲，叶较小。核果小，近球形，味酸，果核两端钝。

(3) 分布习性。

1）分布：主产于东北南部、黄河、长江流域以南各地。华北、华东、西北地区是枣的主要产区。

2）习性：喜光，对气候、土壤适应性强，耐寒，耐干瘠和盐碱；在轻度盐碱土上枣的糖度增加，耐烟尘及有害气体，抗风沙；根系发达，萌蘖性强。

图 4-1-100　栾树

(4) 园林用途。

枣树宜作庭荫树、园路树，是园林结合生产的好树种。孤植、丛植庭园、墙角、草地，居民区的房前屋后丛植几株亦能添景增色。优良的蜜源树种。

56. 栾树（见图 4-1-100）

植物名称：栾树（别名：灯笼树、摇钱树）

拉 丁 名：*Koelreuteria paniculata* Laxm.

科　　属：无患子科 栾树属

(1) 形态特征。

1）树形：落叶乔木，高 15m，树冠近球形。

2）枝干：树皮灰褐色，细纵裂；小枝稍有棱，无顶芽，皮孔明显。

3）叶：奇数羽状复叶，互生，部分小叶深裂为不完全的2回羽状复叶，小叶卵形或卵状长椭圆形，边缘具锯齿或裂片，背面沿脉有短柔毛。

4）花：大型圆锥花序，顶生，花小，金黄色。花期6—7月。

5）果实：蒴果三角状卵形，顶端尖，红褐色或橘红色。种子黑褐色。果期9—10月。

（2）分布习性。

1）分布：主产于我国华北，北至东北南部，南至长江流域及福建，西到甘肃、四川均有分布。

2）习性：喜光，耐寒，耐旱，耐瘠薄，适应性强；深根性，萌蘖力强，有较强抗烟尘能力。

（3）园林用途。

栾树树形端正，枝叶茂密而秀丽，夏季开花满树金黄，秋季果实红色，状似灯笼，为理想的观赏树种。宜作庭荫树、风景树及行道树。

图 4-1-101　黄山栾树

57. 黄山栾树（见图 4-1-101）

植物名称：黄山栾树（别名：全缘叶栾树）

拉　丁　名：*Koelreuteria integrifolia Merr.*

科　　属：无患子科 栾树属

（1）形态特征。

1）树形：落叶乔木，高15m，树冠广卵形。

2）枝干：树皮暗灰色，片状剥落。小枝暗棕色，密生皮孔。

3）叶：2回奇数羽状复叶，互生，小叶7～11枚，全缘。

4）花：圆锥花序，顶生，花金黄色。花期8—9月。

5）果实：蒴果椭球形，顶端钝而有短尖。种子红褐色。果期10—11月。

（2）分布习性。

1）分布：原产于我国江苏南部、浙江、安徽、江西、湖南、广东、广西等省区。

2）习性：喜光，幼年耐阴；喜温暖湿润气候，耐寒性差；对土壤要求不严；深根性，不耐修剪。

（3）园林用途。

该种树形高大优美，夏末秋初鲜黄色花朵洒满树冠，深秋季节酷似串串灯笼的红色蒴果与鲜黄色秋叶交相辉映，宜作庭荫树、行道树及园景树，也可用作防护林、水土保持及荒山绿化树种。

58. 无患子（见图 4-1-102）

植物名称：无患子（别名：皮皂子）

拉　丁　名：*Sapindus mukurossi Gaertn.*

科　　属：无患子科 无患子属

（1）形态特征。

1）树形：落叶或半常绿乔木，高25m，树冠广卵形或扁球形。

2）枝干：树皮灰白色，平滑不裂。小枝无毛，芽两个叠生。

3）叶：偶数羽状复叶，互生或近对生，小叶8～14枚，卵状披针形，全缘，薄革质。

图 4-1-102　无患子

4）花：顶生圆锥花序，黄白色或带淡紫色。花期5—6月。

5）果实和种子：核果近球形，熟时黄色或橙黄色；种子球形，褐色，坚硬。果期9—10月。

（2）分布习性。

1）分布：产我国长江流域及其以南地区。越南、老挝、印度、日本亦产。

2）习性：喜光，耐寒性不强；对土壤要求不严，不耐水湿，耐干旱；深根性，抗风力强；萌芽力弱，不耐修剪；寿命长；对二氧化硫抗性较强。

（3）园林用途。

1）色彩：无患子树形高大，树冠开展，绿荫稠密，秋叶金黄，果实累累，颇为美观，若与其他秋色叶树种及常绿树种配植，更可谓园林秋景增色。

2）配置方式：宜作庭荫树及行道树。果肉含皂素，可代肥皂使用；根及果入药；种子榨油可作润滑油用。

59. 七叶树（见图4-1-103）

植物名称：七叶树（别名：梭椤树）

拉　丁　名：*Aesculus chinensis* Bunge.

科　　属：七叶树科 七叶树属

（1）形态特征。

1）树形：落叶乔木，高27m，树冠庞大，圆球形。

2）枝干：树皮灰褐色，片状剥落。小枝光滑粗壮，栗褐色。

3）叶：掌状复叶，对生，小叶5～7枚，长椭圆状披针形至矩圆形，先端渐尖，基部楔形，缘具细锯齿。

4）花：圆锥花序密集圆柱状，花白色，芳香。花期5月。

图4-1-103　七叶树

5）果实和种子：蒴果近球形，黄褐色。种子形如板栗，深褐色。果期9—10月。

（2）分布习性。

1）分布：我国黄河流域及东部各省均有分布。

2）习性：喜光，稍耐阴；喜温暖湿润气候，较耐寒，畏酷热。喜深厚、肥沃、湿润而排水良好的土壤；深根性，萌芽力不强，生长较慢，寿命长。

（3）园林用途。

七叶树树干耸直，冠大荫浓，初夏繁花满树，硕大的白色花序又似一盏华丽的烛台，蔚然可观，是世界著名观赏树。与悬铃木、鹅掌楸、银杏、椴树共称为世界五大行道树。可孤植、群植，或与常绿树和阔叶树混种。

60. 元宝枫（见图4-1-104）

植物名称：元宝枫（别名：平基槭）

拉　丁　名：*Acer truncatum* Bunge.

科　　属：槭树科 槭树属

（1）形态特征。

1）树形：落叶乔木，高8～10m，树冠伞形或倒广卵形。

2）枝干：干皮浅纵裂。小枝浅黄色，光滑无毛。

3）叶：叶掌状5裂，有时中裂片有3小裂，叶基常截形，全缘，叶柄细长。

4）花：花杂性，黄绿色，顶生伞房花序。花期4月。

图4-1-104　元宝枫

5）果实：翅果扁平，两翅展开约成直角，形似元宝。果期10月。

（2）分布习性。

1）分布：主产我国黄河中、下游各地，东北南部、江苏北部、安徽南部也有分布。

2）习性：弱阳性，耐半阴，喜生于阴坡及山谷；喜温凉气候及肥沃、湿润而排水良好的土壤，稍耐旱，不耐涝；萌蘖力强，深根性，对环境适应性强；移植易成活。

（3）园林用途。

1）色彩：元宝枫冠大荫浓，树形优美，叶形奇特，嫩叶红色，秋季叶又变成橙黄色或红色，是北方优良的秋色叶树种。

2）配置方式：可作庭荫树和行道树。

61. 五角枫（见图4-1-105）

植物名称：五角枫（别名：色木槭）

拉 丁 名：*Acer mono* Maxim.

科　　属：槭树科 槭树属

（1）形态特征。

1）树形：落叶乔木，高20m，树姿优美。

2）枝干：树皮灰褐色，纵裂，小枝淡黄色，内常有乳汁，无毛。

3）叶：单叶，常掌状5裂，裂深达叶片中部，有时3裂或7裂，叶基部近心形，全缘。

图4-1-105　五角枫

4）花：花杂性，黄绿色，顶生伞房花序。花期4—5月。

5）果实：翅果淡黄褐色，果核扁平，两翅展开成钝角。果期9—10月。

（2）分布习性。

1）分布：产东北、华北及长江流域各地；蒙古、朝鲜、日本等也有分布。是我国槭树科中分布最广的一种。

2）习性：弱阳性，耐半阴，喜生于阴坡及山谷；喜温凉气候及肥沃、湿润而排水良好的土壤，稍耐旱，不耐涝。萌蘖力强，深根性，对环境适应性强；移植易成活。

（3）园林用途。

1）色彩：五角枫树形优美，叶、果秀丽，入秋叶色变为红色或黄色，是著名秋色叶树种。与其他色叶树种或常绿树种混植，可增加秋景色彩。

2）配置方式：宜作山地及庭园绿化树种，也可用作庭荫树、行道树或防护林。

62. 三角枫（见图4-1-106）

植物名称：三角枫

拉 丁 名：*Acer buergerianum* Miq.

科　　属：槭树科 槭树属

（1）形态特征。

1）树形：落叶乔木，高20m，树冠长圆形。

2）枝干：树皮灰黄色，长片状剥落，小枝稍有蜡粉，

图4-1-106　三角枫

具明显皮孔。

3）叶：单叶对生，倒卵状三角形或椭圆形，常 3 浅裂，具 3 主脉，裂片全缘或上部疏生浅齿。

4）花：花杂性，黄绿色，顶生伞房花序。花期 4 月。

5）果实：翅果，果核两面凸起，两翅张开成锐角或近于平行。果期 9 月。

（2）分布习性。

1）分布：原产长江中下游各地，北到山东，南到广东、台湾。

2）习性：弱阳性，喜温暖湿润气候及酸性、中性土壤，较耐水湿，有一定耐寒力，北京可露地越冬；萌芽力强，耐修剪，根系发达，耐移植。

（3）园林用途。

1）色彩：三角枫枝叶浓密，夏季浓荫，入秋叶色红色，是良好的秋色叶树种。

2）配置方式：宜孤植、丛植作庭荫树，也可作行道树及护岸树，在湖岸、溪边、谷地、草坪配植，或点缀于亭廊、山石间。

63. 鸡爪槭（见图 4-1-107）

植物名称：鸡爪槭

拉 丁 名：*Acer palmatum* Thunb.

科　　属：槭树科 槭树属

（1）形态特征。

1）树形：落叶小乔木，高 7～8m，树冠伞形。

2）枝干：树皮平滑，灰褐色。枝开张，小枝细长，光滑。

3）叶：单叶对生，5～9 掌状深裂，基部心形，裂片卵状长椭圆形至披针形，缘有重锯齿。

图 4-1-107　鸡爪槭

4）花：花杂性，紫色，伞房花序顶生。花期 5 月。

5）果实：翅果紫红色至棕红色，两翅成钝角。果期 10 月。

（2）常见变种。

1）红枫（紫红鸡爪槭）（*Atropurpureum*）：叶常年红色或紫红色，5～7 深裂；枝条也常紫红色。

2）羽毛枫（细叶鸡爪槭）（*Dissectum*）：叶深裂达基部，裂片狭长且又羽状细裂，秋叶深黄至橙红色；树冠开展而枝略下垂。

3）金叶鸡爪槭（*Aureum*）：叶常年金黄色。

（3）分布习性。

1）分布：主要分布于我国华东、华中各地。

2）习性：喜温暖、湿润气候及半阴环境，适生于肥沃、疏松的土壤，不耐涝，较耐旱，夏季在阳光暴晒或潮风影响的地方生长不良。

（4）园林用途。

1）色彩：鸡爪槭叶形秀丽，树姿婆娑，入秋叶色红艳，是珍贵的秋色叶树种。

2）配置方式：宜植于庭园、草坪、建筑物前，或与常绿针叶及阔叶树类混植。

64. 黄栌（见图 4-1-108）

植物名称：黄栌

拉 丁 名：*Cotinus coggygria* Scop.

科　　属：漆树科 黄栌属

图 4-1-108 黄栌

（1）形态特征。

1）树形：落叶小乔木或灌木，高 8m，树冠卵圆形或圆球形。

2）枝干：树皮深灰褐色，不开裂。小枝暗紫褐色，被蜡粉。

3）叶：单叶互生，宽卵形、圆形，先端圆或微凹，侧脉顶端常 2 叉状。

4）花：花小，杂性，圆锥花序顶生，花后多数不孕，花梗伸长成淡紫色羽状，宿存在树梢上。花期 4—5 月。

5）果实：核果小，扁肾形。果期 6—7 月。

（2）分布习性。

1）分布：原产于我国西南、华北和浙江。欧洲东南部也有分布。

2）习性：喜光，稍耐阴；耐干瘠，耐寒，要求土壤排水良好；萌蘖力强，生长快。

（3）园林用途。

1）色彩：黄栌是我国重要的观赏红叶树种，叶片秋季变红，鲜艳夺目，著名的北京香山红叶即为本种。花后久留不落的不孕花的花梗呈粉红羽毛状在枝头形成似云似雾的景观，宛如万缕罗纱缭绕林间，故有"烟树"的美誉。

2）配置方式：在园林中可大面积栽植成风景林，也可丛植、片植在庭园、林缘、山坡、河岸或配置于大型山石旁。

65．火炬树（见图 4-1-109）

植物名称：火炬树

拉　丁　名：*Rhus typhina L.*

科　　属：漆树科 盐肤木属

（1）形态特征。

1）树形：落叶小乔木，高 12m，分枝多。

2）枝干：树皮灰褐色，有灰白色绒毛。小枝浅褐色，粗壮，被黄色绒毛。

3）叶：奇数羽状复叶互生，小叶 11～31 枚，长椭圆状披针形，缘有锯齿，先端长渐尖，背面有白粉。

4）花：雌雄异株，顶生圆锥花序，密生毛，雌花序及果穗鲜红色，呈火炬形；花小，5 数。花期 6—7 月。

图 4-1-109 火炬树

5）果实：核果扁球形，密生深红色刺毛。果期 8—9 月。

（2）分布习性。

1）分布：原产北美，现我国各地都有栽培。

2）习性：喜光，适应性极强，抗寒，抗旱，耐盐碱；根系发达，根萌蘖力极强，生长快。

（3）园林用途。

1）色彩：火炬树叶形优美，秋叶鲜红色，果穗红艳似火炬，且经冬不落，是优良的秋色叶树种。

2）配置方式：宜丛植于坡地、公园角落，以吸引鸟类觅食，增加园林野趣；或用于点缀山林秋色，也是固堤、固沙、保持水土的好树种。

66. 臭椿（见图4-1-110）

植物名称：臭椿（别名：樗）

拉 丁 名：*Ailanthus altissima* Swingle

科　　属：苦木科 臭椿属

（1）形态特征。

1）树形：落叶乔木，高达30m，树冠开阔。

2）枝干：树皮灰白色或灰黑色，平滑，稍有浅裂纹。小枝粗壮，无顶芽。

3）叶：奇数羽状复叶互生，小叶13～25枚，卵状披针形，先端长渐尖，基部具腺齿1～2对。

4）花：圆锥花序顶生，花杂性，黄绿色。花期4—5月。

5）果实：翅果淡褐色，纺锤形。果期9—10月。

（2）品种。

图4-1-110 臭椿

千头椿（Qiantou）：树冠圆球形，分枝密而多，整齐美观。

（3）分布习性。

1）分布：原产于我国华南、西南、东北南部各地，现华北、西北分布最多。

2）习性：喜光，适应性强，能耐-35℃低温；耐干旱瘠薄，不耐水湿，耐寒；耐盐碱，对烟尘与二氧化硫的抗性较强。

（4）园林用途。

臭椿树干通直高大，春季嫩叶紫红色，秋季红果满树，是良好的观赏树和行道树，欧美称之为"天堂树"。可孤植、丛植或与其他树种混植，适宜于工厂、矿区绿化。

67. 楝树（见图4-1-111）

植物名称：楝树（别名：苦楝）

拉 丁 名：*Melia azedarach* L.

科　　属：楝科 楝属

（1）形态特征。

1）树形：落叶乔木，高20m，树冠宽阔。

2）枝干：树皮暗褐色，浅纵裂。小枝粗壮，皮孔多而明显。

3）叶：2～3回奇数羽状复叶，互生，小叶卵形至卵状椭圆形，先端渐尖，缘有锯齿或裂。

4）花：花两性，聚伞状圆锥花序，花小，紫色，芳香。花期4—5月。

5）果实：核果近球形，熟时黄色，宿存枝头。果期10—11月。

图4-1-111 楝树

（2）分布习性。

1）分布：分布于我国山西、河南、河北南部、山东、陕西、甘肃南部、长江流域及以南各地。

2）习性：喜光，喜温暖气候，不耐寒；对土壤要求不严，耐轻度盐碱。稍耐干瘠，较耐湿；耐烟尘，对二氧化硫抗性强。浅根性，侧根发达；萌芽力强，生长快，但寿命短。

图 4-1-112　香椿

（3）园林用途。

楝树树形优美，叶形秀丽，春夏之交开淡紫色花朵，颇为美丽，且有淡香，是优良的庭荫树、行道树。耐烟尘，抗二氧化硫，因此也是良好的城市及工矿区绿化树种。

68. 香椿（见图 4-1-112）

植物名称：香椿

拉丁名：*Toona sinensis*（A.Juss.）Roem.

科　　属：楝科 香椿属

（1）形态特征。

1）树形：落叶乔木，高 25m，树冠球形。

2）枝干：树皮暗褐色，浅纵裂。小枝粗壮，叶痕大。

3）叶：偶数（稀奇数）羽状复叶，互生，有香气；小叶 10～20 枚，矩圆形或矩圆状披针形，先端渐长尖，基部偏斜，有锯齿。

4）花：圆锥花序顶生，花白色，芳香。花期 5—6 月。

5）果实和种子：蒴果椭圆形，红褐色，种子上端具翅。果期 10—11 月。

（2）分布习性。

1）分布：原产于我国中部，辽宁南部、黄河及长江流域各地普遍栽培。

2）习性：喜光，有一定耐寒性；对土壤要求不严，稍耐盐碱，耐水湿，对有害气体抗性强；萌蘖性强，耐修剪。

（3）园林用途。

香椿树干通直，树冠开阔，枝叶浓密，嫩叶红艳，常用作庭荫树、行道树、"四旁"绿化树。是华北、华东、华中低山丘陵或平原地区的重要用材树种，有"我国桃花心木"之称。嫩芽、嫩叶可食，可培育成灌木状以采摘嫩叶，是重要的经济林树种。

69. 刺楸（见图 4-1-113）

植物名称：刺楸（别名：鸟不宿、钉木树、丁桐皮）

拉丁名：*Kalopanax septemlobus*（Thunb.）Koidz.

科　　属：五加科 刺楸属

（1）形态特征。

1）树形：落叶乔木，高 30m。

2）枝干：树皮深纵裂，枝具粗皮刺。

3）叶：单叶互生，掌状 5～7 裂，裂片三角状卵形或卵状长椭圆形，先端尖，缘有齿。

4）花：复伞形花序顶生，花小而白色。花期 7—8 月。

5）果实：核果近球形，熟时蓝黑色，端有细长宿存花柱。果期 10—11 月。

（2）分布习性。

1）分布：我国从东北经华北、长江流域至华南、西南均有分布。

2）习性：喜光，稍耐阴，对气候适应性较强，耐寒，喜土层深厚、湿润的酸性土或中性土。

图 4-1-113　刺楸

（3）园林用途。

刺楸叶大干直，树形颇为壮观，并富野趣，加之花色斑斓，逗人喜爱；适宜于风景区绿化，也可作庭荫树栽植。

70. 白蜡树（见图4-1-114）

植物名称：白蜡树

拉 丁 名：*Fraxinus chinensis* Roxb.

科　　属：木犀科 白蜡树属

（1）形态特征。

1）树形：落叶乔木，高15m，树冠卵圆形。

2）枝干：树皮灰褐色，小枝光滑无毛。

3）叶：奇数羽状复叶，对生，小叶常7枚（5～9枚），椭圆形至椭圆状卵形，缘有齿及波状齿。

4）花：圆锥花序顶生或侧生于当年生枝上，大而疏松，花萼钟状，无花瓣。花期3—5月。

5）果实：翅果扁平，倒披针形。果期9—10月。

图4-1-114　白蜡树

（2）分布习性。

1）分布：我国北自东北中南部，南达两广，东至沿海，西至甘肃等地均有分布。

2）习性：喜光，稍耐阴；适宜温暖湿润气候，亦耐干旱、耐寒，对土壤要求不严；抗烟尘及有毒气体；深根性，根系发达，萌芽、根蘖力均强，生长快，耐修剪。

（3）园林用途。

白蜡树干通直，枝叶繁茂，秋叶橙黄，是优良的行道树和庭荫树；可用于湖岸绿化和工矿区绿化。

71. 洋白蜡（见图4-1-115）

植物名称：洋白蜡（别名：美国红梣）

拉 丁 名：*Fraxinus pennsylvanica* Marsh.

科　　属：木犀科 白蜡树属

（1）形态特征

1）树形：落叶乔木，高30m，树冠卵圆形。

2）枝干：树皮灰褐色，纵裂，小枝圆形，粗壮。

3）叶：奇数羽状复叶，对生，小叶7枚，卵形或卵状披针形，表面暗绿色，有光泽。秋季叶片紫红，鲜艳夺目。

4）花：圆锥花序生于去年生枝上；花单性异株，无花瓣。花期4月。

5）果实：翅果倒披针形。果期10月。

（2）分布习性。

1）分布：原产美国东部，我国东北、华北、西北常见栽培。

图4-1-115　洋白蜡

2）习性：喜光，耐寒，耐低湿，抗冬春干旱和盐碱力强，生长较快。

（3）园林用途。

洋白蜡对城市环境适应性强，可用作行道树及防护林绿化，也是工矿区绿化的良好树种。

72. 毛泡桐（见图4-1-116）

图4-1-116 毛泡桐

植物名称：毛泡桐（别名：紫花泡桐）

拉丁名：*Paulownia tomentosa*（Thunb.）Steud.

科　　属：玄参科 泡桐属

（1）形态特征。

1）树形：落叶乔木，高15～20m，树干耸直。

2）枝干：树皮褐灰色。小枝有明显皮孔，幼枝常具黏质短腺毛。

3）叶：单叶对生，阔卵形或卵形，全缘或3～5裂，表面被长柔毛、腺毛及分枝毛，背面密被具长柄的树枝状毛。

4）花：圆锥花序生于去年生枝上；花单性异株，无花瓣。顶生圆锥花序；花蕾近圆形，密生黄色毛；花冠漏斗钟形，鲜紫色或蓝紫色。花期4—5月。

5）果实：蒴果卵圆形，果小，果皮薄而脆，宿萼反卷。果期9—10月。

（2）分布习性。

1）分布：主产黄河流域，我国北方普遍栽培，是泡桐属中最耐寒的一种。

2）习性：强阳性树种，不耐庇荫，对温度适应范围较宽；不耐盐碱，喜肥；对二氧化硫、氯气、氟化氢等气体抗性较强。

（3）园林用途。

毛泡桐树冠宽大，叶大荫浓，花大而美，宜作行道树、庭荫树及"四旁"绿化树种，也是重要的速生用材树种。

（4）应用注意事项。

毛泡桐根系近肉质，怕积水。

73. 梓树（见图4-1-117）

植物名称：梓树（别名：黄花楸、水桐、木角豆）

拉丁名：*Catalpa ovata* G. Don.

科　　属：紫葳科 梓树属

（1）形态特征。

1）树形：落叶乔木，高10～20m，树冠宽阔。

2）枝干：树皮灰褐色，浅纵裂。

3）叶：单叶对生，或3叶轮生，广卵形或近圆形，基部心形或圆形，全缘或中部以上3～5掌状浅裂，基部脉腋有紫斑。

4）花：顶生圆锥花序，花冠淡黄色，内有黄色条纹及紫色斑纹。花期5—6月。

5）果实：蒴果细长下垂，长22～30cm。种子有毛。果期9—10月。

图4-1-117 梓树

（2）分布习性。

1）分布：原产我国，分布于东北、华北，南至华南北部，以黄河中下游为分布中心。

2）习性：喜光，稍耐阴；适生于温带地区，耐寒；喜深厚、肥沃、湿润土壤，不耐干瘠。抗性强，深根性。

（3）园林用途。

梓树树冠宽大，夏季花大鲜艳，秋冬蒴果垂挂。可作庭荫树、行道树、独赏树及"四旁"绿化树种。常与桑树配植，"桑梓"意即故乡。

74. 楸树（见图 4-1-118）

植物名称：楸树（别名：梓桐、金丝楸）

拉 丁 名：*Catalpa bungei* C.A.Mey.

科　　属：紫葳科 梓树属

（1）形态特征。

1）树形：落叶乔木，高 20～30m，树干通直，树冠狭长或倒卵形。

2）枝干：树皮灰褐色，浅纵裂，老树干具瘤状突起。

3）叶：单叶对生或轮生，三角状卵形至卵状椭圆形，先端渐尖，基部截形或宽楔形，全缘或中下部有裂片，基部脉腋有紫斑。

4）花：顶生伞房状总状花序，具花 5～20 朵；花冠白色，内有紫斑。花期 4—5 月。

5）果实：蒴果长 25～50cm。种子有毛。果期 9—10 月。

图 4-1-118　楸树

（2）分布习性。

1）分布：原产我国，长江下游和黄河流域各地普遍栽培。

2）习性：喜光，喜温凉气候，苗期耐庇荫；在深厚肥沃、湿润疏松的中性、微酸性和钙质壤土中生长迅速，不耐干旱和水湿；主根明显、粗壮，侧根发达，萌芽力、根蘖力都很强。自花不育，需异株或异花授粉。

（3）园林用途。

楸树树姿俊秀，枝繁叶茂，花多盖冠，其花形若钟，红斑点缀白色花冠，如雪似火，颇为美丽。可孤植、列植、丛植、与建筑配植更能显示古朴、苍劲的树势。

75. 黄金树（见图 4-1-119）

植物名称：黄金树（别名：梓桐、金丝楸）

拉 丁 名：*Catalpa speciosa* Ward.

科　　属：紫葳科 梓树属

（1）形态特征。

1）树形：落叶乔木，高 15～30m，树冠开展。

2）枝干：树皮灰色，厚鳞片状开裂。

3）叶：叶宽卵形至卵状椭圆形，先端渐尖，基部截形或圆形，全缘或偶有 1～2 浅裂，背面被柔毛，基部脉腋有绿色腺斑。

4）花：圆锥花序顶生，具花 10 余朵；花冠白色，内有淡紫斑和黄色条纹。花期 5—6 月。

5）果实：蒴果较粗，长 20～45cm。果期 10 月。

图 4-1-119　黄金树

（2）分布习性。

1）分布：原产美国中部及东部。我国各地城市有栽培。

2）习性：喜光，耐寒性较差，喜温凉湿润气候，不耐干旱瘠薄及积水。

（3）园林用途。

黄金树树形优美，宜作庭荫树及行道树。在原产地为用材树种。

4.2 灌木

灌木是指那些没有明显的主干、呈丛生状态的木本植物，可分为常绿、落叶两类。常见灌木如下。

4.2.1 常绿灌木

4.2.1.1 针叶灌木

1. 沙地柏（见图 4-2-1）

植物名称：沙地柏（别名：叉子圆柏、新疆圆柏）

拉　丁　名：*Sabina vulgaris*

科　　属：柏科 圆柏属

（1）形态特征。

1）树形：匍匐灌木，或为直立灌木或小乔木。

2）枝干：枝灰褐色，密集，裂成薄片；一年生枝的分枝圆柱形。

3）叶：幼树上常有刺叶，上面凹，下面拱圆，中部有长椭圆形或条状腺体；壮龄树上多为鳞叶，背面中部有椭圆形或卵形腺体。

图 4-2-1　沙地柏

4）花果：球果生于下弯的小枝顶端，倒三角状球形或叉状球形，熟时褐色，紫蓝色或黑色，多少有白粉。种子微扁，顶端钝或微尖，有纵脊和树脂槽。

（2）分布习性。

1）分布：产于新疆、内蒙古、青海、甘肃、陕西。欧洲南部至中亚亦有分布。

2）习性：喜光，喜凉爽干燥的气候，耐寒、耐旱、耐瘠薄，对土壤要求不严，不耐涝。适应性强，生长较快。

（3）园林用途。

1）特色：沙地柏树体低矮，冠形奇特，匍匐有姿，生长快，耐修剪，四季苍绿。

2）配置方式：沙地柏是良好的地被植物，常于坡地观赏及护坡，可做绿篱、行道树，可以带植、丛植，还可配植于草坪、花坛、山石、林下，增加绿化层次，丰富观赏美感。

图 4-2-2　铺地柏

2. 铺地柏（见图 4-2-2）

植物名称：铺地柏（别名：匍地柏、矮桧）

拉　丁　名：*Sabina procumbens*

科　　属：柏科 圆柏属

（1）形态特征。

1）树形：常绿匍匐小灌木，高 75cm，冠幅逾 2m。

2）枝干：枝干贴近地面伸展，褐色，枝梢向上伸展，小枝密生。

3）叶：叶均为刺形叶，条状披针形，先端渐尖，上面凹，表面有 2 条白色气孔线，绿色中脉仅下部明显，下面蓝绿色，沿中脉有细纵槽，3叶交互轮生，叶长6～8mm。

4）花果：球果近球形，熟时黑色，被白粉。种子有棱脊。

（2）分布习性。

1）分布：原产日本。我国黄河流域至长江流域各城市引种栽培作庭院观赏树。

2）习性：喜光，稍耐阴，适生于滨海湿润气候，对土质要求不严，耐寒力、萌生力均较强。阳性树，能在干燥的砂地上生长良好，喜石灰质的肥沃土壤，忌低湿地点。

（3）园林用途。

1）特色：铺地柏枝叶翠绿，蜿蜒匍匐，颇为美观。在春季抽生新嫩枝叶时，观赏效果最佳。

2）配置方式：铺地柏在园林中可配植于岩石园或草坪角隅，又为缓土坡的良好地被植物，各地亦经常盆栽观赏。

3. 矮紫杉（见图4-2-3）

植物名称：矮紫杉

拉 丁 名：*Taxus cuspidata*

科　　属：红豆杉科 红豆杉属

（1）形态特征。

1）树形：半球状密纵灌木，树形矮小，树姿秀美，终年常绿。

2）枝干：当年生枝绿色，秋后呈淡红褐色；二、三年枝红褐色或黄褐色。

3）叶：叶螺旋状着生，呈不规则两列，与小枝约成45°角斜展，条形，基部窄，有短柄，先端且凸尖，上面绿

图4-2-3　矮紫杉

色有光泽，下面有两条灰绿色气孔线。

4）花果：假种皮鲜红色，异常亮丽。

（2）分布习性。

1）分布：原产日本。中国北京地区，吉林省，辽宁的丹东、大连、沈阳，以及青岛、上海、杭州等地有栽培。

2）习性：非常耐寒，又有极强的耐阴性，耐修剪，怕涝；喜生富含有机质之湿润土壤中；在空气湿度较高处生长良好。

（3）园林用途。

1）特色：由于矮紫杉是常绿树种，又有耐寒和极强的耐阴性，是北方地区园林绿化的好材料。鲜红色的假种皮，十分美丽。

2）配置方式：矮紫杉树形端庄，可孤植或群植，又可植为绿篱用，适合整剪为各种雕塑物式样。由于其生长缓慢，枝叶繁多而不易枯疏，故剪后可较长期保持一定形状，在园林上广为应用。

4. 粗榧（见图4-2-4）

植物名称：粗榧（别名：粗榧杉、中国粗榧）

拉 丁 名：*Cephalotaxus sinensis*

科　　属：三尖杉科 三尖杉属

图4-2-4　粗榧

（1）形态特征。

1）树形：灌木或小乔木，树皮灰色或灰褐色，呈薄片状脱落。

2）枝干：小枝对生，枝条韧性大。

3）叶：叶在小枝上排列紧密，条形，通常直，很少微弯，先端渐尖或微凸尖，基部圆截形或圆形，质地较厚，中脉明显，几无柄，上面绿色，下面两条白粉气孔带，较绿色边带宽2～4倍。

4）花果：雄花聚成头状花序，单生叶腋，雌球花着生于小枝基部苞片腋内，种子核果状，全部被假种皮所包，2～5个生于总柄的上端，卵圆形、椭圆状卵圆形或近球形。

（2）分布习性。

1）分布：产于长江流域以南至广东、广西，西至甘肃南部、山西南部、河南、四川、云南东南部、贵州东北部。

2）习性：阳性树，喜温凉湿润气候，耐阴，较耐寒。生长缓慢，但有较强的萌芽力，耐修剪，但不耐移植。抗虫害能力很强，少有发生病虫害者。

（3）园林用途。

1）特色：粗榧四季常青，枝叶浓绿，树冠开张整齐，姿态优美，观赏期长。

2）配置方式：通常与他树配植，作基础种植用，或在草坪边缘。也可植于大乔木之下，为庭园观赏树。亦可制成盆景。

4.2.1.2 阔叶灌木

1. 小叶黄杨（见图4-2-5）

植物名称：小叶黄杨（别名：鱼鳞黄杨、鱼鳞木）

拉 丁 名：*Buxus sinica*

科　　属：黄杨科 黄杨属

（1）形态特征。

1）树形：常绿灌木或小乔木，树高0.5～1m，树干灰白光洁。

2）枝干：枝条密生，枝四棱形。

3）叶：叶对生，革质，全缘，椭圆或倒卵形，先端圆或微凹，基部宽楔形，表面亮绿色，背面黄绿色，有短柔毛。

4）花果：花簇生叶腋或枝端，4—5月开放，花黄绿色。没有花瓣，有香气。蒴果卵圆形。

图4-2-5　小叶黄杨

（2）分布习性。

1）分布：主要产地为中国安徽、浙江、江西和湖北。

2）习性：中性，耐寒性弱，抗污染，喜温暖湿润气候，稍耐寒，喜肥沃湿润排水良好的土壤，耐旱，稍耐湿，忌积水。耐修剪，抗烟尘及有害气体。浅根性树种，生长慢，寿命长。

（3）园林用途。

1）特色：树姿优美。

2）配置方式：为绿篱布景的重要树种，也是制作盆景的珍贵树种。

2. 大叶黄杨（见图4-2-6）

植物名称：大叶黄杨（别名：长叶黄杨）

拉 丁 名：*Buxus megistophylla*

科　　属：黄杨科 黄杨属

（1）形态特征。

1）树形：灌木，高2m；树皮灰白色，不裂。

2）枝干：小枝稍具棱。

3）叶：叶长圆形或椭圆状披针形，长4～8cm，先端钝尖，基部楔形，上面中脉稍隆起。

4）花果：总状花序短，总梗长5～7mm；雄花梗长不及1mm；柱头面延至花柱中部或近基部，花柱微外弯。果无毛，稍皱。

（2）分布习性。

1）分布：产于广东、广西北部，湖南，湖北，贵州；生于海拔600～1400m谷地疏林内、灌丛中。日本亦有分布。

2）习性：喜光，亦较耐阴。喜温暖湿润气候亦较耐寒。要求肥沃疏松的土壤，极耐修剪整形。

图4-2-6　大叶黄杨

（3）园林用途。

1）特色：枝叶茂密，四季常青，叶色亮绿，且有许多花枝、斑叶变种，是美丽的观叶树种。

2）配置方式：常用作绿篱及背景种植材料，亦可丛植草地边缘或列植于园路两旁；用于花坛中心或对植于门旁。更宜盆栽，用于室内绿化及会场装饰等。

图4-2-7　雀舌黄杨

3. 雀舌黄杨（见图4-2-7）

植物名称：雀舌黄杨（别名：万年青、黄秧树）

拉　丁　名：*Buxus bodinieri*

科　　属：黄杨科 黄杨属

（1）形态特征。

1）树形：灌木，高4m。

2）枝干：小枝较粗，近四棱，被柔毛或近无毛。

3）叶：叶倒披针形、长圆状倒披针形或倒卵状匙形，先端钝尖或微凹，基部窄楔形，下面中脉被白色钟乳体。

4）花果：花密集成球状，总梗长约2.5mm；雄花近无梗；柱头面不下延。果卵圆形。花期8月；果期11月。

（2）分布习性。

1）分布：分布于云南、广西、广东、四川、湖北、贵州、江西、湖南、福建、浙江、安徽、河南等省。

2）习性：喜温暖湿润和阳光充足环境，耐干旱和半阴，要求疏松、肥沃和排水良好的砂壤土。弱阳性，耐修剪，较耐寒，抗污染。

（3）园林用途。

1）特色：雀舌黄杨枝叶繁茂，叶形别致，四季常青。

2）配置方式：常用于绿篱、花坛和盆栽，修剪成各种形状，是点缀小庭院和入口处的好材料。

4. 红背桂（见图4-2-8）

植物名称：红背桂

拉　丁　名：*Excoecaria cochinchinensis*

图 4-2-8 红背桂

科　　属：大戟科 土沉香属

（1）形态特征。

1）树形：常绿灌木，高 1.5m。

2）枝干：小枝无毛。

3）叶：叶对生，稀兼有互生或近 3 片轮生，叶窄椭圆形或长圆形，先端长渐尖，基部楔形，具疏细齿，上面绿色，下面紫红色。

4）花果：总状花序，雄花序长 1～2cm，雌花序由 3～5 朵花组成；雄花花梗长约 1.5mm，苞片宽卵形。蒴果球形，顶端凹陷。花期全年。

（2）分布习性。

1）分布：台湾、广东、海南、广西等地栽培。广西龙津有野生，生于丘陵灌丛中。亚洲东南部也有分布。

2）习性：不耐干旱，不甚耐寒，耐半阴，忌阳光曝晒。

（3）园林用途。

1）特色：红背桂枝叶飘飒，清新秀丽，茂密的株丛，鲜艳的叶色，与建筑物或树丛构成自然、闲趣的景观。

2）配置方式：用于庭园、公园、居住小区绿化，盆栽常点缀室内厅堂、居室。

5. 洒金东瀛珊瑚（见图 4-2-9）

植物名称：洒金东瀛珊瑚（别名：花叶青木）

拉 丁 名：*Aucuba japonica*

科　　属：山茱萸科 桃叶珊瑚属

（1）形态特征。

1）树形：常绿灌木，高 3m。丛生，树冠球形。

2）枝干：枝对生。

3）叶：叶对生，肉革质，矩圆形，缘疏生粗齿牙，两面油绿而富光泽，叶面黄斑累累，酷似洒金。

4）花果：花单性，雌雄异株，为顶生圆锥花序，花瓣先端尖，花紫褐色。果短椭圆形。

（2）分布习性。

1）分布：原产日本，中国长江中下游地区广泛栽培，华北地区多为盆栽。

图 4-2-9 洒金东瀛珊瑚

2）习性：性喜温暖阴湿环境，不甚耐寒，耐修剪。

（3）园林用途。

1）特色：叶色深绿，金黄色斑点撒布其间，颇为美观。枝繁叶茂，凌冬不凋，是珍贵的耐阴灌木。

2）配置方式：宜配植于门庭两侧树下。庭院墙隅、池畔湖边和溪流林下，凡阴湿之处无不适宜。若配植于假山上，作花灌木的陪衬，或作树丛林缘的下层基调树种，亦甚协调得体。可盆栽，其枝叶常用于瓶插。

6. 海桐（见图 4-2-10）

植物名称：海桐（别名：垂青树、七里香）

拉 丁 名：*Pittosporum tobira*

科　　属：海桐花科 海桐花属

（1）形态特征。

1）树形：灌木，高 6m；树冠浓密。

2）枝干：新枝被褐色柔毛。

3）叶：叶倒卵形或倒卵状披针形，先端圆或微凹，基部窄楔形，边缘反卷，老叶无毛。

4）花果：花序伞形，密被黄褐色柔毛；花白色，芳香，后变黄色。蒴果卵球形，有棱角，成熟时三瓣裂，露出鲜红色种子。花期5—6月；果期9—10月。

（2）分布习性。

1）分布：产于长江以南滨海各省，内地多栽培。朝鲜、日本也有分布。

2）习性：喜温暖湿润气候及酸性或中性土壤。耐寒冷，颇耐暑热，耐阴，耐修剪。

（3）园林用途。

1）特色：株形圆整，四季常青，花味芳香，种子红艳，为著名的观叶、观果植物。抗二氧化硫等有害气体的能力强，又为环保树种。

2）配置方式：本种是理想的花坛造景树，或造园绿化树种，尤宜于工矿区种植。可用作绿篱、庭园观赏树及行道树的下木。也适于盆栽布置展厅、会场。

图 4-2-10　海桐

7. 南天竹（见图 4-2-11）

植物名称：南天竹

拉 丁 名：*Nandina domestica*

科　　属：小檗科 南天竹属

（1）形态特征。

1）树形：常绿灌木，多簇生，高 2m。

2）枝干：茎直立，少分枝，无毛。

3）叶：2～3 回羽状复叶，互生，中轴有关节，小叶椭圆状披针形，先端渐尖，基部楔形，全缘，两面无毛。

4）花果：顶生圆锥花序，花小而白色，花期5—7月。浆果球形，鲜红色，果9—10月成熟。

图 4-2-11　南天竹

（2）分布习性。

1）分布：原产中国及日本。江苏、浙江、安徽、江西、湖北、四川、陕西、河北、山东等省均有分布。

2）习性：喜半阴；但在强光下亦能生长，惟叶色常发红。喜温暖气候及肥沃、湿润而排水良好之土壤，耐寒性不强，对水分要求不严，生长较慢。

（3）园林用途。

1）特色：南天竹树姿秀丽，翠绿扶疏，秋冬叶色变红，更有累累红果，圆润光洁，经久不落，实为赏叶观果佳品。

2）配置方式：南天竹主要用作园林内的植物配置，作为花灌木，可以观其鲜艳的花果。也可作室内盆栽，或者观果切花。

8. 含笑（见图 4-2-12）

植物名称：含笑

拉 丁 名：*Michelia figo*

科　　属：木兰科 含笑属

（1）形态特征。

1）树形：灌木，高 2～3m，树皮灰褐色。

2）枝干：分枝密。小枝被黄褐色绒毛。

3）叶：革质，倒卵形或倒卵状椭圆形，端短钝尖，基部楔形或宽楔形，上面有光泽，无毛，下面中脉常留有黄褐色平伏毛，余无毛。

4）花果：花直立，淡黄色而边缘有时红色或紫色，具甜浓的芳香，花被6片，肉质，较肥厚，长椭圆形。聚合果长 2～3.5cm；蓇葖卵圆形或球形，顶端有短尖的喙。花期3—5月，果期7—8月。

图 4-2-12　含笑

（2）分布习性。

1）分布：产于华南各省区，广东北部及中部有野生。现各地广泛栽培，长江流域各地可露地越冬。

2）习性：含笑花性喜暖热湿润，不耐寒，适半阴，不耐干燥瘠薄，但也怕积水，要求排水良好，肥沃的微酸性壤土，中性土壤也能适应。

（3）园林用途。

1）特色：花香袭人，浸人心脾，有香蕉的气味，这种花不常开全，有如含笑之美人。

2）配置方式：可在小游园、花园、公园或街道上成丛种植，亦可配植于草坪边缘或稀疏林丛之下，使游人在休息之中常得芳香气味的享受。

9. 火棘（见图 4-2-13）

植物名称：火棘（别名：火把果、救命粮）

拉 丁 名：*Pyracantha fortuneana*

科　　属：蔷薇科 火棘属

（1）形态特征。

1）树形：常绿灌木，高 3m。

2）枝干：具枝刺；幼枝被锈色柔毛，老枝无毛。

3）叶：叶倒卵形或倒卵状长圆形，先端圆钝或微凹，或具短尖头，基部楔形，下延至叶柄，锯齿圆钝，齿尖内弯，近基部全缘。

4）花果：复伞房花序；萼筒钟状，萼片三角状卵形，先端钝；花瓣近圆形，白色；雄蕊20个；花柱5个，离生。梨果近圆形，橘红色或深红色。花期3—5月；果期8—11月。

图 4-2-13　火棘

（2）分布习性。

1）分布：分布于陕西、甘肃、河南、江苏、浙江、福建、广西、湖南、湖北、四川、贵州、云南、西藏等省。

2）习性：喜强光，耐贫瘠，抗干旱。

（3）园林用途。

1）特色：枝叶繁茂，果鲜红色，经久不落。

2）配置方式：可作绿篱；亦可在草坪、道路绿化带中布置；或在景区点缀；还可作盆景和插花材料。

10. 八角金盘（见图 4-2-14）

植物名称：八角金盘（别名：手树）

拉 丁 名：*Fatsia japonica*

科　　属：五加科 八角金盘属

（1）形态特征。

1）树形：灌木，高5m，常成丛生状。

2）枝干：茎光滑无刺。

3）叶：7～9掌状深裂，基部心形，上面有光泽，两面无毛。

4）花果：伞形花序有花多数，花黄白色；花盘半圆状突起。果近球形，熟时紫黑色。

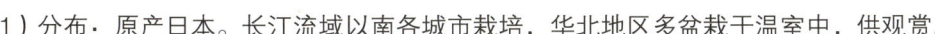

图4-2-14　八角金盘

（2）分布习性。

1）分布：原产日本。长江流域以南各城市栽培，华北地区多盆栽于温室中，供观赏。

2）习性：喜阴湿温暖的气候。不耐干旱，不耐严寒。

（3）园林用途。

1）特色：叶大而光亮，因其叶多为8裂，且有时边缘呈金黄色而得名。

2）配置方式：宜植于庭园、角隅和建筑物背阴处；也可点缀于溪旁、池畔或群植林下、草地边、假山边上或大树旁边，还能作为观叶植物用于室内，厅堂及会场陈设。叶片又是插花的良好配材。

11. 红花檵木（见图 4-2-15）

植物名称：红花檵木（别名：红桎木，红檵花）

拉 丁 名：*Loropetalum chinense var. rubrum*

科　　属：金缕梅科 檵木属

（1）形态特征。

1）树形：常绿灌木。树皮暗灰或浅灰褐色，多分枝。

2）枝干：嫩枝被暗红色星状毛。

3）叶：叶互生，革质，卵形，全缘，嫩枝淡红色，越冬老叶暗红色。

4）花果：花4～8朵簇生于总状花梗上，呈顶生头状或短穗状花序，花瓣4枚，淡紫红色，带状线形。蒴果木质，倒卵圆形；种子长卵形，黑色光亮。花期4—5月，果期9—10月。

图4-2-15　红花檵木

（2）分布习性。

1）分布：主要分布于长江中下游及以南地区；印度北部也有分布。

2）习性：喜光，喜温暖，稍耐阴，耐旱，耐寒冷，耐修剪，耐瘠薄。

（3）园林用途。

1）特色：红花檵木树态多姿，木质柔韧，耐修剪蟠扎，常年叶色鲜艳，枝繁叶茂，特别是开花时瑰丽奇美，极为夺目，是花、叶俱美的观赏树木。

2）配置方式：常用于色块布置或修剪成球形，是制作树桩盆景的好材料。

12. 枸骨（见图 4-2-16）

植物名称：枸骨（别名：老虎刺、猫儿刺）

拉 丁 名：*Ilex cornuta*

科　　属：冬青科 冬青属

（1）形态特征。

1）树形：常绿灌木或小乔木，高3~4m；树皮灰白色，平滑。

2）枝干：枝开展而密生，小枝粗壮，当年生枝具纵脊，无毛。

3）叶：叶硬革质，矩圆状四方形，顶端扩大，有硬而尖的刺齿3个，基部平截，两侧各有尖硬刺齿1~2个。

4）花果：花黄绿色，花4数，雌雄异株，簇生二年生的枝上。果球形，鲜红色。

（2）分布习性。

1）分布：分布于长江中下游各省；朝鲜也有。

图4-2-16　枸骨

2）习性：喜阳光，也能耐阴。耐干旱，较耐寒，不耐盐碱。

（3）园林用途。

1）特色：株形紧凑，叶形奇特，碧绿光亮，四季常青，入秋后红果满枝，经冬不凋，艳丽可爱，是优良的观叶、观果树种，在欧美国家常用于圣诞节的装饰，故也称"圣诞树"。

2）配置方式：也可孤植于花坛中心、对植于前庭、路口，或丛植于草坪边缘。又是很好的绿篱及盆栽材料。果枝可供瓶插，经久不凋。

13. 小蜡树（见图4-2-17）

植物名称：小蜡

拉 丁 名：*Ligustrum sinense*

科　　属：木犀科 女贞属

（1）形态特征。

1）树形：半常绿灌木，高2~7m。

2）枝干：小枝密生短柔毛。

3）叶：叶薄革质，椭圆形，端锐尖或钝，基阔楔形或圆形，背面沿中脉有短柔毛。

4）花果：圆锥花序；花白色，芳香，花梗细而明显，花冠裂片长于筒部；雄蕊超出花冠裂片。核果近圆形。花期4—5月。

图4-2-17　小蜡树

（2）分布习性。

1）分布：分布于长江以南各省区。

2）习性：喜光，稍耐阴；较耐寒。

（3）园林用途。

1）特色：耐修剪。

2）配置方式：常植于庭园观赏，丛植林缘、池边、石旁都可；规则式园林中常可修剪成长、方、圆等几何形体；其干老根固，虬曲多姿，宜作树桩盆景，江南常作绿篱应用。

14. 金丝桃（见图4-2-18）

植物名称：金丝桃（别名：金丝海棠、土连翘）

拉丁名：*Hypericum monogynum*

科　　属：藤黄科 金丝桃属

（1）形态特征。

1）树形：半常绿小灌木，高约1m；全株无毛。

2）枝干：小枝圆，红褐色。

3）叶：叶长圆形，先端钝尖，基部渐窄略抱茎，下面粉绿色。

4）花果：花单生或组成顶生聚伞花序，花大，金黄色直径3～5cm；萼片卵状长圆形；花瓣宽倒卵形；雄蕊多数。蒴果卵圆形。花期6月；果期8—9月。

（2）分布习性。

1）分布：分布于陕西、河北、河南、江苏、浙江、台湾、福建、江西、湖北、湖南、广东、广西、四川。日本也有分布。

2）习性：爱温暖湿润气候，较耐寒，对土壤要求不严，常野生于湿润溪边或半阴的山坡下。

（3）园林用途。

1）特色：枝叶清秀，花色明亮抢眼，朵朵金黄色的花儿盛开时，如金色的风车。

2）配置方式：常植于公园、庭园。

图4-2-18　金丝桃

15. 金橘（见图4-2-19）

植物名称：金橘（别名：金柑）

拉丁名：*Citrus microcarpa*

科　　属：芸香科 柑橘属

（1）形态特征。

1）树形：常绿灌木或乔木，高2m左右。

2）枝干：枝多刺。

3）叶：叶长圆状椭圆形，叶端微凹，叶缘具波状钝齿；叶柄具狭翼。

4）花果：花单生或成对生于叶腋，白色，较小。果扁圆形，深橘黄色。

（2）分布习性。

1）分布：产于广东、浙江等省，各地均常行盆栽观赏；菲律宾、美国、日本亦有栽培。

图4-2-19　金橘

2）习性：喜阳光和温暖、湿润的环境，不耐寒，稍耐阴，耐旱，要求排水良好的肥沃、疏松的微酸性砂质壤土。

（3）园林用途。

1）特色：果实金黄、具清香，挂果时间较长，是极好的观果花卉。

2）配置方式：宜作盆栽观赏及盆景。

16. 栀子花（见图4-2-20）

植物名称：栀子花（别名：黄栀子、山栀）

拉丁名：*Gardenia jasminoides*

图 4-2-20 栀子花

科　　属：茜草科 栀子属

（1）形态特征。

1）树形：常绿灌木，高 1～3m。

2）枝干：干灰色，小枝绿色，有垢状毛。

3）叶：叶长椭圆形，端渐尖，基部宽楔形，全缘，无毛，革质而有光泽。

4）花果：花单生枝端或叶腋；花萼 5～7 裂，裂片线形；花冠高脚碟状，端常 6 裂，白色，浓香；花丝短，花药线形。果卵形，具 6 纵棱，顶端有宿存萼片。花期 6—8 月。

（2）分布习性。

1）分布：产长江流域，我国中部及中南部都有分布。

2）习性：喜光也能耐阴，在蔽阴条件下叶色浓绿，但开花稍差；喜温暖湿润气候，耐热也稍耐寒；喜肥沃、排水良好、酸性的轻黏壤土，也耐干旱瘠薄，但植株易衰老；抗二氧化硫能力较强。萌蘖力、萌芽力均强，耐修剪更新。

（3）园林用途。

1）特色：栀子叶色亮绿，四季常青，花大洁白，芳香馥郁，又有一定耐阴和抗有毒气体的能力，故为良好的绿化、美化、香化的材料。

2）配置方式：可成片丛植或配置于林缘、庭前、院隅、路旁，植作花篱也极适宜，作阳台绿化、盆花、切花或盆景都十分相宜。

17. 迎夏（见图 4-2-21）

植物名称：迎夏（别名：探春）

拉 丁 名：*Jasminum floridum*

科　　属：木犀科，素馨属

（1）形态特征。

1）树形：半常绿灌木，高 1～3m。

2）枝干：枝直立或平展，幼枝绿色，光滑有棱。

3）叶：叶互生，小叶常为 3 叶，偶有 5 瓣或单叶，卵状长圆形，端渐尖，边缘反卷，无毛。

4）花果：聚伞花序顶生，多花；花萼裂片 5 瓣，线形，与萼筒等长；花冠黄色，裂片 5 瓣，卵形，长约为花冠筒长度的 1/2。浆果近圆形。花期 5—6 月。

图 4-2-21　迎夏

（2）分布习性。

1）分布：产中国北部及西部，江浙一带也有栽培。

2）习性：喜光，耐阴，耐寒性不强。

（3）园林用途。

1）特色：迎夏枝条长而柔弱，下垂或攀援，碧叶黄花。

2）配置方式：可于堤岸、台地和阶前边缘栽植，特别适用于宾馆、大厦顶棚布置，也可盆栽观赏。

18. 杜鹃（见图 4-2-22）

植物名称：杜鹃（别名：映山红）

拉 丁 名：*Rhododendron simsii*

科　　属：杜鹃花科 杜鹃花属

（1）形态特征。

1）树形：落叶或常绿灌木，高3m。

2）枝干：小枝密被亮褐色平伏糙毛。

3）叶：叶纸质，卵形、椭圆状卵形或倒卵形，春叶较短，夏叶较长，顶端锐尖，基部楔形，上面有疏糙伏毛，下面的毛较密。

4）花果：花2~6朵簇生枝顶；花梗密被平伏糙毛；花萼5裂，花冠蔷薇色、鲜红色或深红色，上方裂片内有深红色点；蒴果卵圆形，被糙毛。花期3—5月；果期10—11月。

图4-2-22　杜鹃

（2）分布习性。

1）分布：分布于长江以南，东至台湾，西南至四川、贵州、云南。

2）习性：杜鹃花喜欢酸性土壤。性喜凉爽、湿润、通风的半阴环境，既怕酷热又怕严寒，生长适温为12~25℃。

（3）园林用途。

1）特色：品种繁多，花色艳丽。当春季杜鹃花开放时，满山鲜艳，像彩霞绕林，被人们誉为"花中西施"。

2）配置方式：很适合在庭园中作为矮墙或屏障。

图4-2-23　茉莉

19. 茉莉（见图4-2-23）

植物名称：茉莉

拉 丁 名：*Jasminum sambac*

科　　属：木犀科 茉莉属

（1）形态特征。

1）树形：常绿灌木。高0.5~3m。

2）枝干：枝细长呈藤木状，幼枝有短柔毛。

3）叶：单叶对生，薄纸质，椭圆形或宽卵形，端急尖或钝圆，基圆形，全缘。

4）花果：聚伞花序，通常有花3朵，有时多朵；花萼裂片8~9瓣，线形；花冠白色，浓香，常见栽培有重瓣类型。花后常不结实。花期5—11月，以7—8月开花最盛。

（2）分布习性。

1）分布：原产印度、伊朗、阿拉伯。我国多在广东、福建及长江流域江苏、湖南、湖北、四川栽培。

2）习性：喜光稍耐阴，喜温暖气候，不耐寒，不耐干旱，但也怕渍涝，喜肥。

（3）园林用途。

1）特色：茉莉株形玲珑，枝叶繁茂，叶色如翡翠，花朵似玉铃，且花多期长，香气清雅而持久，浓郁而不浊，可谓花树中之珍品。

2）配置方式：可作树丛、树群之下木，也有作花篱植于路旁，效果极好。可盆栽观赏。花朵常作襟花佩带，也作花篮装饰用。

图4-2-24 六月雪

20. 六月雪（见图4-2-24）

植物名称： 六月雪（别名：白马骨、满天星）

拉 丁 名： *Serissa foetida*

科　　属： 茜草科 六月雪属

（1）形态特征。

1）树形：常绿或半常绿矮小灌木，高不及1m，丛生。

2）枝干：分枝繁多，嫩枝有微毛。

3）叶：单叶对生或簇生于短枝，长椭圆形，端有小突尖，基部渐狭，全缘，两面叶脉、叶缘及叶柄上均有白色毛。

4）花果：花单生或数朵簇生；花冠白色或淡粉紫色。核果小，球形。花期5—6月。

（2）分布习性。

1）分布：产于我国东南部和中部各省区。

2）习性：性喜阴湿，喜温暖气候，在向阳而干燥处栽培，生长不良，对土壤要求不严，中性、微酸性土均能适应，喜肥。萌芽力、萌蘖力均强，耐修剪。

（3）园林用途。

1）特色：六月雪树形纤巧，枝叶扶疏，夏日盛花，宛如白雪满树，玲珑清雅。

2）配置方式：适宜作花坛境界，花篱和下木；庭园路边及步道两侧作花径配植，极为别致；交错栽植在山石、岩际，也极适宜；也是制作盆景的上好材料。

21. 阔叶十大功劳（见图4-2-25）

植物名称： 阔叶十大功劳

拉 丁 名： *Mahonia bealei*

科　　属： 小檗科 十大功劳属

（1）形态特征。

1）树形：常绿灌木，高4m。

2）枝干：茎断面黄色。

3）叶：小叶9～15枚，卵形至卵状椭圆形，叶缘反卷，每边有大刺齿2～5个，侧生小叶基部歪斜，表面绿色有光泽，背面有白粉，坚硬革质。

图4-2-25 阔叶十大功劳

4）花果：花黄色，有香气，总状花序直立。浆果卵形，蓝黑色；花期4—5月；果9—10月成熟。

（2）分布习性。

1）分布：产于陕西、河南、安徽、浙江、江西、福建、湖北、四川、贵州、广东等省，多生于山坡及灌丛中。

2）习性：性强健，耐阴，喜温暖气候。

（3）园林用途。

1）特色：十大功劳叶形奇特，典雅美观。

2）配置方式：可栽在园林中观赏树木的下面或建筑物的北侧，也可栽在风景区山坡的阴面，在庭院中可栽于假山旁侧或石缝中，不过最好有大树遮阴，亦可盆栽。

22. 凤尾兰（见图4-2-26）

植物名称： 凤尾兰（别名：菠萝花）

图 4-2-26 凤尾兰

拉 丁 名：*Yucca gloriosa*

科　　属：龙舌兰科 丝兰属

（1）形态特征。

1）树形：灌木，高 5m，有时分枝。

2）枝干：枝干短。

3）叶：叶密集，螺旋排列茎端，质坚硬，有白粉，剑形，顶端硬尖，边缘光滑，老叶有时具疏丝。

4）花果：圆锥花序高 1m 多，花大而下垂，乳白色，常带红晕。蒴果干质，下垂，椭圆状卵形，不开裂。花期 6—10 月。

（2）分布习性。

1）分布：原产北美东部及东南部，现长江流域各地普遍栽植。

2）习性：喜阳，耐阴，耐水湿。

（3）园林用途。

1）特色：凤尾兰花大树美叶绿，是良好的庭园观赏树木。

2）配置方式：常植于花坛中央、建筑前、草坪中、路旁及绿篱等栽植用。

23. 棕竹（见图 4-2-27）

植物名称：棕竹（别名：矮棕竹）

拉 丁 名：*Rhapis excelsa*

科　　属：棕榈科 棕竹属

（1）形态特征。

1）树形：丛生灌木，茎干直立，高 1～3m。

2）枝干：茎圆柱形，有节。

3）叶：叶掌状深裂，裂片 4～10 片，条形，端尖，并有不规则齿缺，缘有细锯齿。

4）花果：肉穗花序较长且分枝多。花小，淡黄色，极多，单性，雌雄异株。果球形。花期 4—5 月。

（2）分布习性。

1）分布：产中国南部及西南部。日本亦有分布。

图 4-2-27 棕竹

2）习性：生长强壮，适应性强。喜温暖湿润的环境，耐阴；不耐寒。野生于林下、林缘、溪边等阴湿处。

（3）园林用途。

1）特色：棕竹秀丽青翠，叶形优美，株丛饱满，亦可令其拔高，剥去叶鞘纤维，杆如细竹，为优良的，富含热带风光的观赏植物。

2）配置方式：在植物造景时可作下木。常植于建筑的庭院及小天井中，栽于建筑角隅可缓和建筑生硬的线条。可盆栽供室内布置。

24. 散尾葵（见图 4-2-28）

植物名称：散尾葵（别名：黄椰子）

拉 丁 名：*Chrysalidocarpus lutescens*

科　　属：棕榈科 散尾葵属

（1）形态特征。

1）树形：丛生灌木，高 7~8m。

2）枝干：干光滑黄绿色，嫩时被蜡粉，环状鞘痕明显。

3）叶：叶长 1m 左右稍曲拱，羽状全裂；裂片条状披针形，叶鞘圆筒形，包茎。

4）花果：肉穗花序圆锥状，生于叶鞘下，多分枝，长约 40cm，宽 50cm。雄花花蕾卵形，黄绿色，端钝；花萼覆瓦状排列；花瓣镊合状排列。雌花花蕾卵形或三角状卵形，花萼、花瓣均覆瓦状排列。果近圆形，橙黄色。

（2）分布习性。

1）分布：原产马达加斯加。中国广州、深圳、台湾等地多用于庭园栽植。

2）习性：性喜温暖湿润、半阴且通风良好的环境，不耐寒，较耐阴，畏烈日，适宜生长在疏松、排水良好、富含腐殖质的土壤中。

（3）园林用途。

1）特色：枝叶茂密，四季常青，耐阴性强。

2）配置方式：可种于草地、树阴、宅旁，也用于盆栽，是布置客厅、餐厅、会议室、家庭居室、书房、卧室或阳台的高档盆栽观叶植物。

图 4-2-28　散尾葵

图 4-2-29　袖珍椰子

25. 袖珍椰子（见图 4-2-29）

植物名称：袖珍椰子（别名：矮生椰子）

拉　丁　名：*Chamaedorea elegans*

科　　属：棕榈科 袖珍椰子属

（1）形态特征。

1）树形：常绿矮灌木或小乔木，植株矮小。

2）枝干：其茎干细长直立，不分枝，深绿色，上有不规则环纹。

3）叶：叶片由茎顶部生出，羽状复叶，全裂，裂片宽披针形，羽状小叶 20 ~ 40 枚，镰刀状，深绿色，有光泽。

4）花果：肉穗状花序腋生，雌雄异株，雄花稍直立，雌花序营养条件好时稍下垂，花黄色，呈小珠状；结小浆果多为橙红色或黄色。

（2）分布习性。

1）分布：主要分布在中美洲热带地区。

2）习性：喜温暖、湿润和半阴的环境。

（3）园林用途。

1）特色：其株型酷似热带椰子树，形态小巧玲珑，美观别致，故得名袖珍椰子。

2）配置方式：十分适宜作室内中小型盆栽。

26. 瑞香（见图 4-2-30）

植物名称：瑞香（别名：毛瑞香）

图 4-2-30 瑞香

拉 丁 名：*Daphne odora*

科　　属：瑞香科 瑞香属

（1）形态特征。

1）树形：常绿灌木，高 1m。

2）枝干：幼枝深紫红色，无毛。

3）叶：叶互生，稀对生，长圆状披针形、椭圆状长圆形，稀倒披针形，先端渐尖、尾尖，稀钝尖，基部楔形，两面无毛，侧脉 8～12 对，显著；叶柄无毛。

4）花果：花白色，稀淡黄或淡紫色，头状花序无总梗；萼筒被淡黄色绢毛，裂片 4 瓣，近卵形；花盘环状，边缘波状，被淡黄色柔毛。果卵状椭圆形，熟时鲜红色。花期 3—5 月；果期 5—9 月。

（2）分布习性。

1）分布：分布于长江流域及台湾、广东、广西；生于海拔 600～2100m 山区林中及林缘。

2）习性：性喜半阴和通风环境，惧曝晒，不耐积旱。

（3）园林用途。

1）特色：其花虽小，却锦簇成团，花香清馨高雅。

2）配置方式：最适合种于林间空地，林缘道旁，山坡台地及假山阴面，若散植于岩石间则风趣益增。

27. 扶桑（见图 4-2-31）

植物名称：扶桑（别名：朱槿、大红花）

拉 丁 名：*Hibiscus rosasinensis*

科　　属：锦葵科 木槿属

（1）形态特征。

1）树形：常绿灌木，高 6m。

2）枝干：小枝疏被星状柔毛。

3）叶：叶宽卵形或卵状椭圆形，先端渐尖，基部近圆或宽楔形，具粗齿或缺刻；托叶条形。

4）花果：花单生近枝端叶腋，常下垂；花冠漏斗形，花瓣倒卵形，玫瑰红、淡红或淡黄色；雄蕊柱突出花冠外；花柱 5 枝。果卵形，无毛，具喙。花期全年。

图 4-2-31 扶桑

（2）分布习性。

1）分布：原产我国南方；现四川、云南、广西、广东、福建、台湾栽培，供观赏。亚洲各热带地区也有栽培。

2）习性：喜温暖湿润气候，不耐寒。喜光不耐阴。

（3）园林用途。

1）特色：扶桑鲜艳夺目的花朵，朝开暮萎，姹紫嫣红，花大艳丽，四季常开。

2）配置方式：可散植于池畔、亭前、道旁和墙边作花篱，亦可盆栽。

28. 茶梅（见图 4-2-32）

植物名称：茶梅

拉 丁 名：*Camellia sasanqua*

图 4-2-32 茶梅

科　　属：山茶科 山茶属

（1）形态特征。

1）树形：灌木，高 3～13m。树冠球形或扁圆形。树皮灰白色。

2）枝干：分枝稀疏，嫩枝有粗毛。

3）叶：叶椭圆形至长卵形，长 4～8cm，叶端短锐尖，叶缘有齿，叶表有光泽。

4）花果：花白色或红色，略芳香；子房密被白色毛。蒴果，略有毛，内有种子3粒。花期11月至次年1月。

（2）分布习性。

1）分布：产于长江以南地区。日本有分布。

2）习性：性强健，喜光，也稍耐阴。喜温暖气候及富含腐殖质而排水良好的酸性土壤。有一定抗旱性。

（3）园林用途。

1）特色：茶梅不仅花色瑰丽，淡雅兼备，且枝条大多横向展开，姿态丰满，树形优美。

2）配置方式：茶梅可作基础种植及常绿篱垣材料，开花时为花篱、落花后又为常绿绿篱，故很受欢迎。亦可盆栽观赏。

29. 夹竹桃（见图 4-2-33）

植物名称：夹竹桃（别名：柳叶桃）

拉 丁 名：*Nerium indicum*

科　　属：夹竹桃科 夹竹桃属

（1）形态特征。

1）树形：常绿直立大灌木，高 5m，含水液。

2）枝干：嫩枝具棱，被微毛，老时脱落。

3）叶：叶 3～4 枚轮生，枝条下部为对生，窄披针形，顶端急尖，基部楔形，叶缘反卷，叶面深绿色，无毛，叶背浅绿色。

4）花果：花序顶生；花冠深红色或粉红色，单瓣 5 枚，喉部具 5 片撕裂状副花冠，有时重瓣 15～18 枚，组成 3 轮。蓇葖果细长。花期 6—10 月。

图 4-2-33 夹竹桃

（2）分布习性。

1）分布：原产于伊朗、印度、尼泊尔，现广植于世界热带地区。我国长江以南各省区广为栽植。

2）习性：喜光，喜温暖湿润气候，不耐寒；耐旱力强；抗烟尘及有毒气体能力强；对土壤适应性强，碱性土上也能正常生长。植株有毒，可入药，应用时应注意。

（3）园林用途。

1）特色：夹竹桃植株姿态潇洒，花色艳丽，兼有桃竹之胜，自初夏开花，经秋乃止，有特殊香气，其又适应城市自然条件，是城市绿化的极好树种。

2）配置方式：常植于公园、庭院、街头、绿地等处；枝叶繁茂、四季常青，也是极好的背景树种；性强健、耐烟尘、抗污染，是工矿区等生长条件较差地区绿化的好树神。

4.2.2 落叶灌木

1. 山茱萸（见图4-2-34）

植物名称：山茱萸（别名：萸肉、药枣、红枣皮）

拉 丁 名：*Cornus officinale*

科　　属：山茱萸科 山茱萸属

（1）形态特征。

1）树形：落叶灌木，高5~10m；树皮灰褐色，剥落。

2）枝干：枝条圆柱状，黑褐色。

3）叶：叶卵状椭圆形，稀卵状披针形，先端渐尖，基部宽楔形或稍圆，上面疏被平伏毛，下面被白色平伏毛，脉腋被淡褐色簇生毛。

图4-2-34　山茱萸

4）花果：伞形花序具花15~35枚，总苞苞片黄绿色，椭圆形；萼裂片宽三角形，无毛；瓣舌状披针形；花梗细，密被柔毛。核果椭圆形，红色至紫红色。花期3—4月；果期8—10月。

（2）分布习性。

1）分布：主产浙江、安徽；陕西、甘肃南部、山西、河南、山东、江西、湖南、湖北、四川等地栽培；生于海拔400~1500m阴湿溪边、林缘、林内。

2）习性：喜肥沃、湿润土壤，在干燥瘠薄地方生长不良。

（3）园林用途。

1）特色：花期早、花期长，四季可赏。春赏黄花，夏看碧叶，秋观红果，冬品白雪与红果黄花相映衬的美景。

2）配置方式：单株可与石桥、假山、竹林、亭台、榭舍等配植，可成片栽植，还可作行道树。

2. 枸橘（见图4-2-35）

植物名称：枸橘（别名：枳）

拉 丁 名：*Poncirus trifoliata*

科　　属：芸香科 枳属

（1）形态特征。

1）树形：灌木，高7m。

图4-2-35　枸橘

2）枝干：小枝绿色，稍扁而有棱角，枝刺粗长而基部略扁。

3）叶：小叶3枚，叶缘有波状浅齿，近革质；顶生小叶大，倒卵形，叶端钝或微凹，叶基楔形；侧生小叶较小，基稍歪斜。

4）花果：花白色，雌蕊绿色，有毛。果球形，黄绿色。花期4月份，叶前开放；果10月成熟。

（2）分布习性。

1）分布：原产中国中部，在黄河流域以南地区多有栽培。

2）习性：性喜光、喜温暖湿润气候，较耐寒，喜微酸性土壤，不耐碱。

（3）园林用途。

1）特色：枸橘枝条绿色而多刺，春季叶前开花，秋季黄果累累，十分美丽。

2）配置方式：在园林中多栽作绿篱或屏障树用，由于耐修剪，故可整形为各式篱垣及洞门形状，既有范围园地的功能又有观花赏果的观赏效果，是良好的观赏树木之一。

3. 牡丹（见图4-2-36）

植物名称：牡丹（别名：富贵花、木本芍药、洛阳花）

拉 丁 名：*Paeonia suffruticosa*

科　　属：芍药科 芍药属

（1）形态特征。

1）树形：落叶灌木，高2m。

2）枝干：枝多而粗壮。

3）叶：叶呈二回三出复叶，阔卵卵状长椭圆形，先端3～5裂，基部全缘，叶背有白粉，平滑无毛。

4）花果：花单生枝顶；花色丰富，有紫、深红、粉红、黄、白、豆绿等色；雄蕊多数，花丝狭条形，花药黄色；花盘杯状，红紫色，包住心皮，在心皮成熟时开裂；心皮5裂，密生柔毛。花期4月下旬至5月；果9月成熟。

图4-2-36　牡丹

（2）分布习性。

1）分布：原产于中国西部及北部，在秦岭伏牛山、中条山、嵩山均有野生。现各地有栽培。

2）习性：喜温暖而不酷热气候，较耐寒，喜光但忌夏季曝晒，喜深厚肥沃、排水良好、略带湿润的沙质壤土。在良好的栽培管理条件下，寿命可达百年以上。

（3）园林用途。

1）特色：牡丹花大且美，香色俱佳故有"国色天香"的美称，更被赏花者评为"花中之王"。

2）配置方式：在园林中常作专类花园及供重点美化用。又可植于花台、花池观赏。亦可行自然式孤植或丛植于岩旁、草坪边缘或配植于庭院。此外，亦可盆栽作室内观赏或作切花瓶插用。

4. 玫瑰（见图4-2-37）

植物名称：玫瑰（别名：徘徊花）

拉 丁 名：*Rosa rugosa*

图4-2-37　玫瑰

科　　属：蔷薇科 蔷薇属

（1）形态特征。

1）树形：落叶丛生灌木，高2m。

2）枝干：枝条较粗，密被绒毛、皮刺及刺毛。

3）叶：羽状复叶，小叶5～9片，椭圆形或椭圆状倒卵形，上面无毛，有皱纹，下面灰绿色，被绒毛，网脉显著；叶柄及叶轴被绒毛。

4）花果：花单生或3～6簇生；花梗密被绒毛及刺毛；花瓣紫红色或白色，单瓣或重瓣，芳香。蔷薇果扁球形，红色。花期5—9月；果期9—10月。

（2）分布习性。

1）分布：原产辽宁、山东等地；现各地栽培，以山东、江苏、浙江及广东最多。日本、朝鲜、欧美各国也有栽培。

2）习性：耐寒，耐旱，最喜光。不耐积水。

（3）园林用途。

1）特色：花色艳丽，芳香。

2）配置方式：宜作绿篱及在花坛、花径、坡地种植。在山地风景区可结合保持水土大量栽植。可作芳香树种专门经营栽培。

5. 贴梗海棠（见图 4-2-38）

植物名称：贴梗海棠（别名：皱皮木瓜、贴梗木瓜）

拉　丁　名：*Chaenomeles speciosa*

科　　　属：蔷薇科 木瓜属

（1）形态特征。

1）树形：落叶灌木，高 2m；有刺。

2）枝干：小枝平滑、无毛。

3）叶：叶卵形、椭圆形，稀长椭圆形，先端急尖，稀圆钝，基部楔形或宽楔形，具尖锯齿，无毛，萌枝之叶下面沿脉被柔毛。

4）花果：先叶开花，花 3～5 簇生，花梗粗；花瓣倒卵形或近圆形，具短爪，猩红色，稀淡红或白色；雄蕊 45～50 枚。果球形或卵球形，黄色或带黄绿色，芳香；果梗短或近无梗。花期 3—5 月；果期 9—10 月。

图 4-2-38　贴梗海棠

（2）分布习性。

1）分布：产于陕西、甘肃南部、河南、山东、安徽、江苏、浙江、江西、湖南、湖北、四川、贵州、云南、广东；各地栽培。缅甸也有分布。

2）习性：喜光，耐瘠薄，喜排水良好深厚土壤。

（3）园林用途。

1）特色：花朵鲜润丰腴、绚烂耀目，是庭园中主要春季花木之一。

2）配置方式：既可在园林中单株栽植布置花境，亦可成行栽植作花篱，又可作盆栽观赏，是理想的花果树桩盆景材料。

6. 紫珠（见图 4-2-39）

植物名称：紫珠（别名：日本紫珠）

拉　丁　名：*Callicarpa japonica*

科　　　属：马鞭草科 紫珠属

（1）形态特征。

1）树形：灌木，高 2m。

2）枝干：小枝幼时有绒毛，很快变光滑。

3）叶：叶倒卵形至椭圆形，端急尖或长尾尖，基部楔形，两面通常无毛，缘自基部起有细锯齿。

4）花果：聚伞花序；花萼杯状；花冠白色或淡紫色。果球形，紫色。花期 6—7 月，果期 8—10 月。

图 4-2-39　紫珠

（2）分布习性。

1）分布：产东北南部、华北、华东、华中等地。日本，

2）习性：喜光，喜肥沃湿润土壤。

（3）园林用途。

1）特色：紫珠入秋紫果累累，色美而有光泽，状如玛瑙，为庭园中美丽的观果灌木。

2）配置方式：植于草坪边缘、假山旁、常绿树前效果均佳；用于基础栽植也极适宜；果枝常做切花。

7. 锦带花（见图 4-2-40）

植物名称： 锦带花（海仙、山脂麻）

拉 丁 名： *Weigela florida*

科　　属： 忍冬科 锦带花属

（1）形态特征。

1）树形：落叶灌木，高 3m；树皮灰色。

2）枝干：幼枝具四棱。

3）叶：叶椭圆形倒卵状椭圆形或卵状长圆形，先端渐尖，基部圆或楔形，上面疏被柔毛，下面毛较密。

4）花果：花序具花 1～4 枚，萼筒疏被柔毛，花冠玫瑰色或粉红色，外面疏被柔毛。花期 4—6 月；果期 10 月。

图 4-2-40　锦带花

（2）分布习性。

1）分布：产于黑龙江、吉林、辽宁、内蒙古、陕西、山西、河南、山东、江苏；生于海拔 1400 米以下杂木林内、灌丛及岩缝中，华北习见，各地多栽培。朝鲜、日本、苏联远东也有分布。

2）习性：喜光，耐寒，耐瘠薄，怕水涝。在深厚湿润、富含腐殖质壤土上生长最好。

（3）园林用途。

1）特色：锦带花枝叶茂密，花色艳丽，花期可长达连个多月。

2）配置方式：在园林应用上是华北地区主要的早春花灌木。适宜庭院墙隅、湖畔群植；也可在树丛林缘作花篱、丛植配植；点缀于假山、坡地。

8. 紫荆（见图 4-2-41）

植物名称： 紫荆（别名：满条红、萝筐树）

拉 丁 名： *Cercis chinensis*

科　　属： 豆科 紫荆属

图 4-2-41　紫荆

（1）形态特征。

1）树形：丛生灌木状，高 2～4m。

2）枝干：小枝被毛或无毛。

3）叶：叶近圆形，先端骤尖，基部心形，无毛或下面微被毛。

4）花果：先叶开花，花 5～8 枚簇生，萼红色，花冠紫红色。果长 3～10.5cm，宽 1.3～1.5cm，腹缝具窄翅，网脉明显。花期 4 月；果期 9—10 月。

（2）分布习性。

1）分布：产于黄河流域以南，西北至陕西、甘肃、新疆，西至四川、西藏、贵州、云南，南至广东、广西均有栽培。

2)习性:较喜光。喜湿润、肥厚土壤,忌水湿。有一定的耐寒性。萌蘖性强,耐修剪。

(3)园林用途。

1)特色:花形似蝶,盛开时花朵繁多,成团簇状,紧贴枝干,满树都是花,给人以繁花似锦的感觉;到了夏秋季节则绿叶婆娑,满目苍翠;冬季落叶后则枝干筋骨毕露,苍劲虬曲之感跃然眼前,是观花、叶、干俱佳的园林花木。

2)配置方式:适合栽种于庭院、公园、广场、草坪、街头游园、道路绿化带等处,也可盆栽观赏或制作盆景。

9. 四照花(见图4-2-42)

植物名称:四照花(别名:石枣)

拉 丁 名:*Dendrobenthamia japonica*

科　　属:山茱萸科 四照花属

(1)形态特征。

1)树形:落叶灌木,高8m。

2)枝干:嫩枝被白色柔毛,后脱落。

3)叶:叶纸质或厚纸质,卵形或卵状椭圆形,先端渐尖,基部圆或宽楔形,上面疏被白色柔毛,下面粉绿色,被白色柔毛。

4)花果:花序球形,具花20~30片,白色的总苞片4枚;花瓣状,卵形或卵状披针形。果序球形,橙红或紫红色。花期5—6月;果期8月。

图4-2-42 四照花

(2)分布习性。

1)分布:产于山西、河南、陕西、甘肃、江苏、浙江、福建、台湾、安徽、江西、湖南、湖北、四川、贵州、云南,生于海拔740~2100m溪边、混交林中。

2)习性:喜光,耐半阴;喜温暖湿润气候,较耐寒,耐移植。

(3)园林用途。

1)特色:秋季红果满树,硕果累累,一派丰收景象;春赏亮叶,夏观玉花,秋看红果,冬赏红叶,是一种极其美丽的庭园观花观叶观果园林绿化佳品。

2)配置方式:孤植或列植,也可丛植于草坪、路边、林缘、池畔,与常绿树混植。

10. 小叶女贞(见图4-2-43)

植物名称:小叶女贞

拉 丁 名:*Ligustrum quihoui*

科　　属:木犀科 女贞属

(1)形态特征。

1)树形:落叶或半常绿灌木,高2~3m。

2)枝干:枝条铺散,小枝具短柔毛。

3)叶:叶薄革质,椭圆形至倒卵状长圆形,顶端钝,基部楔形,全缘,边缘略向外反卷。

4)花果:圆锥花序长7~21cm,花白色,芳香。核果宽椭圆形,紫黑色。花期7—8月。

(2)分布习性。

1)分布:产于中国中部、东部和西南部。

图4-2-43 小叶女贞

2）习性：喜光，稍耐阴；较耐寒，对有毒气体抗性均强，耐修剪。

（3）园林用途。

1）特色：其枝叶紧密、圆整，耐修剪。

2）配置方式：园林中主要作绿篱栽植，亦可盆栽。

11. 金叶女贞（见图4-2-44）

植物名称：金叶女贞

拉 丁 名：*Ligustrum vicaryi*

科　　属：木犀科 女贞属

（1）形态特征。

1）树形：灌木，高2～3m，冠幅1.5～2m。

2）枝干：枝条铺散。

3）叶：单叶对生，椭圆形或卵状椭圆形，长2～5cm。

4）花果：总状花序，小花白色。核果宽椭圆形，紫黑色。

（2）分布习性。

1）分布：中国中部、东部、西南部。

图4-2-44　金叶女贞

2）习性：金叶女贞性喜光，耐阴性较差；耐寒力中等，适应性强，以疏松肥沃、通透性良好的沙壤土为最好。

（3）园林用途。

1）特色：金叶女贞在生长季节叶色呈鲜丽的金黄色，尤其在春秋两季色泽更加璀璨亮丽。

2）配置方式：可与红叶的紫叶小檗、红花继木、绿叶的龙柏、黄杨等组成灌木状色块，形成强烈的色彩对比，具极佳的观赏效果，也可修剪成球形。由于其叶色为金黄色，所以大量应用在园林绿化中，主要用来组成图案和建造绿篱。

12. 红瑞木（见图4-2-45）

植物名称：红瑞木（别名：红瑞山茱萸）

拉 丁 名：*Cornus alba*

科　　属：山茱萸科 山茱萸属

（1）形态特征。

1）树形：灌木，高可达3m；树皮暗红色。

图4-2-45　红瑞木

2）枝干：枝血红色，无毛，初时通常被有蜡状白粉；髓心大，白色；皮孔明显，灰白色，散生。

3）叶：叶对生，卵形、椭圆形或宽椭圆形，基部通常为圆形、广楔形或两边不等，先端渐尖、锐尖或凸尖，叶全缘，上面绿色，散生伏毛，下面灰白色，被伏毛，叶脉明显，5～6对。

4）花果：圆锥状聚伞花序顶生，花冠白色，花瓣4枚，长卵形或长圆状卵形。核果长圆形，成熟时白色或稍带蓝色。花期5—7月；果熟期7—8月。

（2）分布习性。

1）分布：黑龙江，吉林、辽宁、内蒙古、河北、山东、江苏、陕西等省。朝鲜、蒙古、俄罗斯、欧洲也有分布。

2）习性：喜排水良好的冲积土，稍喜阴；常生于河流两岸、溪旁针阔叶混交林、阔叶林下或林缘。

（3）园林用途。

1）特色：秋季枝、叶为红色，核果为白色，红白相映，很美观。落叶后枝干红艳如珊瑚，是少有的观茎植物，也是良好的切枝材料。

2）配置方式：园林中多丛植草坪上或与常绿乔木相间种植，得红绿相映之效果。

13. 枸杞（见图 4-2-46）

植物名称：枸杞（别名：枸杞子）

拉 丁 名：*Lycium chinense*

科　　属：茄科 枸杞属

（1）形态特征。

1）树形：小灌木，高 0.5～2m。

2）枝干：分枝多，枝条细弱，弓状弯曲或下垂，淡灰黄色，有纵条纹，枝刺长 0.5～2cm，枝端锐尖，呈刺状。

3）叶：单叶互生或 2～4 枚簇生，卵形、卵状菱形、长椭圆形或卵状披针形，先端锐尖，基部楔形。

4）花果：花在长枝上单生或双生于叶腋，在短枝上则与叶簇生；花冠漏斗状，淡紫色。浆果红色，卵状，顶端尖或钝。花期 6 月，果期 6—11 月。

图 4-2-46　枸杞

（2）分布习性。

1）分布：东北、河北、山西、甘肃、陕西及西南、华中、华南、华东各省。朝鲜、蒙古、日本、欧洲有栽培或为野生。

2）习性：阳性，耐干旱，适应性强；生于山坡、荒地、丘陵地、盐碱地或沿海附近地区砂质土地带。

（3）园林用途。

1）特色：水土保持，绿化造林灌木。

2）配置方式：可丛植于池畔、台坡，也可作河岸护坡，或作绿篱栽植，也可作树桩盆栽。

14. 连翘（见图 4-2-47）

植物名称：连翘（别名：黄寿丹、黄花杆）

拉 丁 名：*Forsythia suspensa*

科　　属：木犀科 连翘属

图 4-2-47　连翘

（1）形态特征。

1）树形：落叶灌木，高可达 3m；干丛生，直立。

2）枝干：枝开展，拱形下垂，小枝黄褐色，稍四棱；皮孔明显，髓中空。

3）叶：单叶或有时为 3 小叶，对生，卵形、宽卵形或椭圆状卵形，无毛，端锐尖，基圆形至宽楔形，缘有粗锯齿。

4）花果：花先叶开放，通常单生，稀 3 朵腋生；花萼裂片 4 枚，矩圆形；花冠黄色，裂片 4 枚，倒卵状椭圆形；雄蕊 2 个，雌蕊长于或短于雄蕊。蒴果卵圆形，表面散生疣点。花期 4—5 月。

（2）分布习性。

1）分布：产于我国北部、中部及东北各省。现各地也有栽培。

2）习性：喜光，有一定程度的耐阴性；耐寒，耐干旱瘠薄，怕涝，不择土壤。

（3）园林用途。

1）特色：连翘枝条拱形开展，早春花先叶开放，满枝金黄，艳丽可爱，是北方常见优良的早春观花灌木。

2）配置方式：宜丛植于草坪、角隅、岩石假山下、路缘、转角处、阶前、篱下作基础种植，或作花篱等用；以常绿树作背景，与榆叶梅、绣线菊等配植，更能显出金黄夺目之色彩；大面积群植于向阳坡地、森林公园效果亦佳；其根系发达，有护堤岸之作用。

图 4-2-48　迎春

15. 迎春（见图 4-2-48）

植物名称：迎春

拉丁名：*Jasminum nudiflorum*

科　　属：木犀科 茉莉属

（1）形态特征。

1）树形：落叶灌木，高 0.4～5m。

2）枝干：枝细长拱形，绿色，有四棱。

3）叶：叶对生，小叶 3 枚，卵形至长圆状卵形，端急尖，缘有短睫毛，表面有基部突起的短刺毛。

4）花果：花单生，先叶开放，苞片小；花萼裂片 5～6 枚，花冠黄色，裂片 6 枚，约为花冠筒长度的 1/2。通常不结果。花期 2—4 月。

（2）分布习性。

1）分布：产于我国北部、西北、西南各地。

2）习性：性喜光，稍耐阴；较耐寒，喜湿润，也耐干旱，怕涝；对土壤要求不严，耐碱，除洼地外均可栽植，根部萌发力很强。

（3）园林用途。

1）特色：迎春植株铺散，枝条鲜绿，不论强光及背阴处都能生长，冬季绿枝婆娑，早春黄花可爱，对我国冬季漫长的北方地区，装点冬春之景意义很大，各处园林和庭院都有栽培。

2）配置方式：其开花极早，南方可与腊梅、山茶、水仙同植一处，构成新春佳景，与银芽柳、山桃同植，早报春光；种植于碧水萦回的柳树池畔，增添波光倒影，为山水生色；或栽植于路旁、山坡及窗下墙边；或作花篱密植；或作开花地被、或植于岩石园内，观赏效果极好。将山野多年生老树桩移入盆中，做成盆景；或编枝条成各种形状，盆栽于室内观赏，也可作切花插瓶。

16. 木槿（见图 4-2-49）

植物名称：木槿（别名：朝开暮落花、篱障花）

拉丁名：*Hibiscus syriacus*

科　　属：锦葵科 木槿属

（1）形态特征。

1）树形：落叶灌木，高 4m。

2）枝干：小枝密被星状绒毛。

3）叶：叶菱状卵圆形，常 3 裂，先端钝，基部楔形，具不整齐齿缺。

图 4-2-49　木槿

4）花果：花紫色、玫瑰红色、白色或蓝色，单生；花冠钟形。果卵圆形或长圆形，密被金黄色星状毛。种子背部被黄白色长柔毛。花期6—10月。

（2）分布习性。

1）分布：原产我国中部，现从东北南部至华北及南方均有栽培。

2）习性：喜阳光也能耐半阴；耐寒，较耐瘠薄，忌干旱。

（3）园林用途。

1）特色：花艳丽，作绿篱坚固。

2）配置方式：适合作花篱、绿篱及庭院布置；墙边、水滨种植也很适宜。

17. 黄刺梅（见图4-2-50）

植物名称：黄刺梅

拉 丁 名：*Rosa xanthina*

科　　属：蔷薇科 蔷薇属

（1）形态特征。

1）树形：落叶灌木，高可达3m，直立。

2）枝干：枝密集，小枝细长，紫褐色或深褐色，有大而直的刺，刺3~8扁平扩大，长可达8mm，无刺毛；芽卵形，红色，无毛。

3）叶：奇数羽状复叶，小叶7枚，稀13枚，常簇生于侧枝端，小叶片阔卵形或近圆形，很少为椭圆形，边缘有钝锯齿。

图4-2-50 黄刺梅

4）花果：花单生，重瓣或半重瓣，花瓣黄色，倒卵形，先端微凹；雄蕊黄色，花柱分离，被柔毛，微伸出花托外。果球形，红黄色，光滑，但往往不结实。花期5—6月，果熟期7—8月。

（2）分布习性。

1）分布：东北、河北、内蒙古、山东、山西、陕西、甘肃等省多栽培。国外也有栽培。

2）习性：喜光树种，但耐庇荫，喜肥沃湿润的土壤，耐寒性差。

（3）园林用途。

1）特色：黄刺梅黄花绿叶，绚丽多姿，株丛大，花色金黄，花期长。

2）配置方式：可在草坪、林缘、路边丛植，作花篱及基础种植，可孤植观赏，还可以瓶插观赏。

18. 珍珠梅（见图4-2-51）

植物名称：珍珠梅（别名：山高粱条子）

拉 丁 名：*Sorbaria sorbifolia*

科　　属：蔷薇科 珍珠梅属

（1）形态特征。

1）树形：灌木，高2m。

2）枝干：枝条开展，小枝稍屈曲。

3）叶：羽状复叶，小叶11~17枚，小叶对生，披针形或卵状披针形，先端渐尖，稀尾尖，基部近圆形或宽楔形，稀偏斜，有尖锐重锯齿。

4）花果：圆锥花序顶生，花瓣白色，雄蕊40~50个，较花瓣长1.5~2倍，着生在花盘边缘，雌蕊5个，有顶生

图4-2-51 珍珠梅

弯曲花柱。蓇葖果长圆形，果序冬季不脱落。花期7—8月；果熟期9月。

（2）分布习性。

1）分布：分布于东北、内蒙古。朝鲜、俄罗斯、日本、蒙古也有分布。

2）习性：喜阳光充足，湿润之地，多生河岸或山坡溪流附近，林缘及采伐迹地等处。

（3）园林用途。

1）特色：珍珠梅的花、叶清丽，花期很长，时值夏季少花季节。果宿存至次年。

2）配置方式：可孤植，列植，丛植。

19. 棣棠花（见图4-2-52）

植物名称：棣棠花（别名：金棣棠、麻叶棣棠）

拉 丁 名：*Kerria japonica*

科 属：蔷薇科 棣棠花属

（1）形态特征。

1）树形：落叶小灌木，高2m。

2）枝干：小枝绿色，具纵纹，无毛。

3）叶：叶卵形或三角状卵形，先端长渐尖，基部近圆、平截或微心形，具不规则重锯齿。

4）花果：花单生于侧枝顶端；花瓣黄色，宽椭圆形；雄蕊多数，离生，长约花瓣之半；花柱约与雄蕊等长。瘦果倒卵形或扁球形，褐黑色，无毛。花期4—5月；果期7—8月。

图4-2-52 棣棠花

（2）分布习性。

1）分布：产于陕西、甘肃、华北、华东、华中，南至广东，西南至四川、云南均有栽培。

2）习性：喜温暖湿润气候，稍耐阴，不耐寒。

（3）园林用途。

1）特色：枝叶青翠，缀以黄花，甚美观。

2）配置方式：宜丛栽于篱边、水畔、草坪边缘、路旁及花坛中。

20. 榆叶梅（见图4-2-53）

植物名称：榆叶梅（别名：小桃红）

拉 丁 名：*Amygdalus triloba*

图4-2-53 榆叶梅

科 属：蔷薇科 李属

（1）形态特征。

1）树形：灌木，高2～3m。

2）枝干：枝条开展，具多数短小枝；小枝灰色，幼枝无毛或微被柔毛。

3）叶：叶宽椭圆形至倒卵圆形，先端渐尖，常3裂，基部宽楔形，边缘具粗重锯齿，上面有稀疏柔毛或无毛，下面有短柔毛。

4）花果：花1～2朵，先于叶开放；萼筒宽钟状，花瓣粉红色，倒卵形或近卵形，先端微凹或圆钝，雄蕊约30个，短于花瓣，花柱长于雄蕊。果实近球形，红色，被毛，果肉薄，成熟时开裂，核具厚壳，表面有皱纹。花期4月，果熟期5—6月。

（2）分布习性。

1）分布：产于东北、河北、山西、山东、浙江、江苏等省区。

2）习性：阳性树种，耐干燥瘠薄土壤，喜湿润肥沃土壤。

（3）园林用途。

1）特色：因其叶似榆，花如梅，故名"榆叶梅"。先花后叶，花密集，粉红色，十分美丽。

2）配置方式：宜植于公园草地、路边，或庭园中的墙角、池畔等。将榆叶梅植于常绿树前，或配植于山石处，则能产生良好的观赏效果。与连翘搭配种植，盛开时红黄相映更显春意盎然。

21. 紫穗槐（见图4-2-54）

植物名称：紫穗槐（别名：椒条、棉条）

拉 丁 名：*Amorpha fruticosa*

科　　属：豆科 紫穗槐属

（1）形态特征。

1）树形：落叶灌木，高1～4m，丛生，枝叶繁密，直伸；树皮暗灰色，平滑。

2）枝干：小枝灰褐色，有凸起锈色皮孔。

3）叶：叶互生，奇数羽状复叶，小叶11～25对，狭椭圆形至椭圆形，先端圆形、钝尖或微凹，有一短弯细尖，基部宽楔形或圆形，全缘，上面无毛或微有柔毛，下面有短毛。

图 4-2-54　紫穗槐

4）花果：密集的总状花序顶生或在枝端腋生，长7～15cm，花轴密生短柔毛，萼钟形；旗瓣蓝紫色，倒圆卵形，翼瓣、龙骨瓣均退化。荚果弯曲，棕褐色，密被瘤状腺点，不开裂，内含1种子。花期5—6月，果期9—10月。

（2）分布习性。

1）分布：原产于北美洲温带。辽宁铁岭以南已变成野生或半野生状态，适应性很强。

2）习性：喜光，适应性强；耐旱、耐涝、耐瘠薄、耐轻度盐碱，但不耐寒。

（3）园林用途。

1）特色：枝叶繁密，又为蜜源植物。

2）配置方式：适于作路旁、堤岸、护坡树。

图 4-2-55　绣线菊

22. 绣线菊（见图4-2-55）

植物名称：绣线菊（别名：柳叶绣线菊）

拉 丁 名：*Spiraea salicifolia*

科　　属：蔷薇科 绣线菊属

（1）形态特征。

1）树形：直立灌木，高2m。

2）枝干：小枝稍有棱。

3）叶：叶长圆状披针形或披针形，先端急尖或渐尖，具锐锯齿，或为重锯齿，无毛。

4）花果：圆锥花序长圆形或金字塔形；花粉红色。蓇葖果直立，无毛或沿腹缝被柔毛。花期6—8月，果期8—9月。

（2）分布习性。

1）分布：产于东北、内蒙古、河北。俄罗斯、蒙古、朝鲜、日本也有分布。

2）习性：喜光，耐寒；喜肥沃湿润土壤，在干瘠地生长不良。

（3）园林用途。

1）特色：枝繁叶茂，叶似柳叶，小花密集，花色粉红，花期长，可自初夏至秋初，娇美艳丽，是良好的园林观赏植物和蜜源植物。

2）配置方式：宜在庭院、池旁、路旁、草坪等处栽植，作整形树颇优美，亦可作花篱。

图 4-2-56 水栒子

23. 水栒子（见图 4-2-56）

植物名称：水栒子（别名：栒子木）

拉丁名：*Cotoneaster multiflorus*

科　　属：蔷薇科 栒子属

（1）形态特征。

1）树形：落叶灌木，高 4m。

2）枝干：枝条细，常呈弓形弯曲。

3）叶：叶卵形或宽卵形，叶脉两面明显，先锐端尖或圆钝，基部宽楔形或圆形，上面无或有稀绒毛。

4）花果：聚伞花序，花多数，约 5～21 朵花；花瓣白色，平展，近圆形。梨果近球形或倒卵形，红色，有小核 1 个。花期 5—6 月；果熟期 8—9 月。

（2）分布习性。

1）分布：分布在东北、华北、西北和西南。亚洲西部和中部其他地区也有分布。

2）习性：喜光树种，但耐庇荫，常生于沟谷、山坡杂木林中、灌木或岩石缝隙间，对土壤要求不严，耐干旱瘠薄。

（3）园林用途。

1）特色：高大灌木，花期盛开白花，秋季红果累累，经久不凋，为优美的观赏树种。

2）配置方式：可于草坪中孤植欣赏，也可几株丛植于草坪边缘或园林转角，或者与其他树种搭配混植构造小景观。

24. 石榴（见图 4-2-57）

植物名称：石榴（别名：安石榴、丹若）

拉丁名：*Punica granatum*

科　　属：石榴科 石榴属

（1）形态特征。

1）树形：灌木，高 10m。

2）枝干：小枝具 4 棱，先端常刺尖，有短枝。

3）叶：叶倒卵形、椭圆形或窄椭圆形。

4）花果：萼筒红色或黄白色；花瓣红色、白色或黄色。浆果近球形，外种皮肉质多汁，内种皮木质。花期 5—6 月；果期 9—10 月。

（2）分布习性。

1）分布：原产于伊朗、阿富汗等地。新疆叶城、甘肃南部、陕西中南部、黄河流域以南及长江流域各省，西

图 4-2-57 石榴

南至云南，南至广东等地均有栽培。

2）习性：喜温暖气候，耐短期低温；对土壤要求不严。

（3）园林用途。

1）特色：树姿优美，枝叶秀丽，初春嫩叶抽绿，婀娜多姿；盛夏繁花似锦，色彩鲜艳；秋季累果悬挂，为优良的观赏树种。

2）配置方式：可孤植或丛植于庭院游园之角，对植于门庭之出处，列植于小道溪旁、坡地、建筑物之旁，也宜做成各种桩景和供瓶插花观赏。

25. 紫丁香（见图 4-2-58）

植物名称：紫丁香（别名：丁香）

拉 丁 名：*Syringa oblata*

科　　属：木犀科 丁香属

（1）形态特征。

1）树形：灌木，高可达 4m。

2）枝干：枝条粗壮无毛。

3）叶：叶广卵形，通常宽度大于长度，端锐尖，基心形或截形，全缘，两面无毛。

4）花果：圆锥花序长 6～15cm；花冠紫色。蒴果长圆形，顶端尖，平滑。

图 4-2-58　紫丁香

（2）分布习性。

1）分布：分布于东北、华北、西北和西南；朝鲜也有分布。

2）习性：喜光，稍耐阴；耐寒性较强，耐干旱，忌低湿；喜湿润、肥沃、排水良好的土壤。

（3）园林用途。

1）特色：紫丁香枝叶茂密，花美而香，是我国北方各省区园林中应用最普遍的花木之一。

2）配置方式：常丛植于建筑前、茶室凉亭周围；散植于园路两旁、草坪之中；与其他种类丁香配植成专类园，形成美丽、清雅、芳香，青枝绿叶，花开不绝的景区，效果极佳；也可盆栽、促成栽培、切花等用。

26. 月季（见图 4-2-59）

植物名称：月季

拉 丁 名：*Rosa chinensis*

科　　属：蔷薇科 蔷薇属

（1）形态特征。

1）树形：灌木，高 2m。

2）枝干：小枝具钩刺，或无刺，无毛。

3）叶：羽状复叶，小叶 3～5（7）片，宽卵形或卵状长圆形，先端渐尖，基部近圆或宽楔形。

4）花果：花单生或几朵集生成伞房状，微香；萼片卵形，先端尾尖，羽裂，边缘有腺毛；花瓣紫红、粉红，稀白色，重瓣。蔷薇果卵球形或梨形，径 1.2cm，红色。萼片宿存。

图 4-2-59　月季

（2）分布习性。

1）分布：分布于华北；南至广东，西南至四川、贵州、云南各地普遍栽培。

2）习性：喜光，喜温暖湿润气候，耐寒，耐旱。

（3）园林用途。

1）特色：形成许多花蕾，在生长季节陆续开花，在炎热夏季着花较少，秋凉后大量开花。

2）配置方式：宜在花坛、花径、草坪、路角、假山等处栽植，又可盆栽或作切花。

图 4-2-60 香荚蒾

27. 香荚蒾（见图 4-2-60）

植物名称：香荚蒾（别名：探春、香探春）

拉 丁 名：*Viburnum farreri*

科　　属：忍冬科 荚蒾属

（1）形态特征。

1）树形：落叶灌木。

2）枝干：小枝近无毛。

3）叶：叶菱状倒卵形或椭圆形，先端尖，基部楔形或宽楔形，具牙齿，下面脉腋有簇生毛，侧脉 6~8 对，直达齿端。

4）花果：圆锥花序长 3~5cm；花冠高脚碟状，白色；雄蕊着生于花冠筒中部以上。果紫红色，长圆形。花期 4—5月。

（2）分布习性。

1）分布：产于甘肃、青海、新疆；山东、河北等地均有栽培。

2）习性：耐半阴，耐寒；喜肥沃、湿润、松软土壤，不耐瘠土和积水。

（3）园林用途。

1）特色：香荚蒾花白色而浓香，花期极早，是华北地区重要的早春花木。

2）配置方式：适宜丛植于草坪边、林荫下、建筑物前；可栽植于建筑物的东西两侧或北面。

28. 接骨木（见图 4-2-61）

植物名称：接骨木（别名：续骨木、接骨丹）

拉 丁 名：*Sambucus williamsii*

科　　属：忍冬科 接骨木属

（1）形态特征。

1）树形：落叶小乔木，高 6m。

2）枝干：老枝淡红褐色，具有明显的长椭圆形皮孔。

3）叶：奇数羽状复叶，小叶 5~7 片，椭圆形至矩圆状披针形，顶端尖至渐尖，基部常不对称，边有锯齿，揉碎后有臭味。

4）花果：圆锥花序顶生，长 7cm；花小，白色至淡黄色；花冠辐状，裂片 5 枚；雄蕊 5 个。浆果状核果近球形，黑紫色或红色。

图 4-2-61 接骨木

（2）分布习性。

1）分布：自东北向南分布，南至南岭以北，西至甘肃南部和四川、云南。朝鲜、日本也有分布。

2）习性：喜光，稍耐阴；在阳坡、阴坡、林缘、林内均能生长；喜肥沃疏松沙壤土或冲积土。

（3）园林用途。

1）特色：枝叶茂密，红果累累。

2）配置方式：适宜于水边、林缘和草坪边缘处栽植；可盆栽或配置花境观赏。

29. 紫叶小檗（见图4-2-62）

植物名称：紫叶小檗

拉 丁 名：*Berberis thunbergii*

科　　属：小檗科 小檗属

（1）形态特征。

1）树形：落叶多枝灌木，高2～3m。

2）枝干：幼枝紫红色，老枝灰褐色或紫褐色，有槽，具刺。

3）叶：叶全缘，菱形或倒卵形，叶深紫色或红色，在短枝上簇生。

4）花果：花单生或2～5朵成短总状花序，黄色，下垂，花瓣边缘有红色纹晕。浆果红色，宿存。花期4月，果熟期9—10月。

图4-2-62　紫叶小檗

（2）分布习性。

1）分布：紫叶小檗原产于日本，我国秦岭地区也有分布，现我国各大城市有栽培。

2）习性：喜凉爽湿润的环境，耐寒也耐旱，不耐水涝，喜阳，耐修剪，对各种土壤都能适应。

（3）园林用途。

1）特色：紫叶小檗春开黄花，秋缀红果，是叶、花、果俱美的观赏花木。

2）配置方式：适宜在园林中作花篱或在园路角隅丛植、大型花坛镶边或剪成球形对称状配植，或点缀在岩石间、池畔；也可制作盆景。

30. 胡枝子（见图4-2-63）

植物名称：胡枝子（别名：籍条）

拉 丁 名：*Lespedeza bicolor*

科　　属：豆科 胡枝子属

（1）形态特征。

1）树形：灌木，高3m，多分枝。

2）枝干：小枝黄色或暗褐红，有棱脊，微被平伏柔毛。

3）叶：羽状复叶，3小叶，卵形，顶生小叶宽椭圆形或卵状椭圆形，先端圆钝，有小尖，基部圆形，侧生小叶较小。

4）花果：总状花序腋生，较叶长；萼杯状，萼齿4个，披针形，与萼筒近等长；花冠紫色，蝶形花。荚果斜卵形，网脉明显，有密柔毛。

（2）分布习性。

1）分布：分布于东北、内蒙古、河北、山西、陕西、河南。朝鲜、俄罗斯、日本也有分布。

2）习性：喜光，耐干旱瘠薄及寒冷。

图4-2-63　胡枝子

（3）园林用途。

1）特色：保持水土或改良土壤之树种。

2）配置方式：可栽于庭园、路边、草坪中。

31. 海州常山（见图4-2-64）

植物名称：海州常山（别名：臭梧桐）

拉 丁 名：*Clerodendrum trichotomum*

科　　属：马鞭草科 大青属

（1）形态特征。

1）树形：灌木，高1.5～10m。

2）枝干：老枝灰白色，具皮孔。

3）叶：叶片纸质，卵形、三角状卵形或卵状椭圆形，顶端渐尖，基部截形或宽楔形，很少近心形，全缘或有波状齿。

4）花果：伞房状聚伞花序顶生或腋生；花萼紫红色，5裂几达基部；花冠白色或带粉红色。核果近球形，成熟时蓝紫色。

图4-2-64　海州常山

（2）分布习性。

1）分布：分布于华北、华东、中南、西南各省区；朝鲜、日本以至菲律宾北部也有。

2）习性：喜阳光，较耐寒、耐旱，也喜湿润土壤，能耐瘠薄土壤，但不耐积水。

（3）园林用途。

1）特色：花序大，花果美丽，一株树上花果共存，白、红、兰色泽亮丽，花、果期长，植株繁茂，为良好的观赏花木。

2）配置方式：宜丛植或孤植在庭院，山坡，路旁，溪边。

32. 太平花（见图4-2-65）

植物名称：太平花（别名：京山梅花）

拉 丁 名：*Philadelphus pekinensis*

科　　属：虎耳草科 山梅花属

（1）形态特征。

1）树形：灌木，高3m。

2）枝干：枝条对生，1年生小枝紫褐色，无毛，2年生枝栗褐色，枝皮剥落。

3）叶：叶卵形或椭圆状卵形，先端长渐尖，基部宽楔形或圆形，具锯齿，两面无毛或下面脉腋被簇生毛，5出脉。

4）花果：总状花序具花5～9朵；花冠盘形；花瓣倒卵形。蒴果倒圆锥形或近球形。花期5—6月；果期9—10月。

图4-2-65　太平花

（2）分布习性。

1）分布：产于中国北部及西部；朝鲜亦有分布。

2）习性：喜光，稍耐阴；较耐寒，耐干旱，不耐积水。

（3）园林用途。

1）特色：枝叶茂密，花乳黄而清香，花多朵聚集，颇为美丽。

2）配置方式：宜丛植于林缘、园路拐角和建筑物前，亦可作自然式花篱或大型花坛之中心栽植材料。在古典园林中于假山石旁点缀，尤为得体。

33. 结香（见图 4-2-66）

植物名称：结香（别名：黄瑞香、打结花）

拉 丁 名：*Edgeworthia chrysantha*

科　　属：瑞香科 结香属

（1）形态特征。

1）树形：落叶灌木，高 2m。

图 4-2-66　结香

2）枝干：小枝粗壮，棕红色，具皮孔。

3）叶：叶常簇生枝顶，长圆形或长圆状披针形，先端钝尖，基部窄楔形。

4）花果：先叶开花，头状花序，花序梗粗，花黄色，芳香，裂片花瓣状。果卵形，果皮硬脆。花期3—9月，果期7—8月。

（2）分布习性。

1）分布：产于河南、陕西及长江流域各地，产地南至广东、广西、云南等；生长于海拔 2800m 以下山区疏林内。

2）习性：喜半阴，也耐日晒，为暖温带植物；喜温暖，耐寒性略差，忌积水。

（3）园林用途。

1）特色：结香姿态优雅，枝叶美丽，宜栽在庭园或盆栽观赏；枝条柔软，弯之可打结而不断，常形成各种形状。

2）配置方式：适植于庭前、路旁、水边、石间、墙隅；北方多盆栽观赏。

34. 木芙蓉（见图 4-2-67）

植物名称：木芙蓉（别名：芙蓉花、山芙蓉）

拉 丁 名：*Hibiscus mutabilis*

科　　属：锦葵科 木槿属

（1）形态特征。

1）树形：落叶灌木，高 5m。

2）枝干：小枝密被星状毛及细绵毛。

3）叶：叶卵圆状心形，5～7裂，裂片三角形，先端渐尖，具钝圆锯齿。

4）花果：花单生，萼钟形，花初开时白色或淡红色，后为深红色。果扁球形，被淡黄色刚毛及绵毛。花期8—11月。

图 4-2-67　木芙蓉

（2）分布习性。

1）分布：原产于我国湖南、辽宁、华北、陕西、长江以南各地均有栽培。

2）习性：喜光，喜肥沃湿润土壤，耐修剪。

（3）园林用途。

1）特色：晚秋开花，花色艳丽，为著名的观赏树种。

2）配置方式：可孤植、丛植于庭院、坡地、路边、林缘及建筑前，或栽作花篱，都很合适。特别宜于配植水滨，开花时波光花影，相映益妍，分外妖娆。也可盆栽观赏。

35. 卫矛（见图 4-2-68）

植物名称：卫矛（别名：鬼箭羽、山鸡条子）

拉 丁 名：*Euonymus alatus*

科　　属：卫矛科 卫矛属

（1）形态特征。

1）树形：落叶灌木，高可达 3m；树皮灰白色，有细皱纹。

2）枝干：小枝圆柱四棱形，绿色，无毛，有较宽而扁的 2~4 个木栓质翅，或近无翅，当年生枝鲜绿色。

3）叶：叶菱状倒卵形或椭圆形，先端突尖或锐尖，基部楔形，边缘锯齿细密尖锐，近于重锯齿，有缘毛，下面苍白色。

4）花果：聚伞花序 1~3 花，腋生；花白色带绿，4 数；萼片淡黄绿色；花瓣圆形。蒴果 4 瓣裂，带紫色，种子圆或卵圆形，淡褐色或近白色，假种皮橘红色。花期 6 月；果熟期 9—10 月。

图 4-2-68　卫矛

（2）分布习性。

1）分布：除东北、新疆、青海、西藏、广东及海南以外，全国各省区均产。

2）习性：阳性树种，但稍耐阴，喜肥沃土壤，常生于采伐迹地、阔叶林中或灌木杂草丛生之处。

（3）园林用途。

1）特色：卫矛枝翅奇特，秋叶红艳耀目，果裂亦红，甚为美观，堪称观赏佳木。

2）配置方式：宜丛植或孤植在庭院、山坡、路旁、溪边。

36. 金缕梅（见图 4-2-69）

植物名称：金缕梅

拉 丁 名：*Hamamelis mollis*

科　　属：金缕梅科 金缕梅属

图 4-2-69　金缕梅

（1）形态特征。

1）树形：灌木，高达 8m。

2）枝干：嫩枝及顶芽被灰黄色星状绒毛。

3）叶：叶宽倒卵圆形，先端骤短尖，基部心形，不对称。

4）花果：头状或短穗状花序腋生，具花数朵，无花梗；花瓣黄白色，条形。果卵圆形。

（2）分布习性。

1）分布：产于江苏、安徽、浙江、江西、湖南、湖北、四川、广西等地；常生于低山至中海拔次生林或灌丛中。

2）习性：喜光，耐半阴，喜温暖湿润气候，较耐寒，对土壤要求不严。

（3）园林用途。

1）特色：花形奇特，具有芳香，早春先叶开放，黄色细长花瓣宛如金缕，缀满枝头，十分惹人喜爱。

2）配置方式：在庭院角隅、池边、溪畔、山石间及树丛外缘都很合适。此外，花枝可作切花瓶插材料。

37. 山麻杆（见图4-2-70）

植物名称：山麻杆（别名：桂圆树、红荷叶、狗尾巴树）

拉 丁 名：*Alchornea davidii*

科　　属：大戟科 山麻杆属

（1）形态特征。

1）树形：落叶灌木，高3m。

2）枝干：幼枝及叶被柔毛。

3）叶：叶宽卵形或近圆形，先端短尖，基部浅心形，具腺体和二枚线状小托叶，下面被疏柔毛，基脉3；叶柄绿色，被柔毛。

4）花果：雄花序穗状，腋生，雄花密集，萼片3～4，雄蕊6～8个；雌花序总状，顶生，雌花较疏，萼片4～5个，窄卵形，子房密被毛，花柱离生。

蒴果球形，被毛。花期3—5月，果期6—7月。

图4-2-70　山麻杆

（2）分布习性。

1）分布：产于我国中部、东部、西南；生于低山丘陵地区灌丛中。

2）习性：喜阳，稍耐阴；喜温暖、湿润环境，抗寒力较弱；性强健，对土壤的要求不高，但喜肥沃和排水良好的壤土。萌蘖力强，易更新。

（3）园林用途。

1）特色：茎干丛生，茎皮紫红，秋末冬初叶色红艳，是良好的观茎、观叶树种。

2）配置方式：丛植于庭院、路边、山石之旁具有丰富色彩有效果。

图4-2-71　紫玉兰

38. 紫玉兰（见图4-2-71）

植物名称：紫玉兰（别名：辛夷、木笔）

拉 丁 名：*Magnolia liliflora*

科　　属：木兰科 木兰属

（1）形态特征。

1）树形：落叶灌木，高3m；树皮灰褐色。

2）枝干：小枝褐紫色或绿紫色；顶芽卵形，被淡黄色绢毛。

3）叶：叶椭圆状倒卵形或倒卵形，先端急渐尖或渐尖，基部渐窄，楔形，幼时上面疏生短柔毛，下面沿叶脉有短柔毛。

4）花果：花叶同时开放，花瓣6枚，矩圆状倒卵形，外面紫色或紫红色，内面带白色。聚合蓇葖果圆柱形，淡褐色。花期3—4月，果期8—9月。

（2）分布习性。

1）分布：产于湖北、四川、云南，久经栽培。现长江流域各地、山东、贵州、广西各地均有栽培。

2）习性：喜温暖湿润和阳光充足环境，较耐寒，但不耐旱和盐碱，怕水淹。

（3）园林用途。

1）特色：紫玉兰是著名的早春观赏花木，早春开花时，满树紫红色花朵，幽姿淑态，别具风情。

2）配置方式：适用于古典园林中厅前院后配植，也可孤植或散植于小庭院内。

39. 腊梅（见图 4-2-72）

植物名称：腊梅（别名：黄梅花）

拉 丁 名：*Chimonanthus praecox*

科　　属：蜡梅科 蜡梅属

（1）形态特征。

1）树形：落叶灌木，高 4m。

2）枝干：幼枝四方形，老枝近圆柱形，灰褐色，有皮孔。

3）叶：叶椭圆形、椭圆状卵形或椭圆状披针形，先端渐尖，基部楔形，宽楔形或圆，近全缘，上面粗糙。

4）花果：花单生叶腋，芳香；花被片约 16 个，黄色，无毛，有光泽，外花被片椭圆形，先端圆，内花被片小，椭圆状卵形，先端钝，基部有爪，具紫褐色斑纹。果托近木质化。

图 4-2-72　腊梅

（2）分布习性。

1）分布：分布于朝鲜、美洲、日本、欧洲以及中国内地的湖南、福建、山东、江苏、安徽、云南、河南、湖北、浙江、四川、贵州、陕西、江西等地。

2）习性：较喜光，耐干旱，忌水湿；喜深厚、排水良好的土壤。

（3）园林用途。

1）特色：腊梅花开于寒月早春，花黄如腊，清香四溢，为冬季观赏佳品，是我国特有的珍贵观赏花木。

2）配置方式：宜孤植、对植、丛植、群植配置于园林与建筑物的入口处两侧和厅前、亭周、窗前屋后、墙隅及草坪、水畔、路旁等处，作为盆花桩景和瓶花亦具特色。我国传统上喜欢配植蓝天竹，冬天时红果、黄花、绿叶交相辉映，可谓色、香、形三者相得益彰。更具中国园林的特色。

图 4-2-73　八仙花

40. 八仙花（见图 4-2-73）

植物名称：八仙花（别名：绣球花）

拉 丁 名：*Hydrangea macrophylla*

科　　属：虎耳草科 绣球属

（1）形态特征。

1）树形：灌木，高 3～4m。

2）枝干：小枝粗壮，无毛，皮孔明显。

3）叶：叶对生，大而有光泽，倒卵形至椭圆形，缘有粗锯齿，两面无毛或仅背脉有毛。

4）花果：顶生伞房花序近球形，径可达 20cm；几乎全部为不育花，扩大之萼片 4 个，卵圆形，全缘，粉红色、蓝色或白色，极美丽。花期 6—7 月。

（2）分布习性。

1）分布：产于中国及日本，中国湖北、四川、浙江、江西、广东、云南等省区都有分布。各地庭园习见栽培。

2）习性：喜荫，喜温暖气候，耐寒性不强；喜湿润、富含腐殖质而排水良好之酸性土壤。

（3）园林用途。

1）特色：本种花球大而美丽，且有许多园艺品种，耐阴性较强，是极好的观赏花木。

2）配置方式：在暖地可配植于林下、路缘、棚架边及建筑物之北面。盆栽八仙花则常作室内布置用，是窗台绿化和家庭养花的好选择。

4.3 藤本

藤本植物，又名攀缘植物；是指茎部细长，不能直立，只能依附在其他物体，缠绕或攀援向上生长的植物，可分为常绿、落叶两类。常见的藤本植物有常春藤、紫藤、野蔷薇等。

4.3.1 常绿藤本

1. 常春藤（见图 4-3-1）

植物名称：常春藤（别名：爬墙虎、三角藤、爬崖藤）

拉丁名：_Hedera nepalensis var.sinensis_

科　属：五加科 常春藤属

（1）形态特征。

1）树形：常绿藤本，长 30m；茎具攀援气根。

2）枝干：小枝被锈色鳞片。

3）叶：叶片革质；营养枝之叶为三角状卵形或戟形，全缘或 3 裂，基部平截；花枝之叶椭圆状卵形或椭圆状披针形，稀卵形或宽卵形，先端渐尖，基部宽楔形，全缘，侧脉及网脉两面均明显。

4）花果：伞形花序单生或 2～7 簇生；花淡黄白或淡绿白色，芳香；萼筒近全缘，被锈色鳞片。果球形，黄色或红色。花期 8—9 月，果期翌年 3 月。

图 4-3-1　常春藤

（2）分布习性。

1）分布：原产于我国，分布于亚洲、欧洲及美洲北部，在我国主要分布在华中、华南、西南、甘肃和陕西等地。

2）习性：性喜温暖、荫蔽的环境，忌阳光直射，但喜光线充足，较耐寒，抗性强。

（3）园林用途。

1）特色：常春藤的叶色和叶形变化多端，四季常青，是优美的攀援性植物。

2）配置方式：在庭院中可用以攀缘假山、岩石，或在建筑阴面作垂直绿化材料。可盆栽供室内绿化观赏用。

2. 薜荔（见图 4-3-2）

植物名称：薜荔（别名：凉粉子、木壁莲）

拉丁名：_Ficus pumila_

科　属：桑科 无花果属

（1）形态特征。

1）树形：攀援藤本。

2）枝干：不结果，枝节上生不定根。

3）叶：叶两型；营养枝之叶为卵状心形；果枝之叶卵状椭圆形，先端钝圆，基部圆或浅心形，全缘。

4）花果：雌雄异株。榕果单生叶腋，梨形或倒卵形，

图 4-3-2　薜荔

顶部平，基部渐窄；瘦果近球形，有黏液。

（2）分布习性。

1）分布：产于华东、华中、华南、西南等地。日本、印度也有分布。

2）习性：耐贫瘠，抗干旱，对土壤要求不严，适应性强。

（3）园林用途。

1）特色：薜荔叶质厚，深绿发亮，寒冬不凋。

2）配置方式：园林栽培宜将其攀援于岩坡、墙壁和树上，郁郁葱葱，可增强自然情趣。

3. 叶子花（见图 4-3-3）

植物名称： 叶子花（别名：毛宝巾、九重葛）

拉 丁 名： *Bougainvillea spectabilis*

科　　属： 紫茉莉科 叶子花属

（1）形态特征。

1）树形：藤状灌木。

2）枝干：枝被毛，刺腋生。

3）叶：叶椭圆形，先端圆，有叶柄。

4）花果：花序腋生或顶生；苞片椭圆状卵形，基部圆形至心形，暗红色或淡紫红色。

图 4-3-3　叶子花

（2）分布习性。

1）分布：原产于巴西。我国栽培供观赏；北方盆栽温室越冬。

2）习性：喜温暖湿润气候，不耐寒，喜充足光照；耐贫瘠、耐碱、耐干旱、耐修剪，忌积水。

（3）园林用途。

1）特色：三角花苞片大，色彩鲜艳如花，且持续时间长。

2）配置方式：很适宜种植在公园、花圃、棚架等门前，攀援作门辕，或作绿篱。亦可盆栽。

4. 扶芳藤（见图 4-3-4）

植物名称： 扶芳藤

拉 丁 名： *Euonymus fortunei*

科　　属： 卫矛科 卫矛属

（1）形态特征。

1）树形：常绿藤本灌木，高 1m 至数米。

2）枝干：小枝方棱不明显。

3）叶：叶薄革质，椭圆形或卵形，稀长圆状倒卵形，先端急尖，基部宽楔形或楔形。

4）花果：聚伞花序腋生，有花 7~30 朵，密集；花盘近方形；雄蕊着生于花盘边缘，花丝明显。蒴果粉红色，近球形。种子具鲜红色假种皮。

图 4-3-4　扶芳藤

（2）分布习性。

1）分布：产于山东、山西、河南、陕西、江苏、浙江、安徽、江西、湖北、湖南、广西、云南等省。

2）习性：喜湿润，喜温暖，较耐寒，耐阴，不喜阳光直射。

（3）园林用途。

1）特色：扶芳藤为地面覆盖的最佳绿化观叶植物。

2）配置方式：点缀墙角、山石、老树等，都极为出色，是庭院中常见地面覆盖植物。可作盆景。

5. 胶东卫矛（见图4-3-5）

植物名称：胶东卫矛（别名：胶州卫矛）

拉 丁 名：*Euonymus kiautschovicus*

科　　属：卫矛科 卫矛属

（1）形态特征。

1）树形：半常绿灌木或枝条蔓生，高6m；树皮灰绿色。

2）枝干：小枝瘤突不明显；芽椭圆形，长约8mm，灰绿色。

3）叶：叶对生，薄革质，倒卵形，或长圆状倒卵形、窄倒卵形、椭圆形，先端短尖或钝尖，基部楔形，边缘具细钝锯齿，两面无毛，叶脉平坦。

4）花果：聚伞花序疏松，2回分枝，多具13花，分枝较长；花4数，花丝细长。蒴果扁球形，粉红色。种子具黄红色假种皮。

图4-3-5　胶东卫矛

（2）分布习性。

1）分布：分布于山东、安徽、江西、湖北等省。

2）习性：耐阴，喜温暖，稍耐寒。

（3）园林用途。

1）特色：干枝虬曲多姿，叶繁茂葱茏。

2）配置方式：园林中多用为绿篱和增界树，它不仅适用于庭院、甬道、建筑物周围，而且也用于主干道绿带。

6. 云南黄馨（见图4-3-6）

植物名称：云南黄馨（别名：野迎春）

拉 丁 名：*Jasminum mesnyi*

科　　属：木犀科 茉莉属

（1）形态特征。

1）树形：常绿直立亚灌木，高0.5～5m。

2）枝干：枝细长拱形，柔软下垂，绿色，有四棱。

3）叶：叶对生，小叶3对，纸质，叶面光滑。

4）花果：花单生于具总苞状单叶之小枝端；萼片叶状，披针形；花冠黄色，裂片6个或稍多，成半重瓣，较花冠筒长。花期4月，延续时间长。

图4-3-6　云南黄馨

（2）分布习性。

1）分布：分布于四川、贵州、云南等省。

2）习性：喜光，稍耐阴，喜温暖湿润气候，耐寒性不强。

（3）园林用途。

1）特色：云南黄馨枝条细长拱形，四季常青，春季黄花绿叶相衬，艳丽可爱，最宜植于水边驳岸，细枝拱形下垂水面，倒影清晰，还可遮蔽驳岸平直呆板等不足之处。

2）配置方式：适合作花架绿篱或坡地高地悬垂栽培。

7. 炮仗藤（见图4-3-7）

植物名称：炮仗藤（别名：炮仗花）

拉 丁 名：*Pyrostegia venusta*

科　　属：紫葳科 炮仗藤属

（1）形态特征。

1）树形：常绿藤本。

2）枝干：茎粗壮，有棱，小枝有纵槽纹。

3）叶：复叶有小叶状3枚，顶生小叶变成线形、3叉的卷须，叶卵状至卵状长椭圆形，长5~10cm，全缘，表面无毛，背面有穴腺体。

4）花果：圆锥状聚伞花序，下垂；花冠管细长，管状，鲜红色。花期初春。

图4-3-7　炮仗藤

（2）分布习性。

1）分布：我国海南、华南、云南南部、厦门等地有栽培。

2）习性：喜温暖湿润气候，不耐寒。

（3）园林用途。

1）特色：花橙红茂密，累累成串，状如炮仗，春季开放，且花期较长，是美丽的观赏藤木。

2）配置方式：多植于建筑物旁或棚架上，遮阴、观赏都极适宜。

8. 络石（见图4-3-8）

植物名称：络石（别名：万字茉莉、白花藤、石龙藤）

拉 丁 名：*Trachelospermum jasminoides*

科　　属：夹竹桃科 络石属

图4-3-8　络石

（1）形态特征。

1）树形：常绿藤木，长达10m。

2）枝干：茎赤褐色，幼枝有黄色柔毛，常有气根。

3）叶：叶椭圆形或卵状披针形，全缘。

4）花果：聚伞花序；花萼5深裂，花后反卷；花冠白色，芳香，花冠筒中部以上扩大，喉部有毛，5裂片开展并右旋，形如风车。蓇葖果。

（2）分布习性。

1）分布：主产于长江流域，在我国分布极广，江苏、浙江、江西、湖北、四川、陕西、山东、河北、福建、广东、台湾等省均有分布。朝鲜、日本也有分布。

2）习性：喜光，耐阴；喜温暖湿润气候，耐寒性不强；对土壤要求不严，抗干旱；抗海潮风。

（3）园林用途。

1）特色：络石叶色浓绿，四季常青，花白繁茂，且具芳香。

2）配置方式：植于枯树、假山、墙垣之旁，令其攀援而上，均颇优美自然；宜作林下或常绿孤立树下的常青

图 4-3-9 龟背竹

地被；可温室盆栽观赏。

9. 龟背竹（见图 4-3-9）

植物名称：龟背竹

拉 丁 名：*Monstera deliciosa*

科　　属：天南星科 龟背竹属

（1）形态特征。

1）树形：攀援灌木。

2）枝干：茎绿色，粗壮，具气生根。

3）叶：叶柄绿色，成广卵形，革质，具羽状深裂，各叶脉间具椭圆形的穿孔，叶柄具鞘。

4）花果：佛焰苞厚革质，宽卵形，舟状，近直立，先端具喙。肉穗花序近圆柱形，淡黄色。花两性，多而密，无花被；能育花雄蕊 4 个，离生。浆果，淡黄色，柱头周围有青紫色斑点。花期 8—9 月，果于翌年花期之后成熟。

（2）分布习性。

1）分布：原产于墨西哥。我国有盆栽。

2）习性：喜温暖湿润环境，切忌强光暴晒和干燥。

（3）园林用途。

1）特色：龟背竹株形优美，叶片形状奇特，叶色浓绿，且富有光泽，整株观赏效果较好。

2）配置方式：宜盆栽，置于室内，或于花园的水池和大树下，颇具热带风光。叶片还能作插花叶材。

4.3.2 落叶藤本

1. 紫藤（见图 4-3-10）

植物名称：紫藤（别名：朱藤、招豆藤）

拉 丁 名：*Wisteria sinensis*

科　　属：豆科 紫藤属

（1）形态特征。

1）树形：落叶大藤本。

2）枝干：茎左旋，枝较粗壮，嫩枝被白色柔毛，后秃净。

3）叶：奇数羽状复叶，小叶 7～13 片，卵形、长圆形或卵状披针形，先端渐尖，基部圆或宽楔形。

4）花果：总状花序，花序轴、花梗及萼均被白色柔毛；花冠紫色或紫堇色。果具喙，密被黄色绒毛，木质，开裂。花期 4—5 月，果期 9—10 月。

图 4-3-10 紫藤

（2）分布习性。

1）分布：我国北至辽宁、内蒙古，南至广东、广西均有野生和栽培。

2）习性：喜光，较耐阴。较耐寒，能耐水湿及瘠薄土壤。

（3）园林用途。

1）特色：植株茎蔓蜿蜒屈曲，开花繁多，串串花序悬挂于绿叶藤蔓之间，瘦长的荚果迎风摇曳，自古以来中国文人皆爱以其为题材咏诗作画。

2）配置方式：适栽于湖畔、池边、假山、石坊等处，可在庭院中用其攀绕棚架，制成花廊。盆景也常用。

2. 五叶地锦（见图4-3-11）

植物名称：五叶地锦（别名：美国地锦）

拉 丁 名：*Parthenocissus quinquefolia*

科　　属：葡萄科 爬山虎属

（1）形态特征。

1）树形：攀援性藤本。

2）枝干：幼枝带红色，卷须与叶对生，5～8分枝，下部的卷须长，愈往上逐渐变短，先端有吸盘。

3）叶：叶互生，具长柄，掌状复叶，具5小叶，稍革质，小叶具短柄，长圆状披针形，基部通常楔形，先端锐尖，边缘具粗大齿牙，叶上面暗绿色，平滑无毛，下面淡绿色，无光泽。

图4-3-11　五叶地锦

4）花果：圆锥状的两歧聚伞花序，较疏散，与叶对生，花轴与花梗皆无毛，萼近5齿，截形，花瓣5片，黄绿色；雄蕊5个；雌蕊1个。果实为浆果，球形，成熟时呈蓝色，稍带白霜。

（2）分布习性。

1）分布：原产于北美，我国引种栽培。

2）习性：耐寒耐旱，喜阴湿环境；对土壤要求不严，气候适应性广泛。

（3）园林用途。

1）特色：蔓茎纵横，密布气根，翠叶遍盖如屏，秋后入冬，叶色变红或黄，十分艳丽。

2）配置方式：适于配植宅院墙壁、庭园入口、桥头等处，是垂直绿化的主要树种之一。

3. 南蛇藤（见图4-3-12）

植物名称：南蛇藤

拉 丁 名：*Celastrus orbiculatus*

科　　属：卫矛科 南蛇藤属

（1）形态特征。

1）树形：藤状灌木，长达12m，丛生，树皮黄褐色、灰褐色或淡紫褐色。

2）枝干：小枝近4～8个，灰褐色。

3）叶：叶互生，近圆形至卵圆形，或长圆状倒卵形。

4）花果：聚伞花序，顶生或腋生，具5～7朵花，花梗短，花黄绿色。蒴果，球形，鲜黄色，熟后3裂。种子红褐色，有红色的假种皮。花期5月，果期7—9月。

图4-3-12　南蛇藤

（2）分布习性。

1）分布：在我国广布于东北、华北、西北、华东及华南各省。朝鲜、俄罗斯、日本也有分布。

2）习性：性喜阳耐阴，分布广，抗寒耐旱，对土壤要求不严。

（3）园林用途。

1）特色：南蛇藤秋季叶片经霜变红或变黄时，美丽壮观；累累硕果，竞相开裂，露出鲜红色的假种皮，宛如颗颗宝石。

2）配置方式：作为攀援绿化材料，南蛇藤宜植于棚架、墙垣、岩壁等处；如在湖畔、塘边、溪旁、河岸种植南蛇藤，倒映成趣。

4. 猕猴桃（见图4-3-13）

植物名称：猕猴桃（别名：中华猕猴桃）

拉丁名：*Actinidia chinensis*

科　属：猕猴桃科 猕猴桃属

（1）形态特征。

1）树形：大型落叶藤本。

2）枝干：幼枝薄被灰白色绒毛，后脱落。

3）叶：叶宽卵形或三角状倒宽卵形，先端尖或平截具凹缺，基部钝圆或浅心形。

4）花果：聚伞花序，具1～3花；花初放时白色，后淡黄色，有香气；花瓣5（3～7）片；雄蕊极多，花丝窄条形，花药黄色；子房密被金黄色绒毛。果黄褐色，近球形。

图4-3-13　猕猴桃

（2）分布习性。

1）分布：分布于长江流域以南各省，北至陕西、陕西两省南部。

2）习性：喜光，耐半阴，在温暖湿润处生长较好，较耐寒；喜湿润肥沃土壤。

（3）园林用途。

1）特色：花淡雅，芳香，果橙黄。

2）配置方式：供棚架、绿廊攀缘绿化，也可攀附在树上或山石陡壁上。

5. 金银花（见图4-3-14）

植物名称：金银花（别名：忍冬、金银藤）

拉丁名：*Lonicera japonica*

科　属：忍冬科 忍冬属

（1）形态特征。

1）树形：半常绿藤本。茎皮条状剥落，枝中空。

2）枝干：幼枝暗红褐色，密被黄褐色糙毛及腺毛，下部常无毛。

3）叶：叶卵形、卵状长圆形，细倒卵形，先端短钝尖，基部圆或近心形。

4）花果：双花单生叶腋，总花梗密被柔毛及腺毛；花二唇形，上唇4齿裂，下唇反卷，花冠管略长于裂片，花冠白色，后变黄。果球形，蓝黑色。花期4—6月，果期10—11月。

（2）分布习性。

1）分布：产于辽宁以南，华北、华东、华中、西南。朝鲜、日本也有分布。

图4-3-14　金银花

2）习性：喜温和湿润气候，喜阳光充足，耐寒、耐旱、耐涝。

（3）园林用途。

1）特色：植株轻盈，藤蔓缭绕，冬叶微红，花先白后黄，富含清香，是色香俱备的藤本植物。

2）配置方式：可作绿篱、绿廊、花架等垂直绿化材料。老桩可制盆景。

6. 野蔷薇（见图4-3-15）

植物名称：野蔷薇（别名：多花蔷薇、刺花）

拉 丁 名：*Rosa multiflora*

科　　属：蔷薇科 蔷薇属

（1）形态特征。

1）树形：落叶灌木，高3m。

2）枝干：枝细长，托叶下常有皮刺。

3）叶：羽状复叶，小叶5～7（9），倒卵状长圆形或长圆形。

4）花果：圆锥状伞房花序，花白色，芳香。蔷薇果球形或卵形，红褐色。花期5—6月；果期8—9月。

图4-3-15　野蔷薇

（2）分布习性。

1）分布：分布在华北、华东、华中、华南及西南。朝鲜，日本也有分布。

2）习性：喜光，耐半阴，耐寒，耐瘠薄，忌低洼积水。

（3）园林用途。

1）特色：枝条纤枝，横斜披展，叶茂花繁，色香四溢，是良好的春季观花树种。

2）配置方式：宜栽植为花篱；在坡地丛栽可保持水土；适用于花架、长廊、墙壁、门侧、假山石壁的垂直绿化。

图4-3-16　凌霄

7. 凌霄（见图4-3-16）

植物名称：凌霄（别名：紫葳、女葳花）

拉 丁 名：*Campsis grandiflora*

科　　属：紫葳科 凌霄花属

（1）形态特征。

1）树形：攀援藤木，长达10m；树皮灰褐色，呈细条状纵裂。

2）枝干：小枝紫褐色。

3）叶：叶对生，基数羽状复叶，小叶7～9片，卵形至卵状披针形。

4）花果：顶生疏松圆锥花序；花萼5裂至中部，花冠唇状漏斗形，鲜红色或橘红色。蒴果长如荚，顶端钝。花期6—8月。

（2）分布习性。

1）分布：原产于中国中部、东部，各地均有栽培。日本也有栽培。

2）习性：喜光而稍耐阴；喜温暖湿润，耐寒性较差；耐旱，忌积水；喜微酸性、中性土壤。凌霄花粉有毒，需加以注意。

（3）园林用途。

1）特色：凌霄干枝虬曲多姿，翠叶团团如盖，花大色艳，花期甚长。

2）配置方式：为庭园中棚架、花门之良好绿化材料；用以攀援墙垣、枯树、石壁，均极适宜；点缀于假山间隙，繁花艳彩，更觉动人，是理想的城市垂直绿化材料。

8. 爬山虎（见图 4-3-17）

植物名称：爬山虎（别名：地绵）

拉 丁 名：*Parthenocissus tricuspidata*

科　　属：葡萄科 爬山虎属

（1）形态特征。

1）树形：落叶藤本，枝条粗壮，多分枝。

2）枝干：小枝呈土褐色，生有多数短小而分枝卷须；卷须顶端具圆形吸盘，吸着于他物上；短枝粗而短，布满叶痕。

3）叶：叶互生，变异很大，花枝上的叶为宽卵形，常3裂，或下部枝上的叶分裂成3小叶，基部心形；幼枝上的叶较小，常不分裂。叶绿色，秋季变为鲜红色。

图 4-3-17　爬山虎

4）花果：聚伞花序常腋生于短枝顶端，一般成对；花两性，黄绿色，小形；花瓣5片，长圆形。浆果球形，熟时蓝黑色，被白粉。

（2）分布习性。

1）分布：产于辽宁，华北、华东及中南等地。朝鲜、日本也有分布。

2）习性：性喜阴湿环境，但不怕强光；耐寒，耐旱，耐贫瘠，气候适应性广泛；耐修剪，怕积水，对土壤要求不严。

（3）园林用途。

1）特色：枝叶茂密，分枝多而斜展，攀援于墙壁上，既可美化环境，又能降温，调节空气，减少噪音，为著名的垂直绿化植物。

2）配置方式：适于配植于宅院墙壁、围墙、庭园入口、桥头石块等处。

9. 铁线莲（见图 4-3-18）

植物名称：铁线莲

拉 丁 名：*Clematis florida*

科　　属：毛茛科 铁线莲属

（1）形态特征。

1）树形：落叶藤本，长约1～2m。

2）枝干：茎棕色或紫红色。

3）叶：叶常为二回三出羽状复叶，小叶卵形或卵状披针形，全缘或有少数浅缺刻，叶表暗绿色，叶背疏生短毛或近无毛，网脉明显。

4）花果：花单生于叶腋；花梗细长，于近中部处有2枚对生的叶状苞片；萼片花瓣状，常6枚，乳白色；雄蕊暗紫色。

图 4-3-18　铁线莲

（2）分布习性。

1）分布：产于广西、广东、湖南、湖北、浙江、江苏、山东等省。日本及西方国家多有栽培。

2）习性：喜光，但侧方庇荫时生长更好；喜肥沃轻松、排水良好的石灰质土壤；耐寒性较差。

（3）园林用途。

1）特色：铁线莲枝叶扶疏，有的花大色艳，有的多数小花聚集成大型花序，风趣独特，是攀缘绿化中不可缺少的良好材料。

2）配置方式：是点缀园墙、棚架、围篱及凉亭等垂直绿化的好材料，亦可与假山、岩石相配植或作盆栽观赏。

4.4 竹类

4.4.1 竹类植物的形态特征

竹子是禾本科竹亚科（*Bambusoideae*）植物，全世界有70余属1200余种，主要分布于热带和亚热带，少数在温带与寒带。我国竹类资源丰富，种类繁多，据记载有50余属，700余种，占世界竹类种植资源的80%左右。

竹是多年生木质化植物，具地上茎（竹秆）和地下茎（竹鞭）。竹类植物根据地下茎的生长情况可分为四种生态型，即单轴散生型、合轴散生型、合轴丛生型、复轴混生型。竹鞭的节上生芽，芽长大称竹笋。竹子有两种形态的叶，一为茎生叶，俗称箨叶或竹箨，由箨鞘、箨舌、箨耳、箨叶和繸毛构成；另一为营养叶，由叶鞘、叶舌、叶耳、叶片和肩毛构成，叶鞘包茎，一侧开口，叶片条形或披针形，中脉发达，侧脉平行。笋生长成秆，竹秆是竹子的主体，分秆柄、秆基和秆茎三部分。秆柄是竹秆最下部分，与竹鞭或母竹的秆基相连，细小、短缩、不生根，是竹子地上和地下系统连接疏导的枢纽。秆基是竹秆入土生根的部分，由数节至十数节组成，节间缩短而粗大。秆茎是竹秆的地上部分，每节分二环：下环为笋环，又叫箨环，是竹笋脱落后留下的环痕；上环为秆环，是居间分生组织停止生长留下的环痕，其隆起的程度随竹种的不同而不同。秆环和箨环之间的距离称节内，其上生芽，芽萌发成枝；秆环、箨环、节内合成节，两节之间称节间，节间通常中空，节与节之间有节隔相隔，秆具明显的节与节间。

竹类分枝可分为以下4种类型。单分枝：竹秆每节单生枝，如箬竹属；2分枝：每节具2分枝，通常1枚较粗，1枚较细，如刚竹属；3分枝：竹秆中部节每节具3分枝，而秆上部节的每节分枝数可达5～7，如茶秆竹属、唐竹属；多枝型：每节具多数分枝，分枝近于等粗（无主枝型），或其中1～2枚较粗长（有主枝型）。

竹花由鳞被、雄蕊和雌蕊组成。果实多为颖果。竹类的一生中，大部分时间为营养生长阶段，一旦开花结实后全部株丛即枯死而完成一个生活周期。

4.4.2 我国园林中常见的观赏竹类

竹子在我国具有悠久的栽培历史，其不仅是重要的农、林业资源，而且也是最重要的观赏植物类群之一，已

图4-4-1 毛竹

有很多不同形态的种或品种被广泛地用于观赏与园林绿化。另外，竹子在我国还具有独特的文化内涵，常被赋予常青、刚毅、挺拔、坚贞、清幽的性格，用于园林和庭院栽培以陶冶情操，鼓舞精神。下面将对园林中常见的一些观赏竹进行讲述。

1. 毛竹（见图4-4-1）

植物名称： 毛竹（别名：楠竹、孟宗竹）

拉丁名： *Phyllostachys pubescens* Mazel ex H. de Lehaie.

科　　属： 竹亚科 刚竹属

（1）形态特征。

1）竹秆：高大乔木状，秆高20m以上，径18cm，中部节间长40m，基部节间短；新秆密被白粉和细柔毛，分枝以下秆环不明显，箨环隆起。笋期3—4月。

2）竹箨：竹箨厚革质，密生棕褐色毛及黑褐色斑点；箨耳

小，肩毛发达；箨舌宽短，弓形，两侧下延；箨叶绿色，长三角形至披针形。

3）枝叶：枝叶 2 列排列，每小枝 2～3 叶，叶相对较细小，长 4～11cm，宽 0.5～1.2cm。叶舌隆起，叶耳不明显，后渐脱落。

（2）分布习性。

1）分布：分布于我国秦岭汉水流域、长江流域以南地区、台湾省、黄河流域也有栽培。日本、欧美各国也有栽培。

2）习性：属亚热带植物，喜温暖湿润气候，在深厚肥沃、排水良好的酸性土壤中生长良好，忌排水不良的低洼地，出笋有明显大小年。

（3）园林用途。

毛竹秆高，叶翠，四季常青，秀丽挺拔，经霜不凋，雅俗共赏。自古以来常置于庭园曲径、池畔、溪涧、山坡、石迹、天井以及室内盆栽观赏。常与松、梅共植，被誉为"岁寒三友"。又因其无毛无花粉，在精密仪器厂、钟表厂也极适宜。竹笋鲜美可食。

2. 刚竹（见图 4-4-2）

植物名称：刚竹

拉丁名：*Phyllostachys viridis*（Young）Mc Clure.

科　　属：竹亚科 刚竹属

（1）形态特征。

1）竹秆：秆高 10～15m，径 4～9cm，挺直、淡绿色，分枝以下的秆环不明显。新秆无毛，鲜绿色，微被白粉；老秆绿色，仅节下有白粉环，秆表面在放大镜下可见白色晶状小小点。笋期 5—7 月。

图 4-4-2　刚竹

2）竹箨：箨叶无毛，乳黄色或淡绿色底上有深绿色纵脉及棕褐色斑纹；无箨耳；箨舌近截平或微弧形，有细纤毛；箨叶狭长三角形至带状。

3）枝叶：每小枝有 2～6 叶，有发达的叶耳与硬毛，老时可脱落；叶片披针形，长 6～16cm。

（2）分布习性。

1）分布：原产我国。分布于黄河流域至长江流域以南广大地区。

图 4-4-3　早园竹

2）习性：抗性强，能耐 −18℃ 的低温；微耐盐碱，在 pH 值为 8.5 左右的碱土和含盐 0.1% 的盐碱土中也能生长。

（3）园林用途。

观赏特性同毛竹。材质坚硬，韧性较差，可供小型建筑及农具柄材使用。笋可食。

3. 早园竹（见图 4-4-3）

植物名称：早园竹

拉丁名：*Phyllostachys propinqua McClure.*

科　　属：竹亚科 刚竹属

（1）形态特征。

1）竹秆：秆高 8～10m，径 5cm 以下；新秆绿色具白粉，老秆淡绿色，节下有白粉圈；箨环与秆环均隆起；笋淡紫褐色。笋期3—4月。

2）竹箨：箨鞘淡紫褐色或深黄褐色，被白粉，有紫色斑点及不明显的条纹，上部边缘有枯焦；无箨耳；箨舌淡褐色，弧形；箨叶带状披针形，紫褐色，平直反曲。

3）枝叶：小枝具2~3片叶，叶带状披针形，长7~16cm，宽1~2cm；背面基部有毛；叶舌弧形隆起。

（2）分布习性。

1）分布：主产于华东地区。辽宁、河北、北京、河南、山西等地也有栽培。

2）习性：抗寒性强，能耐短期的-20℃低温；适应性强，在轻碱地、沙土及低洼地均能生长。

（3）园林用途。

秆高叶茂，生长强壮，是华北园林中栽培观赏的主要竹种。秆质坚韧，为柄材、棚架、编织等优良材料。笋味鲜美，可食用。

4. 紫竹（见图4-4-4）

植物名称：紫竹（别名：黑竹、乌竹）

拉 丁 名：*Phyllostachys nigra Lodd. Munro.*

科　　属：竹亚科 刚竹属

（1）形态特征。

1）竹秆：秆高可达6m，径2~4cm；新秆初为绿色，密被细柔毛，有白粉，箨环有毛，以后逐渐变为紫色或棕黑色；大枝、小枝也呈紫色，秆环隆起；笋深红褐色或带绿色。笋期4—5月。

2）竹箨：箨耳发达，矩圆形或2裂，紫黑色，上有紫黑色弯曲的长肩毛；箨舌紫色，箨叶三角形或三角状披针形。

图4-4-4　紫竹

3）枝叶：叶2~3枚生于小枝顶端，披针形，长4~10cm，质地较薄。

（2）分布习性。

1）分布：原产于我国黄河流域以南各地，现南北各地多有栽培。印度、日本及欧美许多国家均有引种。

2）习性：阳性，喜温暖湿润气候，性较耐寒，能耐-18℃低温，在北京可露地栽植，适植于土层深厚湿润、地势平坦之地。

（3）园林用途。

1）色彩：紫竹秆紫黑，叶翠绿，若植于庭院观赏，可与黄槽竹、金镶玉竹、斑竹等秆具色彩的竹种同植于园中，增添色彩变化。

2）配置方式：紫竹为传统的观秆竹类，竹秆紫黑色，柔和发亮，隐于绿叶之下，甚为绮丽。宜植于庭院山石之间或书斋、厅堂、小径、池水旁，也可栽于盆中、窗前别有一番情趣。笋供食用。

5. 斑竹（见图4-4-5）

植物名称：斑竹（别名：湘妃竹）

拉 丁 名：*Phyllostachys bambusoides Sieb.Et Zucc. f.lacrima-deae*

科　　属：竹亚科 刚竹属

（1）形态特征。

1）竹秆：秆高5~10m，径3~5cm。秆环及箨环均隆起；秆箨黄褐色，有黑褐色斑点，疏生直立硬毛。笋期

图4-4-5　斑竹

5—6月。

2）竹箨：箨耳较小，矩圆形或镰形，有长而弯曲之繸毛；箨叶三角形或带形，橘红色，边缘绿色，微皱，下垂。

3）枝叶：每小枝叶片2~4片叶，叶片带状披针形，长7~15cm，宽1.2~2.3cm；叶舌发达，有叶耳及长肩毛。

（2）分布习性。

1）分布：分布于黄河至长江流域各地，现各地都有栽培。

2）习性：喜肥沃疏松的土壤，较耐干旱寒冷，但不耐水湿。

（3）园林用途。

斑竹的竹秆上具有泪状斑点或斑块。宜在亭、台、轩、榭之旁立数秆；或在名胜的水边院旁栽种；也宜以粉墙为背景，种之几行，并以洞窟、窗框创造出竹影婆娑的清幽典雅环境。

6. 黄槽竹（见图4-4-6）

植物名称：黄槽竹

拉 丁 名：*Phyllostachys aureosulcata McClure*

科　　属：竹亚科 刚竹属

（1）形态特征。

1）竹秆：秆高3~6m，径2~4cm。新秆有白粉，秆绿色，分枝一侧纵槽呈黄色。笋期4—5月。

2）竹箨：箨鞘质地较薄，背部无毛，通常无斑点，上部纵脉明显隆起；箨耳镰形，缘有紫褐色长毛，与箨叶明显相连；

图4-4-6 黄槽竹

箨舌宽短，弧形；箨叶长三角状披针形，初皱折而后平直。

3）枝叶：叶片披针形，长7~15cm。

（2）分布习性。

1）分布：原产于我国，北京等地有栽培。

2）习性：适应性强，能耐-20℃低温，在干旱瘠薄地植株呈低矮灌木状。

（3）园林用途。

绿色秆部具黄色纵槽，黄绿相间，非常漂亮，常进行片植作为观赏秆色材料，亦可制作园林小品。

7. 方竹（见图4-4-7）

植物名称：方竹

拉 丁 名：*Chimonobambusa quadrangularis*（*Fenzi*）*Makino*

科　　属：竹亚科 方竹属

（1）形态特征。

1）竹秆：秆散生，高3~8m，径1~4cm，节间略成四方形，但向上逐渐变圆，竹子越大竹秆越方；秆深绿色，粗糙，秆环甚隆起，基部数节常各具一圈刺瘤；秆下部节上有刺状短气根一圈，并向下弯曲。笋期8月至翌年1月。

2）竹箨：箨鞘厚纸质兼革质，无毛，背面具多数紫色小斑

图4-4-7 方竹

点；箨叶极小，每节分枝开始为3枚，以后增多成为簇生。

3）枝叶：叶在每小枝约为3～5片，叶鞘革质，叶片薄纸质，窄披针形，长10～20cm，宽1.5～2.5cm，有小横脉，无毛。

（2）分布习性。

1）分布：主产于华东、华南以及秦岭南坡等亚热带地区，日本也有分布。欧美一些国家也有栽培。

2）习性：喜肥沃湿润土壤，不耐盐碱和干旱，耐水性较强，适栽于水边，稍耐阴，不耐寒，抗污染能力弱。

（3）园林用途。

秆方形奇特，为著名的庭园观赏竹种。秆可作手杖。笋味美，可食。

8. 佛肚竹（见图4-4-8）

植物名称：佛肚竹（别名：罗汉竹、密节竹）

拉 丁 名：*Bambusa ventricosa McClure*

科　　属：竹亚科 箣竹属

（1）形态特征。

1）竹秆：灌木状竹类。秆有正常秆和畸形秆两种，正常秆高达10m，节间圆筒形，长达30cm左右；畸形秆高30～50cm，节间很短，长仅2～3cm，呈瓶状膨大，形似佛肚；幼秆深绿色，稍被白粉，老茎橄榄黄色。笋期7—9月。

2）竹箨：箨鞘无毛，初为深绿色，老时为浅草绿色，鞘口具纤细刚毛；箨耳发达，圆形、倒卵形或镰刀形。箨舌很短。

图4-4-8 佛肚竹

3）枝叶：叶片卵状披针形至长圆状披针形，背面被柔毛。每节分枝1～3枚，小枝具叶7～13片。

（2）分布习性。

1）分布：广东特产，现我国南方各地以及马来西亚和美洲均有引种栽培。

2）习性：性喜温暖湿润，喜阳光，不耐旱，也不耐寒，宜在肥沃疏松的砂壤土中生长。

（3）园林用途。

佛肚竹灌木状丛生，秆短小畸形，状如佛肚，姿态秀丽，四季翠绿。盆栽数株，当年成型，扶疏成丛林式，缀以山石，观赏效果颇佳。

9. 孝顺竹 [见图4-4-9（a）]

植物名称：孝顺竹（别名：凤凰竹）

拉 丁 名：*Bambusa multiplex*（*Lour.*）*Raeuschel.*

科　　属：竹亚科 箣竹属

（1）形态特征。

1）竹秆：丛生竹，高达7m，径1.5～2.5cm，稍端微弯，节间长20～40cm，圆柱形，幼时节间上部有棕色刺毛。笋期6—9月。

2）竹箨：箨鞘厚纸质硬脆，早落，背面被白粉，无毛，先端呈不对称宽弧形；箨耳缺或细小；箨舌长弧形；箨叶长三角形，直立，淡黄绿色略带红晕，基部宽度与箨鞘顶端相等。

3）枝叶：分枝低，成束状，每小枝5～10叶片，排成两列，宛如羽状；叶鞘黄绿色，无毛；叶耳镰刀状，边缘具淡黄色繸毛，易脱落。叶片披针形，质薄，长4～14cm，宽5～20mm，表面深绿色，背面有细毛。

(2)分布习性。

1)分布：原产于我国和越南。主产于广东、广西、福建、西南等省区。长江流域及以南栽培能正常生长，山东青岛也有栽培。

2)习性：喜光，稍耐阴，喜温暖湿润气候及排水良好、湿润疏松肥沃的土壤；是丛生竹类中分布最广、适应性最强的竹种之一，也是我国目前引种栽培至最北的丛生竹种。

(3)变种。

凤尾竹（别名：观音竹）[见图4-4-9（b）] *Bambusa multiplex* (Lour.) Raeuschel.*var. Nana* (Roxb.) Keng.F

凤尾竹是孝顺竹的变种，比孝顺竹要矮小，高约12cm，径不超过1cm。枝叶稠密、纤细而下弯，每小枝有叶10余枚，羽状排列，叶片长25cm。喜光，稍耐阴，长江流域以南各地常植于庭园观赏或盆栽。

图4-4-9（a）孝顺竹

图4-4-9（b）凤尾竹

(4)园林用途。

杆青绿色，枝叶密集下垂，形状优雅、姿态秀丽，为传统的观赏叶竹种。在庭院中可孤植、群植，作划分空间的高篱；也可在大门内外入口两侧列植、对植；或散植于宽阔的庭院绿地；也常见在湖边、河岸栽植。若配置于假山旁侧，则竹石相映，更富情趣。

10. 黄金间碧玉竹（见图4-4-10）

植物名称： 黄金间碧玉竹（别名：青丝金竹）

拉 丁 名： *Bambusa vulgaris* Schrad.*var.striata* Gamble

科　　属： 竹亚科 簕竹属

(1)形态特征。

1)竹杆：杆高6～15m，径4～6cm，鲜黄色，间以绿色纵条纹。

2)竹箨：箨鞘草黄色，具细条纹，背部密被暗棕色短硬毛，毛易脱落；箨耳近等大；箨舌较短，边缘具细齿或条裂；箨叶直立，卵状三角形或三角形，腹面脉上密被短硬毛。

3)枝叶：叶披针形或线状披针形，长9～22cm，两面无毛。

(2)分布习性。

1)分布：原产于我国、印度及马来半岛。

图4-4-10 黄金间碧玉竹

2）习性：阳性，喜肥沃排水良好的壤土或砂壤土。

（3）园林用途。

盆栽或植于庭园观赏。

图 4-4-11 菲白竹

11. 菲白竹（见图 4-4-11）

植物名称：菲白竹

拉 丁 名：*Sasa fortunei*（van Houtte）*Fiori*

科　　属：竹亚科 赤竹属

（1）形态特征。

1）竹秆：小灌木状竹类，秆高 30～50cm，径 0.1～0.2cm；节间圆筒形，光滑无毛，秆环平。笋期 5—6 月。

2）竹箨：竹箨宿存，无毛。

3）枝叶：叶片短小，直立，披针形，长 6～15cm，宽 0.8～1.4cm；叶片绿色而具明显的白色或淡黄色条纹，两面无毛，有明显的小横脉，叶柄极短；叶鞘淡绿色。

（2）分布习性。

1）分布：原产于日本。我国华东地区也有栽培。

2）习性：喜温暖湿润气候，耐阴性较强。

（3）园林用途。

1）色彩：为竹类植物中的小型彩叶品种，叶面上有白色或淡黄色纵条纹，菲白竹即由此得名。

2）配置方式：菲白竹植株低矮，叶片秀美，常植于庭园观赏；栽作地被、绿篱或与假石相配都很合适，也是盆栽或盆景中配植的好材料。它端庄秀丽，案头、茶几上摆置一盆，别具雅趣，是观赏竹类中一种不可多得的贵重品种。

12. 阔叶箬竹（见图 4-4-12）

植物名称：阔叶箬竹

拉 丁 名：*Indocalamus latifolius*（Keng）*McClure*

科　　属：竹亚科 箬竹属

（1）形态特征。

1）竹秆：小型竹，秆较低矮，高 1～2m，节间长 5～20cm，微有毛，秆环平。笋期 4—5 月。

2）竹箨：竹箨宿存，质坚硬，背部有紫棕色小刺毛；箨舌平截，鞘口顶端有流苏状缘毛。

3）枝叶：小枝具叶 1～3 片，长 10～30cm，宽 2～5cm，长椭圆形，表面无毛，翠绿色，背面灰白色，略生微毛，叶缘粗糙，有小刺毛。

（2）分布习性。

1）分布：原产于华东、华中等地，在北京及以南地区也有栽培。

2）习性：适应性强，较耐寒，喜湿耐旱；对土壤要求不严，在轻度盐碱土中也能正常生长，喜光，耐半阴。

图 4-4-12 阔叶箬竹

(3) 园林用途。

阔叶箬竹丛状密生，翠绿雅丽，适宜种植于林缘、水滨，或点缀山石；也可作绿篱或地被。秆可制笔杆或竹筷，叶可制斗笠，船篷等防雨工具，也可用来包裹粽子。颖果称"竹米"，可食用或药用。

【知识拓展】

奇异的植物世界

1. 大王花

阿诺尔特大花（*Rafflesia arnoldii*），又名大王花，是世界上最大的花，也是最臭的花。不过，这倒是它吸引苍蝇等昆虫来传播花粉的好办法。目前这种花只生活在印尼苏门答腊岛和婆罗洲上那些像葡萄藤一样的热带藤类植物中，而且只能看到它的花。这种花没有叶、杆和根，不能进行光合作用，是一种寄生生物。

2. 巨型海芋

2006年8月11日，在美国纽约布鲁克林植物园，一位观众给首次盛开的珍稀和濒危的巨型海芋（*Amorphophallus titanum*）拍照。由于它开放时会散发一股类似腐尸并混合着粪便的味道，奇臭无比，因此被称为"尸花"。据了解，人类1878年在印尼的苏门答腊岛上首次发现了巨型海芋，它一天可以长1.8～2.1m，简直难以置信。

3. 白鹭花

白鹭是一种长得像鹤似的鸟，在南欧和亚洲发现有。这种巨鹭花也有同样的名字，因为它酷似飞行的白鹭。

4. 忘忧草

忘忧草也称热带猪笼草或捕虫草，是遍布亚洲的一种食肉植物。动物一旦爬进其植物中，就会落入水淋淋的陷阱里而被淹死。据悉，在印度有一种名为"*Nepenthes Tanax*"的忘忧草甚至还吃老鼠呢。

5. 蝙蝠花

老虎须（*Tacca chantrieri*）通常也称蝙蝠花，在温暖气候下生长茂盛。此幽灵般的植物主要分布在中南亚。

6. 好望角茅膏菜

开普茅膏菜俗称好望角茅膏菜，是生长在南非的食肉植物，它的茎通常会长到几厘米高，上面长着细长的叶子。这种植物上会渐渐开出许多诱人的花朵和黏性触须，坚定不移地等候猎物的到来。此特别植物原产于南非的好望角省。

7. 树木扼杀者

真是名副其实，这种扼杀树木的无花果植物将自己缠绕在树木上，直达树冠，以此来获取阳光。其根还会挤压树干，切断树木营养物质的流动。

8. 维纳斯捕蝇草

维纳斯捕蝇草是几种能快速运动的植物之一。此植物等待其美味的到来，一旦昆虫进入其陷阱之后，它就会猛然地闭合。

9. 银扇草

银扇草因其果荚形状酷似钱币，故有金钱花、大金币草之称，在欧洲到处都有。它因其透明的种子夹又被称作"年度忠实"。

10. 龙海芋

龙海芋（*Dracuunculus vulgaris*），其中心主茎上长有深紫色花，直立的花茎周围长有较大的绿叶子，叶子上有白色叶脉。

【实训提纲】

1. 实训目标

（1）每次实训选取5~8个科，通过对各科代表植物的观察，掌握其识别要点，总结重要科、属的特征。

（2）熟悉常见园林植物的观赏特性、习性及应用，巩固课堂所学知识。

（3）学会利用植物检索表、植物志等工具书鉴定植物。

（4）要求能正确识别及应用常见乔木80种、灌木50种、藤本10种、竹子10种。

2. 实训内容

（1）由教师指导识别植物或学生通过工具书鉴定植物。

（2）学生5~6人一组，通过观察分析并对照相关专业书籍，记载树木的主要识别特征，并写出树木的中名、学名及科属名。

（3）从树木形态美的角度去观察树木，记载其观赏部位、最佳观赏时期及园林应用的模式。

（4）在室外，观察树木的整体和细部形貌、生境和生长发育表现以及应用形式等，并将室内树木局部的形态观察与室外树木整体的观察相结合，进一步掌握树木的识别特征、观赏特性、习性及应用。

3. 考核评价

（1）考核内容：常见植物的识别。

（2）考核要求：说出树木中文通用名称、分类科属、主要识别特征及应用。

（3）考核方式和时限：实物考核、考核植物由教师决定，每人五种，8分钟内完成教师提出的问题。

（4）考核地点：校园内或植物园进行。

（5）技能考核成绩占学期成绩评定的比重：学期成绩以期末理论考试成绩和技能考核成绩综合评定，各占50%。

第 5 章 草本园林植物

内容提要：

草本园林植物主要是一些园林常见的草花，相比于其他植物来讲具有属、种众多，习性多样，生态条件复杂等特点。常用的分类方法是按花卉的生态习性和生活型分类的，可分为一、二年生花卉、宿根花卉及球根花卉等。本章将介绍一些主要园林草花的识别要点、分布、习性及园林上的应用。

学习目标：

了解掌握常见草本园林植物的形态特征、分布、习性，重点掌握各种花卉的观赏特点，为在园林建设中，更好地应用各种园林植物打下基础。

5.1 一、二年生花卉

5.1.1 定义与特点

5.1.1.1 一年生花卉

一年生花卉（Annual plant）是指在一个生长季内完成全部生活史的花卉。一般春季播种，夏季开花结实，入冬前死亡，故又称春播花卉。如鸡冠花、百日草、半枝莲、凤仙花、万寿菊、翠菊、波斯菊等。另外园艺上部分多年生草本花卉也多作一年生栽培，如一串红、矮牵牛、金鱼草、紫茉莉、藿香蓟、旱金莲等。

一年生花卉一般不耐寒，多为短日性花卉，依其对温度的要求不同可分为三种类型，即耐寒、半耐寒和不耐寒型。耐寒型花卉多产于温带，可耐轻霜冻，在低温下还可以继续生长；半耐寒型花卉遇霜冻受害甚至死亡；不耐寒型花卉一般原产于热带地区，遇霜冻立。

5.1.1.2 二年生花卉

二年生花卉（Biennial plant）指在两个生长季内完成生活史的花卉。一般秋季播种后第一年仅形成营养器官，次年春、夏季开花结实后死亡，故又称秋播花卉。典型的二年生花卉如美国石竹、紫罗兰、桂竹香、风凌草等，另有部分多年生草本花卉亦作二年生栽培，如蜀葵、三色堇、瓜叶菊、雏菊、金盏菊等。

二年生花卉的耐寒能力一般较强，部分可耐 0℃以下的低温，但不耐高温，多为长日性花卉。

5.1.1.3 一年生和二年生花卉的特点

一年生和二年生花卉的生长周期短，繁殖容易，多采用种子来繁殖，可以大面积使用，拥有见效快的优点，而且一、二年生花卉从播种到开花所需时间短，花期也相对集中。但也存在管理繁琐，以及用工时间比较多的特点。

一、二年生花卉适应性强，组合方便，部分花卉花期长，是布置花坛、花境、园林装饰的良好材料，部分种类还可用作切花、盆栽观赏，是园林绿化、美化、庭院及节日布展的重要材料，也是美化生活所不可缺少的花材。

5.1.2 主要一、二年生花卉

1. 一串红（见图 5-1-1）

植物名称： 一串红（别名：爆竹红、墙下红）

拉 丁 名： *Salvia splendens*

图 5-1-1 一串红

科　　属：唇形科 鼠尾草属

（1）形态特征。

多年生草本或灌木，常作一年生栽培。茎直立，四棱基部木质化，株高 30～90cm。叶片卵圆形或三角状卵圆形，对生、有柄，缘有锯齿。总状花序顶生，苞片卵圆形，花前包裹花蕾，花萼钟状，2 唇，宿存，花冠筒长 4cm，萼片与花冠均为鲜红色，花期 8—10 月。小坚果卵形，浅褐色。

（2）分布习性。

1）分布：原产于南美巴西，现世界各地广泛栽培。

2）习性：喜阳光充足及温暖湿润气候，宜肥沃、疏松及排水良好的沙质壤土；不耐寒，10℃以下叶片易变黄脱落，也不甚耐热，超过 30℃时则花、叶变小，适宜生长气温为 20～25℃。

（3）园林用途。

一串红植株紧密，开花时覆盖全株，常用于布置花坛、花丛、花境；大面积片植观赏效果良好，也可以盆栽或作切花材料。

2. 彩叶草（见图 5-1-2）

植物名称：彩叶草（别名：洋紫苏、锦紫苏）

拉 丁 名：*Coleus blumei*

科　　属：唇形科 鞘蕊花属

（1）形态特征。

多年生草本作一、二年生栽培。茎直立，高可达 1m，少分枝，茎四棱形。叶对生，卵圆形，先端渐尖或有尖尾，边缘有圆锯齿或有细锯齿，叶面绿色，具黄、红、紫灯斑纹。顶生总状花序，有分枝，花小，淡蓝色或白色。花期 8—9 月。小坚果平滑。

图 5-1-2 彩叶草

（2）分布习性。

1）分布：原产于印度尼西亚，现世界各地广泛栽培。

2）习性：性喜阳光充足及温暖湿润气候，土壤要求疏松、肥沃，不耐寒，越冬温度在 12℃以上。

（3）园林用途。

彩叶草为常见的观叶植物，常作花坛栽植，或作路边镶边材料，草坪点缀，也可盆栽，切叶可作花篮材料。

图 5-1-3 万寿菊

3. 万寿菊（见图 5-1-3）

植物名称：万寿菊（别名：臭芙蓉、蜂窝菊）

拉 丁 名：*Tagetes erecta*

科　　属：菊科 万寿菊属

（1）形态特征。

一年生草本，株高 30～90cm。茎光滑粗壮；叶对生或互生，长 12～15cm，顶端尖锐，叶缘背面有油腺点，全叶油臭味。头状花序单生，花黄色或橘黄色，径 5～12cm，舌状花有长爪，边缘常皱曲，花序梗上部膨大。花色丰富，有乳白、黄、橙至橙红乃至复色等深浅不一，花型变化大。

果为瘦果，黑色。花期6—10月。种子寿命3~4年。

（2）分布习性。

1）分布：原产于南美墨西哥及中美洲地区，现世界各地广泛栽培。

2）习性：喜温暖、阳光充足，适应性强，不耐寒，稍耐早霜和半荫，较耐干旱；在多湿、酷暑下生长不良，抗性强，对土壤要求不严，耐移植；病虫害少。

（3）园林用途。

万寿菊花大色艳，花期长，中矮茎品种是北方花坛的主要花卉之一。高茎品种可作花境，作为其他花卉的背景材料，还可作切花，水养持久。

4. 瓜叶菊（见图5-1-4）

植物名称：瓜叶菊（别名：千日莲）

拉丁名：*Cineraria hybridus*（*Cineraria cruenta*）

科　属：菊科　瓜叶菊属

（1）形态特征。

多年生草本作一、二年生栽培，全株密被柔毛，茎直立，高矮不一。叶具长柄，心状卵形，硕大似瓜叶，表面浓绿，背面洒紫红色晕。头状花序，形成伞房状花丛，花序径3.5~12cm，花色除黄色外还有红、粉、白、蓝、紫等色或具不同色彩的环纹和斑点。瘦果黑色，种子状，具冠毛，椭圆形，千粒重约0.19g。

图5-1-4　瓜叶菊

（2）分布习性。

1）分布：由原产于加那利群岛的Senecio cruenta（Cineraria cruenta）和马德拉群岛以及地中海产的几个种类杂交而成，实际上是一个多祖先的"人工种"。目前在世界各地温室中广为栽培。

2）习性：喜温暖湿润气候，不耐寒冷、酷暑与干燥，生长室温在12~15℃；生长期要求光线充足，日照长短与花芽分化无关，但花芽形成后长日照可促使提早开花；花期从12月至次年4月，种子5月下旬成熟。

（3）园林用途。

瓜叶菊花型花色丰富多彩，花期长，常作为盆花布置于厅堂会场等室内，也是制作花环、花篮的好材料；温暖地区还可布置花坛、花境。

图5-1-5　百日草

5. 百日草（见图5-1-5）

植物名称：百日草（别名：节节高、步步高）

拉丁名：*Zinnia elegans*

科　属：菊科　百日草属

（1）形态特征。

一年生草本，株高15~100cm，全株被短毛。茎直立粗壮，侧枝成叉状分生。叶对生，全缘，长4~15cm，披针形、卵形或长椭圆形，基部抱茎。头状花序单生枝顶，茎4~15cm，总苞多层。筒状花黄或橙色，如舌状花有除蓝色以外的各种花色，如白、黄、粉红、红、紫色、黄绿灯色。花期6—10月。瘦果扁平，种子千粒重4~10g。

（2）分布习性。

1）分布：原产于墨西哥，现世界各地广泛栽培。

2）习性：性强健而喜光照，要求肥沃而排水良好的土壤，若土壤贫瘠或过于干旱，花朵则显著减少，且花色不良而花茎也小；忌酷暑，耐早霜，略耐高温。

（3）园林用途。

百日草生长迅速、花期长、花色繁多而艳丽，是炎夏园林中的优良花卉，可作花坛、花境栽植；株丛紧凑、低矮的品种可以作边缘花卉；高型品种作切花水养持久。

6. 藿香蓟（见图5-1-6）

植物名称：藿香蓟（别名：胜红蓟、蓝翠球）

拉 丁 名：*Ageratum conyzoides*

科　　属：菊科　藿香蓟属

图5-1-6　藿香蓟

（1）形态特征。

茎基部分多枝，株丛紧密，株高15～100cm。头状花序小，璎珞状，密生枝顶，由多数筒状小花成聚伞状着生。花朵质感细腻柔软，花色淡雅，有蓝色、粉白色，花期从初夏到晚秋不断。

（2）分布习性。

1）分布：原产于热带美洲，现广泛栽培。

2）习性：喜温暖湿润的环境，不耐旱；喜日照充足，直射光有利于开花；过分湿润和氮肥过多则开花不良；对土壤要求不严，适应性强，能自播繁衍；分枝能力强，耐修剪，修剪后能迅速开花。

（3）园林用途。

藿香蓟花朵繁多、色彩淡雅、株丛有良好的覆盖效果，可作毛毡花坛，也是良好的地被植物，适宜花丛、花群、花带或小径沿边种植，还可用于岩石园和盆栽。

7. 金盏菊（见图5-1-7）

植物名称：金盏菊（别名：金盏花、长生花）

拉 丁 名：*Calendula officinalis*

科　　属：菊科　金盏菊属

（1）形态特征。

一、二年生草本植物，株高25～60cm，全株被软腺毛，多分枝。叶互生，长圆至长圆倒卵形，基部抱茎。头状花序单生，径约10cm，总梗粗壮，舌状花乳黄或橘红色，夜间闭合。栽培中有单瓣、重瓣和矮生，乳白、淡黄、金黄、橙红等变化，花期春季。

图5-1-7　金盏菊

（2）分布习性。

1）分布：原产于地中海至伊朗，现广泛栽培。

2）习性：性喜凉爽湿润，较耐寒，小苗能抗-9℃，但大苗易遭冻害；喜阳光充足，适应性强；对土壤要求不严，耐瘠薄土壤，但以疏松肥沃、排水良好、略含石灰质的土壤为好，偶有自播繁衍力。

（3）园林用途。

金盏菊花色鲜艳夺目，花期又早，是冬春花坛、花境的主要花卉，也可盆栽或作切花。

8. 波斯菊（见图5-1-8）

植物名称：波斯菊（别名：秋英、扫帚梅）

拉　丁　名：*Cosmos bipinnatus*

科　　　属：菊科 秋英属

（1）形态特征。

茎纤细而直立，株高120～200cm，株丛开展。叶对生，羽状全裂。头状花序顶生或腋生，总梗长，花序直径5～10cm，管状花明显。花色有白、粉红、红、深红、黄等色。短日照花卉，花期从8月至霜降。

（2）分布习性。

1）分布：原产于南欧，现世界各地广泛栽培。

2）习性：喜温暖，不耐寒，忌酷热，喜光；耐干旱瘠薄，喜排水良好的砂质土壤，肥水过的则茎叶徒长而少花，易倒伏；忌大风，宜种背风处。

图5-1-8　波斯菊

（3）园林用途。

波斯菊植株高大、花朵轻盈艳丽、开花繁茂自然，有较强的自播能力，片植有野生自然情趣；也可于道路两侧作花境、花篱和基础栽植；还可作切花。

9. 雏菊（见图5-1-9）

植物名称：雏菊（别名：延命菊、春菊）

拉　丁　名：*Bellis perennis*

科　　　属：菊科 雏菊属

图5-1-9　雏菊

（1）形态特征。

多年生草本作一、二年生花卉栽培。植株低矮，株高7～20cm。叶基部簇生，匙形或倒卵形，边缘具皱齿。头状花序单生，直径3～5cm，花葶自叶丛中抽出，长10～15cm，可抽出多数花葶。花色有白、粉、玫瑰红、紫、洒金等。花期春季，瘦果种子状扁平。

（2）分布习性。

1）分布：原产于西欧、地中海沿岸、北非和西亚，现世界各地广泛栽培。

2）习性：喜冷凉，较耐寒，不耐炎热，炎夏极易枯死；喜全日照，也耐阴；对土壤要求不严，但以疏松肥沃、湿润、排水良好的砂质土壤为好；不耐水湿，喜水，喜肥。

（3）园林用途。

雏菊植株娇小玲珑、花色丰富，为春季花坛常用花材，也是优良的花带和花境花卉，还可用于岩石园。

10. 鸡冠花（见图5-1-10）

植物名称：鸡冠花（别名：鸡冠）

拉　丁　名：*Celosia cristata L.*

科　　　属：苋科 青葙属

（1）形态特征。

一年生草本，株高50～90cm，茎粗壮直立，光滑具棱，少分枝。叶互生，全缘或有缺刻，长卵形或卵状披

图 5-1-10 鸡冠花

针形。花序扁平,顶生或腋生鸡冠状。花期夏、秋至"霜降"。花色有红、紫红、棕红、橙红、淡红、火红、金黄、淡黄及白等,丰富多彩。栽培品种很多:有早花种、晚花种,有矮生型,其高仅 10~15cm,中生型及高生型等各种不同花型花色系列,还有适宜作切花用的品种。

(2)分布习性。

1)分布:原产于非洲、美洲热带和印度,现世界各地广泛栽培。

2)习性:喜阳光充足、炎热和空气干燥的环境;忌积水,较耐旱,不耐寒,怕霜冻,短日照下能诱导开花;适宜土层深厚、肥沃、湿润、弱酸性土壤;种子可自播,种子生活力可保持 4~5 年。

(3)园林用途。

高茎品种可用于花境、花坛中心或作切花;矮生品种适宜花坛、草地镶边与盆栽。花序与种子可入药,有止血与止泻等功效。

11. 千日红(见图 5-1-11)

植物名称:千日红(别名:火球、千日草)

拉 丁 名:*Comphrena globosa L*

科　　属:苋科 千日红属

(1)形态特征。

茎直立,株高 20~60cm,上部多分枝;叶对生,椭圆形至倒卵形;头状花序球形,1~3 个着生于枝顶,有长总花梗,花小密生,每花有小苞片 2 个,苞片膜质有光泽,紫红色,干后不凋,色泽不褪。花色有紫红色、橙黄色、白色等。花期从 7 月初至"霜降"。

图 5-1-11 千日红

(2)分布习性。

1)分布:原产于印度及南美,现世界各地广泛栽培。

2)习性:喜炎热干燥气候,不耐寒;喜阳光充足;性强健,不择土壤。

3)园林用途。

千日红植株低矮、花繁色浓,是花坛的好材料,也适宜于花境应用。球状花主要由膜质苞片组成,干后不凋,是良好的自然干花材料。采集开放程度不同的千日红,插于瓶中观赏,宛若繁星点点,灿烂多姿。千日红对氟化氢敏感,是氟化氢的监测植物。

12. 五色苋(见图 5-1-12)

植物名称:五色苋(别名:五色草、锦绣苋)

拉 丁 名:*Alternanthera bettzickiana*

科　　属:苋科 虾钳菜属

(1)形态特征。

多年生草本作一、二年栽培,茎直立或基部匍匐,高约 15~40cm,分枝呈密丛状,节膨大。叶对生,长圆倒卵状披针形或匙形,全缘,绿色或红色,或部分绿色杂以红色或黄色斑纹。头状花序腋生或顶生,2~5 个丛生,无花瓣。

（2）分布习性。

1）分布：原产于南美，现世界各地广泛栽培。

2）习性：夏季喜凉爽气候，高温高湿则生长不良；冬季要求温暖，宜在15℃的温室中越冬。生长期要求阳光充足，土壤湿润、排水良好。

（3）园林用途。

五色苋植株低矮、分枝性强、耐修剪；最适用于模纹花坛，可用不同的色彩配置成各种花纹、图案、文字等平面或立体的景象；也可用于花境和花坛边缘及岩石园。

13. 三色苋（见图5-1-13）

植物名称：三色苋（别名：雁来红）

拉 丁 名：*Amaranthus tricolor*

科　　属：苋科 苋属

图 5-1-12　五色苋

（1）形态特征。

一年生草本，植株高大，株高100~150cm，直立，少分枝。叶大，卵状椭圆至披针形，基部暗紫色，入秋顶叶及中下部叶变为红、橙、黄色相间，为主要观赏部位；花密集成圆球形花簇，腋生或顶生成穗状花序。花期夏末秋初。自播能力很强。

（2）分布习性。

1）分布：原产于亚洲热带、印度，现世界各地广泛栽培。

2）习性：不耐寒，喜阳光充足；喜疏松肥沃、排水良好的土壤；耐碱，忌湿热，怕涝，耐旱。

（3）园林用途。

三色苋植株高大、秋季枝叶艳丽、高低差异大，有自然之趣味；宜作花丛、花群自然丛植，或作花境的背景材料，亦可盆栽或作切花。

14. 三色堇（见图5-1-14）

植物名称：三色堇（别名：蝴蝶花、猫脸花）

拉 丁 名：*Viola tricolor* var. *hortensis*

科　　属：堇菜科 堇菜属

图 5-1-13　三色苋

图 5-1-14　三色堇

（1）形态特征。

多年生草本作一年生栽培，株高10～30cm。叶多基生，卵圆形，茎生叶长卵圆形，叶缘有整齐的钝锯齿；花顶生或腋生，立于叶丛之上，两侧对称，通常一花具紫、黄、白三色，花瓣5枚，图案酷似猫脸。花单色或复色，有黄、蓝、白、褐、红等色。花期冬春季。园艺品种极多，在花形、大小、色彩等性状上均与原种大不相同。

（2）分布习性。

1）分布：原产于欧洲，现世界各地广泛栽培。

2）习性：喜冷凉，较耐寒，忌高温多湿；喜光，略耐半阴；要求肥沃湿润的黏质土壤。

（3）园林用途。

三色堇株型低矮、花色浓艳、花小巧而有丝质光泽，美丽叶丛上的花朵随风摇动，似蝴蝶翩翩飞舞，在阳光下非常耀眼，是优良的花坛和边缘花卉，还可盆栽观赏。

图5-1-15 凤仙花

15.凤仙花（见图5-1-15）

植物名称：凤仙花（别名：指甲花、急性子）

拉丁名：*Impatiens balsamina*

科　　属：凤仙花科 凤仙花属

（1）形态特征。

株高20～80cm，茎直立肉质，光滑有分枝，浅绿色或具红色晕纹。叶互生，有长柄，阔披针形，缘具细齿，叶柄两侧具腺体。花单生或数朵簇生于上部叶腋。花色有紫红、朱红、玫瑰红、雪青、白色及杂色，有时瓣上具条纹和斑点。花期7—9月。

（2）分布习性。

1）分布：凤仙花原产于中国南部、印度和马来西亚，现世界各地广泛栽培。

2）习性：喜温暖，不耐寒，怕霜冻，不耐热，生长适温15～25℃；喜阳光充足，也耐半阴；对土壤适应性强，适宜湿润、肥沃、深厚、排水良好的微酸性土壤，不耐干旱；具有自播能力。

（3）园林用途。

凤仙花是中国民间栽培已久的草花之一，花瓣可用来涂染指甲。因其分枝多、花团锦簇、花期持久、色彩艳丽，是花坛、花境的好材料，也可作花丛和花群栽植，高型品种可栽在篱边庭前，矮型品种可盆栽。凤仙花也是氟化氢的监测植物。

16.地肤（见图5-1-16）

植物名称：地肤（别名：扫帚草、孔雀松）

拉丁名：*Kochia scoparia*（L）Schrad

科　　属：藜科 地肤属

（1）形态特征。

株丛紧密，卵圆至圆球形，全株草绿色，株高50～150cm。主茎木质化，分枝多而纤细。叶线形，稠密。秋季全株成紫红色。主要观赏株形和嫩绿色茎叶。整个生长季均为观赏期。

图5-1-16 地肤

（2）分布习性。

1）分布：原产于欧、亚两洲，我国北方多见野生，现世界各地广泛栽培。

2）习性：喜温暖，不耐寒，极耐炎热，喜光；耐干旱、瘠薄和盐碱，对土壤要求不严；极易自播繁殖。

（3）园林用途。

地肤外形整齐耐修剪，叶纤细、嫩绿，入秋泛红，可用作花坛材料、自然式丛植和绿篱。种子含油量15%，可供食用和工业用。全株和种子可入药，有清热利尿功效。嫩茎叶可食用。

17. 红蓼（见图5-1-17）

植物名称：红蓼（别名：东方蓼、狗尾巴花）

拉 丁 名：*Celosia cristata L.*

科   属：蓼科 蓼属

（1）形态特征。

一年生大型草本，株高1～3m，茎直立，中空，多分枝，全株密被粗长毛。叶大，互生，阔卵形或卵状披针形，长10～20cm，宽6～12cm，先端渐尖，基部浑圆或稍呈心形，全缘；托叶鞘筒状，下部膜质，褐色，上部革质，绿色有缘毛。总状花序顶生或腋生，柔软下垂如穗状。小花粉红或玫瑰红色。花期7—9月，多生于水边。

图5-1-17 红蓼

（2）分布习性。

1）分布：原产于澳大利亚及亚洲。我国东北地区以及河北、山东、安徽、江苏、江西、湖北、云南、四川等地均有分布，现世界各地广泛栽培。

2）习性：适应性很强，耐土质贫瘠，但以在土层深厚而肥沃的土壤中生长为最好，喜阳光及水旁湿地生长。

（3）园林用途。

红蓼花穗大，每逢开花季节粉红的花序随风摇曳，惹人喜爱。可用来美化村庄、门前或庭院，亦可与其他低矮观赏植物相间种植，或可作插花装饰。

18. 花菱草（见图5-1-18）

植物名称：花菱草（别名：金英花、人参花）

拉 丁 名：*Eschscholtzia Californica*

科   属：罂粟科 花菱草属

图5-1-18 花菱草

（1）形态特征。

多年生草本作一、二年生栽培，株高30～60cm，被白粉，全株呈灰绿色。叶互生，多回三出羽状深裂至全裂。花顶生长梗端，径5～7cm，花瓣4个，易脱落。亮鲜黄色，也有杏黄、橙红、玫瑰红、淡粉红、乳白、猩红、玫红等色及半重瓣、重瓣品种。花期春夏。花朵在充足的阳光下开放，阴天及夜晚闭合。蒴果细长，种子椭圆状球形，果熟期7月。

（2）分布习性。

1）分布：原产于美国加州，现世界各地广泛栽培。

2）习性：喜冷凉、干燥的气候和疏松肥沃、排水良好的沙质壤土；忌高温，水涝。

（3）园林用途。

花菱草枝叶细密灰绿，花朵色泽鲜艳丰富，为优良的花带、花境材料，盆栽亦十分美丽。

19. 虞美人（见图5-1-19）

植物名称：虞美人（别名：丽春花、舞草）

拉　丁　名：*Papaver rhoeas L.*

科　　属：罂粟科 罂粟属

（1）形态特征。

一、二年生草本，有白色乳汁，全株被粗糙短毛，茎直立细长，株高30～70cm。叶互生，羽状分裂，裂片线状披针形，缘具缺刻，有柄，质感柔中有刚，鲜绿色。花冠浅杯状；花瓣基部常具黑斑，花瓣4个，近圆形，长约3.5cm，薄而有光泽。有白、粉红、红、紫红及复色。雄蕊多数，雌蕊由多心皮组成。有半重瓣及重瓣品种。花期4—7月，果期6—8月。蒴果无毛，倒卵形，长约2cm，顶孔裂，种子细小极多。

（2）分布习性。

1）分布：原产于欧洲中部及亚洲东北部，现世界各地广泛栽培。

图5-1-19　虞美人

2）习性：性喜冷凉，忌高温，生长发育适温5～25℃，春、夏温度高地区花期缩短；昼夜温差大、夜温低时有利于生长开花，在高海拔山区生长好、花色更艳丽；土层深厚、肥沃、排水良好处生长开花最好；能自播繁衍；直根性、不耐移植；忌连作与积水。

（3）园林用途。

虞美人花大色艳，一朵花虽仅开1～2天，但整株蕾多，花期可达1个月以上，是晚春至初夏园林绿地优良草本花卉，宜植于花坛、花境，片植丛植林缘草地，亦可盆栽或作切花。剪取切花后，用微火烤其切口，可延长瓶插期。

20. 羽衣甘蓝（见图5-1-20）

植物名称：羽衣甘蓝（别名：叶牡丹、花叶甘蓝）

拉　丁　名：*Brassica Oleracea var. acephala f. tricolor*

科　　属：十字花科 甘蓝属

（1）形态特征。

二年生草本，高30～40cm。莲座状叶丛，叶大、略肥厚，重叠着生在短茎上，被白霜。形态与叶色有多种变化，当秋冬及早春季气温低于15℃时，其中心叶片由绿色开始转变成紫红、红、玫瑰红、粉、黄、白等各种颜色，绚丽如花。总状花序，花冠十字形，开花时总状花序达1.2m。花期4—5月。果实为长角果，种子棕褐色或红褐色圆球形，果期为6月。

图5-1-20　羽衣甘蓝

（2）分布习性。

1）分布：原产于地中海及小亚细亚一带，欧美已广为栽培，现世界各地都有广泛栽培。

2）习性：喜凉爽较耐寒，可耐 –8 ~ –6℃；莲座期忌高温多湿，喜阳光充足，喜疏松肥沃的沙质土壤。

（3）园林用途。

羽衣甘蓝观赏期间叶型叶色优美艳丽，适宜布置花坛、花境或作盆栽，观叶期长，是冬、春季半耐寒观叶花材。

21. 香雪球（见图 5-1-21）

植物名称：香雪球（别名：玉蝶球、小白花）

拉 丁 名：*Lobularia maritima*

科　　属：十字花科　香雪球属

（1）形态特征。

多年生草本作一、二年栽培，植株矮小，株高 15 ~ 20cm。茎叶纤细多分枝，匍匐生长，叶互生，线形或倒披针形，被灰白色毛。总状花序顶生，着花繁密成球形。花白色或淡紫色，花冠十字形，微香。短角果球形，种子扁平。

图 5-1-21　香雪球

（2）分布习性。

1）分布：原产于欧洲和西亚，现世界各地广泛栽培。

2）习性：喜冷凉、干燥气候，稍耐寒，忌酷暑；喜阳光，又稍耐阴；对土壤要求不严，耐干旱瘠薄，忌涝；耐海边盐碱空气；能自播繁殖。

（3）园林用途。

香雪球植株低矮匍地、盛花时晶莹洁白、花质细腻、芳香而清雅，为优美的岩石园花卉，尤其是模纹花坛及花坛镶边、花境边缘布置的优良花卉，也可盆栽观赏。

22. 半枝莲（见图 5-1-22）

植物名称：半枝莲（别名：龙须牡丹、太阳花、松叶牡丹、死不了、洋马齿苋）

拉 丁 名：*Portulaca grandiflora*

科　　属：马齿苋科　马齿苋属

（1）形态特征。

一年生肉质草本，植株低矮，高 15 ~ 20cm。茎匍匐状或斜生；叶圆柱形，肉质，长达 2.5cm，互生，有时对生或簇生。花单生或数朵簇生枝顶，花茎达 3cm，单瓣或重瓣，花色丰富，有白色、淡黄色、黄色、橙色、粉红色、紫红色或具斑纹。花期 8—10 月。蒴果，种子细小，多数。

图 5-1-22　半枝莲

（2）分布习性。

1）分布：原产于南美巴西、阿根廷、乌拉圭等地，现世界各地广泛栽培。

2）习性：喜温暖向阳环境，光照不足徒长；开花少，不耐寒，耐干旱瘠薄，不耐水涝；在肥沃排水好的沙壤土上生长良好，花大而多，色艳；能自播繁衍。花在阳光下盛开，阴天光弱时，花朵常闭合或不能充分开放，但近几年已经育出全日性开花的品种，对日照敏感性差。

（3）园林用途。

半枝莲色彩丰富而鲜艳、株矮叶茂，是良好的花坛用花，可用作毛毡花坛或花境、花丛、花坛的镶边材料，也可用于窗台栽植、盆栽或吊植。

图 5-1-23 美女樱

23. 美女樱（见图 5-1-23）

植物名称：美女樱（别名：铺地马鞭草、五色梅）

拉 丁 名：*Verbena hybrida*

科　　属：马鞭草科 马鞭草属

（1）形态特征。

多年生草本作一生栽培，全株有细绒毛，植株丛生而铺覆地面，株高10～50cm。茎四棱；叶对生，长卵圆形或披针状三角形，缘具齿，深绿色。穗状花序顶生，密集呈伞房状，花小而密集，花冠漏斗状，5裂，有白、粉、红、蓝、紫等色，中间有淡黄或白色小孔。花期6—9月，蒴果9—10月。

（2）分布习性。

1）分布：原产于巴西、秘鲁、乌拉圭等热带美洲，现世界各地广泛栽培。

2）习性：喜温暖，忌高温多湿，有一定耐寒性，喜阳光充足；对土壤要求不严，但在湿润、疏松肥沃的土壤中，开花更为繁茂；能自播繁衍。

（3）园林用途。

花色丰富多彩，色泽艳丽，花期长，是重要的地被覆盖材料和夏秋季节的重要花卉，宜用不同颜色布置花坛和花境，组成色块；亦可盆栽观赏，或作悬篮垂吊，直立类型品种还可作切花。全草入药。

24. 矮牵牛（见图 5-1-24）

植物名称：矮牵牛（别名：碧冬茄、羽朝颜）

拉 丁 名：*Petunia hybrida*

科　　属：茄科 碧冬茄属

（1）形态特征。

多年生草本作一年生栽培，株高20～60cm。全株被腺毛，茎直立或侧卧。叶质柔软，对生或互生，卵形，全缘，近无柄。花单生叶腋及茎顶，单瓣者花冠漏斗形，花萼5裂，萼片披针形，重冠者花冠半球形，花茎可达15cm。花瓣变化较多，有平瓣、波状瓣及锯齿状瓣品种，花色有白、粉、红、紫、堇及镶嵌、斑纹等。花期4—10月。

图 5-1-24 矮牵牛

（2）分布习性。

1）分布：原产于南美洲，现世界各地广泛栽培。

2）习性：喜温暖，不耐寒，干热的夏季开花繁茂；喜阳光充足，耐半阴；喜疏松、排水良好及微酸性土壤，忌积水雨涝。

（3）园林用途。

矮牵牛品种繁多，色彩丰富艳丽，开花期长，园林中可应用于花坛、花境，进行片植、丛植、行植；大花盒重瓣品种盆栽观赏，也作切花。匍匐性强的品种还可作垂吊盆栽观赏。

25. 金鱼草（见图 5-1-25）

植物名称：金鱼草（别名：龙头花、龙口花、洋彩雀）

拉 丁 名：*Antirrhinum majus L.*

科　　属：玄参科 金鱼草属

（1）形态特征。

多年生草本作一、二年栽培，株高 15～120cm，茎基部木质化。叶片长圆状披针形，茎下部叶对生。总状花序顶生，长可达 25cm；花冠筒状唇形，长 3～5cm，外被绒毛，基部膨大成囊状，上唇 2 裂，下唇 3 裂。花色极多，除蓝色外，几乎都有，花期从春至秋。果熟期在花开后 1 个月。蒴果，种子极小。

（2）分布习性。

1）分布：原产于地中海沿岸及北非，现世界各地均有栽培。

2）习性：性喜凉爽气候，除个别品种不受日照长短的影响外，对日照要求高，否则开花不良，为典型长日照植物；较耐寒，可在 0～12℃下生长；喜全光照，不耐酷暑；要求肥沃、疏松及排水良好的沙壤土，耐石灰质土壤，在凉爽环境中生长健壮；种子可自播繁衍。

图 5-1-25　金鱼草

（3）园林用途。

金鱼草株形挺拔、花色浓艳丰富、花型奇特，品种多，适宜在花坛、花境、岩石园及草地边缘种植，亦可盆栽或作切花，水养持久。

26. 风铃草（见图 5-1-26）

植物名称：风铃草（别名：钟华、瓦筒花）

拉　丁　名：*Campanula medium* L.

科　　属：桔梗科　风铃草属

图 5-1-26　风铃草

（1）形态特征。

二年生草本，全株具粗毛，株高达 1.2m，茎粗壮直立，少分枝。单叶 2 型，基生叶片卵状披针形，茎生叶片对生，倒披针形，基部抱茎。总状花序顶生，花萼筒状，5 齿裂，具翻卷宽心脏形附属物；花冠钟状，边缘 5 裂，形如铃状。栽培品种极多，有白、粉、蓝及堇紫等色，有花萼瓣化和彩色重瓣与矮生变型。蒴果孔裂，种子细而多，种皮与花色一致。花期 6—8 月，果期 7—9 月。

（2）分布习性。

1）分布：原产于南欧，现世界各地广泛栽培。

2）习性：性喜温暖、向阳，耐寒性较差，忌干热；要求土壤排水良好在中性或微碱性土中均能生长良好。

（3）园林用途。

风铃草是以其花色艳丽而富于变化、小巧玲珑的钟状花，在夏季给人以凉爽的感觉，是园林中一类重要的花卉；高株形多作花境背景和切花，中矮型多用于岩石园、花坛及盆栽观赏。

27. 月见草（见图 5-1-27）

植物名称：月见草（别名：夜来香、野芝麻）

拉　丁　名：*Oenothera bienis* L.

科　　属：柳叶菜科　月见草属

图 5-1-27 月见草

（1）形态特征。

一、二年生草本，茎直立，分枝少而开展，高约 1m，全株被毛。单叶互生，叶片披针形至长圆形，边缘有浅齿，无柄。花常成对簇生于枝上部叶腋，径 4～6cm，花萼筒长 4cm，绿色，花瓣 4 个，黄色，喇叭状；傍晚开放，有清香。蒴果，种子有肋条和不规则突起。花期 6—9 月，果期 8—10 月。

（2）分布习性。

1）分布：原产于北美，我国中部、西北部有广泛栽培。

2）习性：喜光，喜昼夜间有一定温差和温润环境，不耐寒；要求肥沃，排水良好的沙质土壤。

（3）园林用途。

因花朵傍晚开放，翌日凋谢并具有芳香，故适宜布置于夜花园，也可于庭院、路边、房前屋后的间隙空地丛植。种子有较高的药用价值，植株可作牧草。

28. 紫茉莉（见图 5-1-28）

植物名称：紫茉莉（别名：地雷花、胭脂花）

拉 丁 名：*Mirabilis jalapa Linn*

科　　属：紫茉莉科 紫茉莉属

（1）形态特征。

多年生草本作一年生栽培，主根略肥大，植株开展多分枝，茎光滑，株高 30～100cm。单叶，对生，卵形或卵状三角形，先端尖。花数朵集生枝端，花冠高脚杯状，先端 5 裂，有白、黄、粉、紫、红黄相间等色；花具香味，傍晚开放至次日造成，于中午前凋谢。果实圆形，成熟后黑色，表面皱缩，形似地雷。花期 6—9 月。

图 5-1-28 紫茉莉

（2）分布习性。

1）分布：原产于美洲热带，现世界各地广泛栽培。

2）习性：喜温暖湿润的气候条件，不耐寒，冬季地上部分枯死，在中国南方冬季温暖地区，地下根系可安全越冬而成为多年生；耐炎热，在稍荫蔽处生长良好；不择土壤，喜土层深厚肥沃之地；边开花边结籽，可自播繁衍。

（3）园林用途。

紫茉莉花冠夜开昼合，夜间散发浓香。园林中用于林缘、路旁、篱边、建筑物周围丛植点缀，矮品种可盆栽。根、叶入药，种子胚乳粉可作化妆用香料粉。

29. 旱金莲（见图 5-1-29）

植物名称：旱金莲（别名：金莲花、旱荷花）

拉 丁 名：*Tropaeolum majus*

科　　属：旱金莲科 旱金莲属

（1）形态特征。

一年或多年生草本，茎细长蔓生，稍带肉质，灰绿色，光滑无毛。叶互生，近圆形，具长柄，盾状，形似莲叶而小，具 9 条主脉。花腋生，花梗长；5 枚萼片中的 1 枚向后延伸成距；花瓣 5 枚，具爪，有乳白、浅黄、橘红、深紫及红棕等深浅不一花色，或具深色网纹及斑点等复色。花期 7—9 月。

（2）分布习性。

1）分布：原产于南美洲，现广泛分布于我国各地。

2）习性：喜凉爽，但畏寒，一般能耐 0℃ 的低温，不耐热；宜栽于排水良好的沙质土壤，忌过湿或受涝；要求阳光充足的环境，温度适宜地区作多年生栽培，四季可开花。

（3）园林用途。

旱金莲花大色艳、形状奇特、花期长，叶也有较高的观赏价值。宜自然式丛植，或在灌丛间地面覆盖。利用其蔓性可在岩石园应用，使其生长于假山隙间，依石而生，别具情趣。蔓生品种也可设支架或做成花篮状供悬挂观赏。全株可入药，有清热解毒之功效。鲜株捣烂外敷，可治结膜炎和痈疖毒肿。嫩梢、花、新鲜的种子可作辛辣的调味品。

图 5-1-29　旱金莲

30. 石竹（见图 5-1-30）

植物名称：石竹（别名：中国石竹、洛阳花）

拉 丁 名：*Dianthus chinensis*

图 5-1-30　石竹

科　　属：石竹科 石竹属

（1）形态特征。

多年生草本，常作一、二年生栽培，株高 30～40cm，境簇生或直立。单叶对生，条状披针形，基部抱茎。花单生或数朵成聚伞花序，苞片 4～6 枚，花萼圆筒形，花瓣 5 片，有红、粉红及白色，先端具浅齿，稍有香味。蒴果 4 瓣裂。花期 4—5 月，果熟期 5—6 月。

（2）分布习性。

1）分布：原产于我国东北、西北、华北及长江流域一带，现国内外广为栽培。

2）习性：其性耐寒、耐干旱，不耐酷暑，夏季多生长不良或枯萎，栽培时应注意遮阴降温；喜阳光充足、干燥，通风及凉爽湿润的气候；要求肥沃、疏松、排水良好及含石灰质的壤土或沙质壤土，忌水涝，好肥。

（3）园林用途。

石竹株型低矮，茎秆似竹，叶丛青翠，花朵繁茂，此起彼伏，观赏期较长。园林中可用于花坛、花境、花台或盆栽，也可用于岩石园和草坪边缘点缀。大面积成片栽植时可作景观地被材料，切花观赏亦佳。石竹可吸收二氧化硫和氯气。全草或根入药，有清热利尿、破血通经之功效。

5.2　宿根花卉

5.2.1　定义及类型

宿根花卉（*Perennials*）是指地下器官形态未变态成球形或块状的多年生草本花卉。

在实际生产中把一些基部半木质化的亚灌木也归为此类花卉。如菊花、芍药等。宿根花卉可以分成两大类：耐寒型宿根花卉和常绿型宿根花卉。

5.2.1.1 耐寒型宿根花卉

主要原产于温带寒冷地区，冬季地上茎、叶全部枯死，地下部分进入休眠状态。大多数耐寒性种类的宿根花卉可以在中国大部分地方露地越冬，春天再萌发。如菊花、风铃草、芍药、鸢尾等。

5.2.1.2 常绿型宿根花卉

主要原产于热带、亚热带和温带暖地，冬季茎叶仍为绿色，温度低时停止生长，进入半休眠状态，温度适宜时则休眠不明显或生长稍停顿，耐寒力弱，在北方地区不能露地越冬。如君子兰、花烛、麦冬、竹芋等。

5.2.2 宿根花卉的特点

具有多年存活的地下部分，多数种类具有不同粗壮程度的主根、侧根和须根。主根和侧根可以存活多年，由根颈部的芽每年萌发形成新的地上部分开花、结实，如芍药、玉簪、飞燕草等。也有一些种类的地下部分可以继续横向延伸形成根状茎，根茎上着生须根和芽，每年由新芽形成地上部分开花、结实，如荷包牡丹、鸢尾等。

宿根花卉一般采用分株繁殖的方式，有利于保持品种特性。

一次种植多年观赏简化了种植手续，是宿根花卉在园林花坛、花境、花丛、花带、地被中广为应用的主要优点。但由于生长年限较长，植株在原地不断扩大占地面积，因此在栽培管理中有预留出适宜空间。

5.2.3 主要宿根花卉

1. 菊花（见图 5-2-1）

植物名称：菊花（别名：金英、黄花、秋菊）

拉　丁　名：*Chrysanthemum morifolium*

科　　属：菊科 菊属

图 5-2-1　菊花

（1）形态特征。

株高 20～150cm，茎直立，基部木质化，上部多分枝，枝略具棱。单叶互生，具叶柄，叶片卵形或窄长圆形，边缘有短锯齿，基部心形。头状花序顶生或腋生，总苞半球形，绿色；舌状花着生花序边缘，舌片白色、淡红色或淡紫色，无雄蕊；雌蕊 1 个；管状花位于花序中央，两性，黄色，先端 5 裂，聚药雄蕊 5 个；雌蕊 1 个，子房下位。瘦果柱状，种子小、褐色。

（2）分布习性。

1）分布：原产于我国，至今有 3000 年历史，现世界各地广泛栽培。

2）习性：适应性强，喜凉爽、较耐寒，生长适温 18～21℃，地下根茎耐旱，最忌积涝；喜地势高、土层深厚、富含腐殖质、疏松肥沃、排水良好的土壤，在微酸性至微碱性土壤中皆能生长。菊为短日照植物，于短日照条件下形成花芽并开花。

（3）园林用途。

菊花是中国的传统名花，是重要的秋季园林花卉，适于园林中的花坛、花境、花丛、花群、种植钵中应用，也是世界著名的优良盆花和切花。目前我国栽培的菊花有观赏菊和药用菊两大类。

2. 非洲菊（见图 5-2-2）

植物名称：非洲菊（别名：扶郎花、灯盏花）

拉　丁　名：*Gerbera jamesonii*

科　　属：菊科 非洲菊属

（1）形态特征。

多年生草本花卉，全株被茸毛。叶自根基簇生，长椭圆状披针形，具羽状浅裂或深裂，叶柄长12～30cm。头状花序顶生，花葶高20～60cm，花形有单瓣、重瓣或半重瓣之分，花径有大、中、小轮之分，花色变化繁多，有红、粉红、橙红、玫瑰红、黄、金黄、白紫等色。可四季开花，以春、秋两季最盛。

（2）分布习性。

1）分布：原产于非洲南部地区，现世界各地广泛栽培。

2）习性：非洲菊喜温暖湿润、空气流通、阳光充足的环境，要求肥沃、排水良好、富含腐殖质的微酸性沙质壤土，生长适温为15～25℃。

图 5-2-2　非洲菊

（3）园林用途。

园林中非洲菊的矮生品种适宜布置花境、花坛或布置专类园，或盆栽及用于镶边花饰；高型品种是世界著名切花。单花寿命可保持6～8天，是花篮、花束及瓶插装饰的重要花材。气候适宜地区终年有花。

3. 香石竹（见图5-2-3）

植物名称：香石竹（别名：康乃馨、麝香石竹）

拉　丁　名：*Dianthus caryophyllus*

科　　属：石竹科　石竹属

图 5-2-3　香石竹

（1）形态特征。

多年生宿根草本，茎直立，高60～100cm，基部半木质化。多分枝，植株灰绿色，被白粉，茎干硬而脆，节膨大。叶对生，线状披针形，全缘，基部抱茎。花单生或簇生顶端，聚散状排列；花萼长筒状，萼片5裂，广卵形；苞片交互对生，共6枚；花瓣扇形，内瓣多呈皱缩状，有不规则缺刻；雌蕊2枚，雄蕊10枚。花色丰富，有红、黄、橙、紫、粉、白等纯色系，也有带异色条纹、晕斑等变化。

（2）分布习性。

1）分布：原产于南欧、地中海北岸、法国至希腊一带，现世界各地广泛栽培。

2）习性：喜冷凉气候，但不耐寒；好腐殖质丰富、通透、排水好的肥沃黏壤土；需阳光充足才生长良好，喜空气湿度低、通风良好干燥的环境，最忌高温多湿。

（3）园林用途。

香石竹是世界五大切花之一，花朵色泽鲜艳，主要用作切花。由于其叶不甚美观，插花时常用文竹、天门冬、丝石竹等植物加以陪衬。香石竹露地栽培种，可布置花坛、也可盆栽，供室内布置观赏。花朵还可提取香精。

4. 芍药（见图5-2-4）

植物名称：芍药（别名：白芍、将离）

拉　丁　名：*Paeonia lactiflora*

科　　属：毛茛科　芍药属

（1）形态特征。

多年生宿根草本，地下具粗壮肉质纺锤形根，每年从其上发一年生的细根，在根茎部产生新芽。初生长时，

图 5-2-4 芍药

茎叶或茎红色或有紫红色晕。二回三出羽状复叶,小叶通常3深裂,全缘,椭圆形,绿色。花顶生茎上,有长花梗,花径10~20cm;花色多种,有白、黄、粉、紫、绿及混合色。蓇葖果,种子黑色。花期4—5月,果期8—9月。

(2)分布习性。

1)分布:原产于我国,除华南以外,现各地广泛栽培。

2)习性:喜冷凉,忌高温多湿,北方均可露地越冬,华南适合在高海拔地栽培;喜光、耐半阴,喜空气湿润,忌夏季酷暑;肉质根怕积水,亦肥沃、湿润及排水良好的砂质土壤,忌盐碱及低洼地。

(3)园林用途。

芍药为我国传统名花,古称"花相",其适应性强、花期长、观花效果比牡丹尤胜。可布置花境、花带或专类园,亦可驻台种植于庭院天井中;是春季重要切花,水养时间长。根入药即"白芍",有养阴、镇痛、镇痉、痛经之功效。

5. 铁线莲(见图5-2-5)

植物名称: 铁线莲(别名:番莲、威灵仙、山木通)

拉 丁 名: *Clematis florida* Thunb.

科　　属: 毛茛科 铁线莲属

(1)形态特征。

蔓性植物,茎长达1~2m,棕色或紫红色,具纵纹,节部膨大。二回三出复叶对生,小叶狭卵形至披针形,全缘,脉纹不显。花单生于叶腋,具长花梗,中下部有一对叶状苞。花开展,径5~8cm,萼片6枚,白色。雄蕊多数,紫红色。花期6—9月。

图 5-2-5 铁线莲

(2)分布习性。

1)分布:原产于中国,现世界各地广泛栽培。

2)习性:喜肥沃、排水良好的碱性壤土,忌积水或夏季干旱而不能保水的土壤。耐寒性强,可耐-20℃低温。

(3)园林用途。

铁线莲枝叶扶疏,有的花大色艳,有的由多数小花聚集成大型花序,风趣独特,是攀援绿化中不可缺少的良好材料。可种植于墙边、窗前,或依附于乔、灌木之旁,配植于假山、岩石之间。攀附于花柱、花门、篱笆之上;也可盆栽观赏。少数种类适宜作地被植物。有些铁线莲的花枝、叶枝与果枝,还可作瓶饰、切花等。

6. 萱草(见图5-2-6)

植物名称: 萱草(别名:忘忧草、宜南草)

拉 丁 名: *Hemerocallis fulva*

科　　属: 百合科 萱草属

(1)形态特征。

多年生宿根草本,具短根状茎和肉质肥大的纺锤形块根。叶基生,长带状,排成两列,长可达80cm。花茎高出叶丛,上部有分枝;圆锥花序,花茎高达1m以上,着花6~12朵,橘红色至橘黄色,阔漏斗形,花内外两轮,每轮3片。花期6—8月。

（2）分布习性。

1）分布：原产于我国南部，欧洲南部至日本均有分布，现世界各地广泛栽培。

2）习性：性强健而耐寒，对环境适应性较强，根状茎可在 -20℃低温冻土中越冬；喜光，亦耐半阴，耐干旱和低温；对土壤的适应性强，喜深厚、肥沃、湿润及排水良好的砂质土壤。

（3）园林用途。

春天萌发，叶丛美丽，花茎高出叶丛，花色艳丽，是优良的夏季园林花卉。适宜花境应用，也可丛植于路旁、篱缘、树林边，能够很好地体现田野风光，也是插花的材料。

图 5-2-6　萱草

7. 鸢尾（见图 5-2-7）

植物名称： 鸢尾（别名：蓝蝴蝶、扁竹花）

拉 丁 名： *Iris tectorum*

科　　属： 鸢尾科　鸢尾属

（1）形态特征。

多年生宿根花卉，植株低矮，地下部分有匍匐状根茎，粗短。叶基生二列，互生排列如扇形，剑形，淡绿色，薄纸质。花茎稍高出叶丛，有 1～2 分枝，着花 1～3 朵；花从 2 个苞片组成的佛焰苞内抽出，花被 6 片；外轮 3 片大而外弯，称垂瓣，具蓝紫色条纹，瓣基具褐色纹，中央有鸡冠状突起，白色带紫纹；内轮 3 片较小，多弓形直立，称旗瓣，基部收缩，色较浅；花两性，花柱三裂似花瓣状，柱头位于裂片顶部或下部，雄蕊 3 枚，贴生于外轮花被片，为扁平花柱所掩盖，子房 3 室。蒴果，有种子多枚。花期春、夏季。

（2）分布习性。

1）分布：原产于我国中部，现世界各地广泛栽培。

2）习性：适应性广，以阳光充足、排水良好、在适当充足水分的条件下生长为良好，亦能耐旱。

（3）园林用途。

主要应用在鸢尾专类园、风景园林中丛植、布置花境、草地镶边，水湿溪流、池边湖畔散植，石间路旁、岩石园台地点缀；也是重要的地被植物与切花材料。

8. 荷包牡丹（见图 5-2-8）

植物名称： 荷包牡丹（别名：铃儿草、兔儿牡丹）

图 5-2-7　鸢尾

图 5-2-8　荷包牡丹

拉丁名：*Dicentra spectabilis*

科　　属：罂粟科　荷包牡丹属

（1）形态特征。

多年生宿根花卉，株高 30～60cm。茎直立，地下茎水平生长，稍肉质。叶对生，二回三出复叶，全裂，具长柄，叶被白粉。总状花序横生，花朵着生在一侧，下垂；花型独特，萼片小而早落，4 枚花瓣交叉排成两轮，外面 2 枚粉红色，基部呈尖状，上部狭且反卷；内 2 枚狭长，近白色，花长约 3.5cm。花期 5 月。

（2）分布习性。

1）分布：原产于我国北部及日本、西伯利亚，现世界各地广泛栽培。

2）习性：耐寒，忌夏季高温，喜半阴，生长季内日光直射时，需侧向避阳，喜湿润，不耐干旱；喜疏松、湿润的土壤，在黏土中生长不良。

（3）园林用途。

植株丛生而开展，叶翠绿色，形似牡丹，但小而质细。花似小荷包，悬挂在花梗上优雅别致。荷包牡丹是花境和丛植的好材料，片植则具有自然之趣。矮生品种也可作地被或盆栽置于案头欣赏。切花可水养 3～5 天。

图 5-2-9　玉簪

9. 玉簪（见图 5-2-9）

植物名称：玉簪（别名：玉春棒）

拉丁名：*Hosta plantaginea*

科　　属：百合科　玉簪属

（1）形态特征。

多年生宿根花卉，株高 40～75cm。株丛低矮，圆浑。根状茎粗大，并生有多数须根。叶基生，簇状，具长柄，卵形至心状卵形，平行脉，叶长 15～30cm，宽 10～15cm。顶生总状花序，着花 9～15 朵，花为白色、蓝色或蓝紫色，管状漏斗形，径约 2.5～3.5cm，长 13cm。花期 6—8 月，芳香袭人，在夜间开放。

（2）分布习性。

1）分布：原产于我国及日本，现世界各地广泛栽培。

2）习性：性健壮，耐寒，耐阴，忌强烈日光直射，在浓荫通风处生长繁茂，喜土层深厚，肥沃湿润，排水良好的砂质土壤。

（3）园林用途。

玉簪是庭院中林下地被植物，是岩石园、建筑物北面庇荫处重要的绿化材料，亦可盆栽观赏，洁白花朵夜晚开放，芳香袭人；也可切取初开的花茎配以碧玉般的新叶，作切花配置，装饰成洁白素雅的瓶花，别具风格。

10. 豆瓣绿（见图 5-2-10）

植物名称：豆瓣绿（别名：椒草、翡翠椒草）

拉丁名：*Peperomia sandersii*

科　　属：胡椒科　草胡椒属

（1）形态特征。

多年生常绿草本，无主茎，高约 20～40cm。叶阔卵形或圆卵形，长 2～12cm，宽达 10cm，近肉质，光滑；叶

图 5-2-10　豆瓣绿

柄长，暗红色。花梗有分枝，与叶等长，顶生穗状花序，长7～10cm，花绿白或白色，两性，很小密集着生于花序轴上。浆果小。

（2）分布习性。

1）分布：原产于巴西，现世界各地广泛栽培。

2）习性：喜温暖湿润气候，生长适温为25℃左右，忌霜冻；宜避荫下栽培，需水较少，尤忌积水；喜肥沃排水良好土壤，以泥炭、腐叶土与砂等量配合效果较好。

（3）园林用途。

可用于微小型盆栽。植物株形或小巧玲珑，或直立挺健，叶片肉质肥厚、青翠亮泽，用于点缀案头、茶几、窗台，娇艳可爱。

11. 绿萝（见图5-2-11）

植物名称：绿萝（别名：黄金葛、魔鬼藤）

拉 丁 名：*Scindapsus aureun*

科　　属：天南星科　绿萝属

（1）形态特征。

多年生常绿蔓性草本植物，蔓长达10cm以上，节上有气生根，修剪后易萌生侧枝。叶片椭圆形或长卵心形，长约20cm，宽约10cm，绿色，全缘，光亮，叶基浅心型，叶端较尖。随着株龄增加，茎增粗，叶片也不断增大。

（2）分布习性。

1）分布：原产于马来半岛，现世界各地广泛栽培。

2）习性：性强健，喜温暖、湿润的半阴环境；生长适宜温度为白天20～28℃，夜间15～18℃，越冬温度10℃以上；忌夏季直射阳光，在明亮的散射光下，生长更好，每天光照时间以8～10h为宜；若光照不足，叶面色斑会消退；宜疏松肥沃、排水良好的土壤，也可水培。

图5-2-11　绿萝

（3）园林用途。

绿萝攀援性极强，吸附墙壁或树干生长极为繁茂，是华南地区园林中吸附墙壁垂直绿化或攀附林下的良好观叶花卉。又可作大型立柱观赏，上盆后不能换盆。盆栽适宜作大、中型立柱装饰、壁挂，也可作水瓶插或悬吊植物。

12. 海芋（见图5-2-12）

植物名称：海芋（别名：滴水观音）

拉 丁 名：*Alocasia macrorrhizos*

科　　属：天南星科　海芋属

（1）形态特征。

多年生常绿草本，茎粗壮，高3m。叶聚生茎顶，叶片卵状戟形，长15～90cm。总花梗长10～30cm，佛焰苞全长10～20cm，下部筒状，上部稍弯曲呈舟形，肉穗花序稍短于佛焰苞；雌花在下部，仅具雌蕊，子房1室；雄花在上部，具4个聚药雄蕊。

（2）分布习性。

1）分布：原产于中国华南、西南及台湾，东南亚也有分布，现世界各地广泛栽培。

图5-2-12　海芋

2）习性：喜高温、潮湿、耐阴；不宜强风吹，不宜强光照，适合大盆栽培，生长十分旺盛、壮观。

（3）园林用途。

大型观叶植物，北方多以大桶盆栽，布置大型厅堂、室内花园或热带温室，十分壮观。

13. 合果芋（见图5-2-13）

植物名称：合果芋（别名：箭叶芋、箭头藤）

拉 丁 名：*Syngonium podophyllum*

科　　属：天南星科　合果芋属

图5-2-13　合果芋

（1）形态特征。

多年生常绿攀援性草本。茎蔓生，绿色，节处有气生根，可攀附他物生长，含汁液。叶片呈二型性，互生，幼叶为单叶，长圆形，箭形或戟形；老叶为3～9掌状裂，中间裂片大型，倒卵形，叶径可达25cm，叶基部裂片两侧常着生小型耳状叶片；叶具长柄，叶鞘长；幼叶色淡，老叶深绿色。肉穗花序，佛焰苞内白或玫瑰红色，外面绿色，卷成管状，不超过肉穗花序。花期秋季。浆果成熟时橙色。

（2）分布习性。

1）分布：原产于中、南美洲热带雨林中，现世界各地广泛栽培。

2）习性：适应性强，喜高温多湿的半阴环境；不耐寒，生长适温20～28℃，要求较高的空气湿度；对光的适应幅度很宽，从全光照到阴暗的角落都可以生长，但以光线明亮处生长良好；宜种植于富含有机质、疏松肥沃、排水良好的微酸性土壤。

（3）园林用途。

合果芋最适宜作图腾柱式栽植，或立支架任其攀援。作悬垂吊盆装饰栽培的，节间会逐渐加长，叶片越来越窄，观赏效果渐差。"白蝶"合果芋耐阴性更强，最忌直射日光。长期置于房内光线差的角落，也能生长良好，是典型的室内观叶植物的上品。

14. 花烛（见图5-2-14）

植物名称：花烛（别名：红掌、安祖花、火鹤花）

拉 丁 名：*Anthurium andraeanum*

科　　属：天南星科　花烛属

（1）形态特征。

多年生附生性常绿草本植物，茎短，直立株高20～50cm。叶革质，长椭圆状心脏形，全缘，绿色；叶柄细，长于叶片。花梗从叶腋处抽生，佛焰苞宽卵圆形，肥厚，长10～15cm。脉纹明显，平展，鲜橙红色，也有粉、玫红和白色品种，肉穗花序扭曲为螺旋状，长约10cm。几乎全年开花，主要花期2—7月。

图5-2-14　花烛

（2）分布习性。

1）分布：原产于美洲热带、哥伦比亚等地，现世界各地广泛栽培。

2）习性：要求高温多湿的栽培环境，生长最适温度在20～30℃；不耐干燥，适宜的空气相对湿度为80%以上；不耐强光，全年应在弱光条件下栽培；要求排水良好的栽培基质，不耐盐碱。

（3）园林用途。

花烛佛焰苞肥厚硕大，色彩艳丽，覆有蜡层，光亮如漆；肉穗花序圆柱状，挺立于佛焰苞上，宛如彩色的烛台，十分美丽而新奇；花烛叶形秀美，全年开花不绝，切花水养期长，可达半月之久，是目前国际花卉市场上流行的高档切花；也可作大型盆栽，四季常青，繁花不断，观赏价值极高。

15. 旱伞草（见图 5-2-15）

植物名称：旱伞草（别名：伞草、水竹）

拉 丁 名：*Cyperus alternifolius*

科　　属：莎草科 莎草属

（1）形态特征。

多年生草本，株高 60～100cm。茎秆丛生，三棱形，直立无分枝。叶鞘状，秆顶有多数叶状总苞苞片，密集螺旋状排列，伞状。复伞形花序，小花穗短矩形，扁平，每边有花 6～12 朵，聚于辐射枝顶；无花被。花、果期 4—8 月。

图 5-2-15　旱伞草

（2）分布习性。

1）分布：原产于非洲马达加斯加，现世界各地广泛栽培。

2）习性：喜温暖、潮湿及通风良好的环境；耐阴性极强，不耐寒及干旱，生长期适宜温度 15～20℃，冬季最低温度不低于 5℃，要求富含有机质黏重土壤。

（3）园林用途。

冬暖之地露地丛植或片植，作湖岸浅水区水湿之地装饰，且有净水之效；北方盆栽或配以山石制作盆景，赏其优美姿态。旱伞草茎秆可供造纸。

16. 凤梨（见图 5-2-16）

植物名称：凤梨（别名：菠萝花）

拉 丁 名：*Bromeliaceae*

科　　属：凤梨科 水塔花属

（1）形态特征。

凤梨是凤梨科植物的统称，多为草本，茎短或无茎。凤梨的叶形大小不一，叶片弯垂成带状，排列成莲座状叶丛；叶色丰富多彩，有红、黄、绿、粉红、褐、紫等色，不少种类具有色彩相间的纵向条纹或横向斑带，有的叶面被覆银灰色斑粉或绒毛。花序从叶丛中央抽出，圆锥状、总状或穗状；花色有各种红、黄、紫及白色等，艳丽动人；小花生于颜色鲜亮的苞片中，苞片在开花前以及整个开花期间，颜色往往变得很鲜艳。几乎可全年开花。

（2）分布习性。

1）分布：原产于中南美洲，现世界各地广泛栽培。

2）习性：喜温暖、多湿，生长适温为 20～28℃，冬季不低于 12℃；要求疏松、透气、排水良好的土壤。

（3）园林用途。

以奇特的花朵、漂亮的花纹，使人们啧啧称奇；凤梨类花美、叶美，为优良的室内观赏植物。

图 5-2-16　凤梨

17. 天门冬（见图 5-2-17）

植物名称：天门冬（别名：天冬草、非洲天门冬、满冬）

拉　丁　名：*Asparagus cochinchinensis*

科　　属：百合科　天门冬属

（1）形态特征。

天门冬具块根，枝条从植株基部呈放射状稍斜向伸出，分枝多，叶状枝扁线形，簇生。叶鳞片状，褐色，刺状。花白色，有香气，1~3朵簇生。浆果球形，成熟时为鲜红色。花期6—8月。

（2）分布习性。

图 5-2-17　天门冬

1）分布：原产于南非，现世界各地广泛栽培。

2）习性：天门冬常用播种进行繁殖，喜温暖、湿润环境，喜半阴及肥沃的沙质土壤，忌水涝及强光直射。

（3）园林用途。

天门冬适应性强，管理粗放，易栽培，适合家庭盆栽或作会场摆设，也可作切花配材，根可入药。

18. 文竹（见图 5-2-18）

植物名称：文竹（别名：云片竹）

拉　丁　名：*Asparagus plumosus*

科　　属：百合科　天门冬属

（1）形态特征。

多年生常绿草本植物，根部稍肉质。茎细长，长可达数米，具攀援性，丛生，绿色，茎上具三角形倒刺；茎多分枝，叶状枝纤细，刚毛状，6~13枚成簇，绿色，水平排列如羽毛状。花小，两性，白色，1~4朵生于短柄上。花期夏季。浆果球形，成熟时黑色。

（2）分布习性。

1）分布：原产于非洲南部，现世界各地广泛栽培。

2）习性：喜温暖湿润环境，不耐强光和低温，亦不耐干旱；性喜肥，要求疏松肥沃、排水良好的沙壤土。

（3）园林用途。

文竹枝叶纤细、四季常青、茎干挺直、叶状枝如片片绿色薄云，错落有致，青翠秀丽，是室内品种观赏的佳品，也是插花常用的良好叶材。

图 5-2-18　文竹

19. 虎尾兰（见图 5-2-19）

植物名称：虎尾兰（别名：虎皮兰、千岁兰）

拉　丁　名：*Sansevieria trifasciata*

科　　属：百合科　虎尾兰属

（1）形态特征。

多年生草本植物，具有匍匐的根状茎，每一根状茎上长叶2~6片。叶基生，剑形，直立，厚革质，长30~120cm，基部渐狭成沟状，端部渐尖，叶两面具有明显的浅绿色和深绿色相间的云状横纹，似老虎尾巴。花葶长30~60cm，总状花序单生，花白色至淡绿色，有香味。花期春季。

（2）分布习性。

1）分布：原产于斯里兰卡及印度东部热带干旱地区，现世界各地广泛栽培。

2）习性：性强健，喜温暖、光照充足的干燥环境；不耐寒，生长适温20～30℃，冬季温度10～15℃；夏天不宜强光直射，耐半阴，较耐通风不良；宜排水良好的土壤；耐旱、耐湿、耐阴，适应性强。

（3）园林用途。

虎尾兰剑叶挺直、斑纹美观，适应性强，管理简单，是良好的室内观叶植物，布置厅堂、会场都甚相宜。尤其小型彩叶品种，小巧玲珑，斑纹醒目，是室内盆栽的珍品，可陈设于窗台、案头和几架上。叶片可作为插花的配叶，虎尾兰还是良好的纤维作物。

图5-2-19　虎尾兰

20. 一叶兰（见图5-2-20）

植物名称：一叶兰（别名：蜘蛛抱蛋、大叶万年青）

拉　丁　名：*Aspidistra elatior*

科　　属：百合科　蜘蛛抱蛋属

（1）形态特征。

多年生常绿草本植物，根状茎匍匐横卧，粗壮，节间密，并具鳞片。叶单生，革质，矩圆状披针形，顶端渐尖，基部楔形，长22～46cm，宽8～11cm，边缘皱波状，叶面有光泽；叶柄粗壮挺直。花单生短梗上，贴近土面，花被钟状，褐紫色；花期3—5月。球状浆果，成熟后果皮油亮，外形好似蜘蛛卵，靠在不规则状似蜘蛛的块茎上生长，故得名"蜘蛛抱蛋"。

（2）分布习性。

1）分布：原产于华南和西南，现世界各地广泛栽培。

2）习性：性喜温暖湿润的半阴环境，耐阴性较强，有"铁草"之称，可长期置于室内阴暗处养护；要求疏松肥沃、排水良好的沙壤土，叶较耐瘠薄。

（3）园林用途。

图5-2-20　一叶兰

一叶兰四季青翠、叶片挺拔，耐不良土壤、耐粗放管理、耐阴性极强，极适应室内栽培环境，是室内花卉装饰使用较多的观叶盆栽材料，叶片是重要的插花叶材。在中国长江以南各地区，用作半阴处的地被植物或庭园荫处散植。全草可入药。

21. 吊兰（见图5-2-21）

植物名称：吊兰（别名：挂兰、纸鹤兰）

拉　丁　名：*Chlorophytum comosum*

科　　属：百合科　吊兰属

（1）形态特征。

多年生常绿草本植物，根肉质粗壮，具短根茎。叶基生，带状，细长，拱形，全缘或稍波状，长约30cm，宽

图 5-2-21 吊兰

约 1cm。花葶从叶腋抽出，长 30~50cm，弯垂，花后变为匍匐枝；花序上部节上簇生带根的条形叶丛，可用以繁殖；总状花序，单一或分枝，小花数朵一簇，白色。四季可开花，春夏季花多。

（2）分布习性。

1）分布：原产于南非，现世界各地广泛栽培。

2）习性：喜温暖湿润的半阴环境，不耐寒，夏季忌阳光直射，生长期适温 15~25℃；要求疏松、肥沃、排水良好的土壤。

（3）园林用途。

中小型盆栽或吊盆植物。株态秀雅、叶色浓绿、走茎拱垂，是优良的室内观叶植物。也可点缀于室内山石之中。其纤细长茎拱垂，给人以轻盈飘逸、自然浪漫之感，故有"空中花卉"之美誉。室内亦可采用水培，置于玻璃容器中，以卵石固定，既可观赏花叶之姿，又能欣赏根系之态。

22. 天竺葵（见图 5-2-22）

植物名称：天竺葵（别名：洋绣球、洋葵）

拉 丁 名：*Pelargonium hortorum*

科　　属：牻牛儿苗科 天竺葵属

（1）形态特征。

多年生草本，茎肉质，老茎木质化，多分枝，茎多汁，全株密被细白毛，具特殊气味。叶互生，圆形至肾形，基部心脏形，叶缘具波状浅裂，表面或有较明显暗红色马蹄形环纹。伞形花序顶生，有长总梗；单花花瓣长约 2.5cm，花色有红、粉、白等色。花期夏季或冬季（温室）。

图 5-2-22 天竺葵

（2）分布习性。

1）分布：原产于南非，现世界各地广泛栽培。

2）习性：性喜阳光充足、温暖湿润气候及肥沃疏松土壤，耐旱怕涝。

（3）园林用途。

天竺葵是布置庭院、花坛及室内厅堂的理想材料，花期持续的时间长，可达 3 个月之久，开花犹如大彩球，花色丰富艳丽，栽培繁殖简便，颇受群众喜爱。

图 5-2-23 蜀葵

23. 蜀葵（见图 5-2-23）

植物名称：蜀葵（别名：一丈花、熟季、端午锦）

拉 丁 名：*Althaea rosea*

科　　属：锦葵科 蜀葵属

（1）形态特征。

多年生宿根花卉，茎直立可达 3m，无分枝或少分枝，全株被柔毛。叶大，互生，叶片粗糙而皱，圆心脏形，5~7 浅裂或有波状角裂，边缘锯齿，托叶 2~3 枚，离生，叶柄长 6~15cm。花大，单生叶腋或聚成顶生总状花序，花径 8~12cm，花瓣 5 枚或更多，短圆形或扇形，边缘波状而皱或齿状浅裂；花色有红、紫、褐、粉、黄、白等色，单瓣、半重瓣至重瓣。花期6—8月。

（2）分布习性。

1）分布：原产于我国四川，现世界各地广泛栽培。

2）习性：性强健，耐寒，华北地区可露地越冬；喜光，耐半阴；对土壤要求不严，喜肥沃、深厚的土壤；能自播繁殖。

（3）园林用途。

蜀葵花色丰富、花大色艳，是重要的夏季园林花卉。在建筑物前或墙垣前丛植或列植，都要很高的观赏价值；亦是优良的花境材料，在其中作竖线条的花卉。

24. 桔梗（见图5-2-24）

植物名称：桔梗（别名：僧冠帽、气球花）

拉 丁 名：*Platycodon grandiforus*

科　　属：桔梗科 桔梗属

（1）形态特征。

多年生宿根草本植物，具肥厚粗壮圆锥根。茎高30～100cm，枝铺散，有乳汁。叶互生或3枚轮生。花通常2～3朵成疏散总状花序，顶生；含苞时，花冠如僧冠，开放后花冠宽钟状，径可达6.5cm，蓝紫色，也有白花、大花、星状花、斑纹花、半重瓣花及植株高矮不同等品种。花期6—9月。与风铃草的主要区别在于蒴果顶端瓣裂。

图 5-2-24　桔梗

（2）分布习性。

1）分布：分布于我国各地，多生长于山坡、草丛间或林边沟旁，现世界各地广泛栽培。

2）习性：性喜凉爽、向阳、湿润，要求含腐殖质、排水良好的砂质土壤。

（3）园林用途。

桔梗花期长，花色美丽，适宜栽植岩石园或花坛，也可盆栽或作切花。根为镇咳、祛痰重要药材，又可制酱菜或酿酒。

25. 春兰（见图5-2-25）

植物名称：春兰（别名：草兰、山兰、朵朵香）

图 5-2-25　春兰

拉 丁 名：*Cymbidium goeringii*

科　　属：兰科 兰属

（1）形态特征。

多年生草本植物。根肉质白色。假鳞茎稍呈球形，较小。叶4～6枚集生，狭带形，叶长25～60cm，宽0.6～1.2cm，边缘有细锯齿，叶脉明显。花单生，少数两朵；花茎直立，高10～25cm，有鞘4～5片；花浅黄绿色，亦有近白色或紫色的品种，有香气。花期2—3月。

（2）分布习性。

1）分布：在我国分布广泛，长江以南山区资源丰富，栽培甚为普遍，现被世界各地广泛栽培。

2）习性：性喜温暖湿润的半阴环境；稍耐寒，忌高温、干燥、强光直射；生长适温 15～25℃；夏季需避阳，冬季要求阳光充足；宜用富含腐殖质、疏松肥沃、透气保水、排水良好的湿润土壤栽培。

（3）园林用途。

春兰在不开花时，叶态飘逸，四季常青，有"看叶胜看花"之说。开花时花容清秀、色彩淡雅、幽香四溢，其高雅的神韵耐人回味。盆栽兰花，适于室内布置观赏，还可用于插花。兰花又可熏茶、食用和药用。

26. 建兰（见图 5-2-26）

植物名称：建兰（别名：秋兰、雄兰、秋惠）

拉 丁 名：*Cymbidium ensifolium*

科　　属：兰科 兰属

（1）形态特征。

多年生草本植物。假鳞茎椭圆形，较小。叶 2～6 枚，丛生，阔线形，长 30～60cm，宽 1.2～1.7cm，有光泽，边缘无锯齿。花葶直立，高 25～35cm，着花 5～7（13）朵，浅黄绿色，花径约 5cm，有香气；萼片短圆披针形，有 3～5 条较深的脉纹，花瓣稍内弯，有紫红色条斑；唇瓣宽圆形，3 裂不明显，中裂片端钝，反卷。花期 7—10 月。

（2）分布习性。

1）分布：原产于我国东南、华南和西南等较为温暖的地区，现被世界各地广泛栽培。

2）习性：喜温暖湿润气候，喜半阴，不耐强光直射，耐寒力较春兰低；喜腐殖质丰富的微酸性土壤。

（3）园林用途。

著名观赏盆花，常设兰圃专类栽培。花可食用，熏制兰花子茶。花、叶均可入药，有止泻、滞痢之效。

图 5-2-26 建兰

27. 墨兰（见图 5-2-27）

植物名称：墨兰（别名：报岁兰、入岁兰）

拉 丁 名：*Cymbidium sinensis*

科　　属：兰科 兰属

（1）形态特征。

多年生草本植物。根长而粗壮，假鳞茎椭圆形。叶 4～5 枚，丛生，剑形，长 60～80cm，宽 2.7～4.2cm，全缘，有光泽。花葶直立，高约 60cm，高出叶面，着花 5～17 朵，萼片狭披针形，淡褐色有 5 条紫色脉，花瓣短宽而前伸，花色由浅绿褐至深褐。花期 9 月至翌年 3 月，因其在春节前开花故又称报岁兰。

（2）分布习性。

1）分布：分布于福建、台湾、广东、广西、云南等地，中南半岛、印度也有分布；墨兰在我国栽培历史悠久，品种众多。

2）习性：喜温暖湿润气候；耐寒力强；喜腐殖质丰富

图 5-2-27 墨兰

的微酸性土壤，喜半阴，不耐强光直射。

（3）园林用途。

兰花种类甚多，多数均为珍品，为我国的传统名花，是著名的盆栽观赏植物。开花时花容清秀，幽香四溢，耐人品味。

28. 薰衣草（见图 5-2-28）

植物名称：薰衣草（别名：香草、黄香草）

拉 丁 名：*lavandula pedunculata*

科　　属：唇形科 薰衣草属

（1）形态特征。

多年生草本或矮小灌木。多分枝，被星状绒毛，株高可达 1m。叶对生，线形或披针状线形，被灰色星状绒毛，叶缘反卷。轮伞花序顶生，长 15～25cm，每轮又小花 6～10 朵，花萼近管状，花序下部简状，上部唇形，上唇 2 裂，下唇 3 裂，花淡蓝色，或粉红至粉白色，花期 6 月，全株浓香。小坚果光滑。

图 5-2-28　薰衣草

（2）分布习性。

1）分布：原产于地中海地区，现被世界各地广泛栽培。

2）习性：冬季喜温暖温润，夏季宜凉爽干燥，喜阳光，要求高燥地势，肥沃、疏松及排水良好的沙质壤土，不耐高温高湿和水涝，抗寒能力较弱。

（3）园林用途。

园林中适用于在花境或沿路、墙垣成行栽种，也可在坡地、岩石园栽种，还可盆栽观赏。其枝叶丰满，花色淡雅，芳香可人。花穗含 3% 芳香挥发油，称薰衣草油，为世界重要香精原料。

29. 网纹草（见图 5-2-29）

植物名称：网纹草（别名：费通花）

拉 丁 名：*Fittonia verscha ffeltii*

科　　属：爵床科 网纹草属

（1）形态特征。

多年生常绿草，植株低矮，茎呈匍匐状，落地茎叶易生根。叶片卵形至椭圆形，十字对生，长 7～12cm，全缘；深绿色，叶脉白至深红色，叶脉网状，十分明晰，因种类不同，色泽多变，茎枝、叶柄、花梗均密被茸毛。一般春季开花，顶生穗状花序，层层苞片呈十字形对称排列，小花黄色，不显著。

图 5-2-29　网纹草

（2）分布习性。

1）分布：原产于南美哥伦比亚至秘鲁，现被世界各地广泛栽培。

2）习性：喜高温、多湿和半阴环境。怕寒冷，生长适温 18～22℃，越冬温度不低于 15℃，否则停止生长；忌干燥；怕强光，以散射光最好；要求疏松、肥沃、通气良好的砂质土壤。

（3）园林用途。

网纹草叶片花纹美丽独特，娇小别致，惹人喜爱，适合小型盆栽，点缀书桌、茶几、窗台、案头、花架等，美观雅致；也可作室内吊盆和瓶景观赏，小巧玲珑，楚楚动人。

5.3 球根花卉

5.3.1 定义与特点

5.3.1.1 球根花卉（Dulb flower）含义

指植株地下部分变态膨大，有的球根花卉在地下形成球状物或块状物，为大量贮藏养分的多年生草本花卉。

5.3.1.2 球根花卉的特点

球根花卉种类繁多，品种极为丰富，花大色艳、色彩丰富，适应性强，栽培容易、管理简便，且以球根作种源交流便利，花期容易调节，目前被广泛应用于花坛、花境、花带、岩石园或作地被、基础种植等园林布置，还是商品切花和盆花的优良材料。

球根花卉易受病毒侵染，从而导致种球退化，使开花质量明显下降，因此必须进行土壤消毒及轮作，或更换种球。另外，球根花卉一次性种球投入较大，许多球根花卉由于在中国种植历史短，缺乏栽培技术，加之这些球根花卉对本地区的生态不能很好地适应，容易导致种性的退化。

5.3.2 球根花卉的类型

5.3.2.1 按照地下变态器官的形态结构分类

1. 球茎类

地下茎短缩膨大呈实心球状或扁球形，其上有环状的节，节上着生膜质鳞叶和侧芽；球茎基部常分生多数小球茎，称子球，可用于繁殖，如唐菖蒲、小苍兰、番红花等。

2. 鳞茎类

由茎变态而成，呈圆盘状的鳞茎盘。其上着生多数肉质膨大鳞叶，整体球状，又分有皮鳞茎和无皮鳞茎。有皮鳞茎外被干膜状鳞叶，肉质鳞叶层状着生，故又名层状鳞茎，如水仙及郁金香。无皮鳞茎则不包被膜状物，肉质鳞叶片状，沿鳞茎中轴整齐抱合着生，又称片状鳞茎，如百合等。有的百合（如卷丹），地上茎叶腋处产生小鳞茎（株芽），可用于繁殖。有皮鳞茎较耐干燥，不必保湿储藏；而无皮鳞茎储藏时，必须保持适度湿润。

3. 块茎类

地下茎或地上茎膨大呈不规则实心块状或球状，上面具螺旋状排列的芽眼，无干膜质鳞叶。部分球根花卉可在块茎上方生小块茎，常用于繁殖，如马蹄莲等；而仙来客、大岩桐、球根秋海棠等，不分生小块茎；秋海棠地上茎叶腋处能产生小块茎，名零余子，可用于繁殖。

4. 根茎类

地下茎呈根状膨大、具分枝、横向生长，而在地下分布较浅，如大花美人蕉、鸢尾类和荷花等。

5. 块根类

由不定根经异常的次生生长、增生大量薄壁组织而形成，其中可储藏大量养分。块根不能萌生不定芽，繁殖时须带有能发芽的根茎部，如大丽花和花毛茛等。此外，还有过渡类型，如晚香玉其地下膨大部分既有鳞茎部分，又有块茎部分。

以上列举的鳞茎、球茎、块茎、根茎和块根等，在观赏园艺上，统称球根。

5.3.2.2 按照栽植时间分类

1. 春植球根

春种夏秋开花，然后休眠到春天。原产于夏季温暖多雨，冬季干旱或寒冷的地区。如大丽花、朱顶红、唐菖蒲、球根海棠、马蹄莲、美人蕉、晚香玉脂。

2. 秋植球根

秋季种植，冬季缓慢生长，春季抽薹开花，夏季枯萎休眠。原产于冬季温暖多雨，夏季干旱地区（如地中海地区）。如百合、郁金香、水仙、球根鸢尾、仙客来、小菖兰、风信子等。

5.3.3 主要的球根花卉

1. 百合（见图5-3-1）

植物名称：百合（别名：百合蒜、中逢花）

拉 丁 名：*Lilium spp.*

科　　属：百合科 百合属

（1）形态特征。

百合为多年生草本，无皮鳞茎扁球形，乳白色。多数百合的鳞片为披针形，无节，鳞片多为覆瓦状排列于鳞茎盘上，组成鳞茎。茎表面通常为绿色，或有棕色斑纹，或几乎全棕红色，茎通常圆柱形，无毛。叶呈螺旋状散生排列，少轮生；叶形有披针形、矩圆状披针形、椭圆形或条形等；叶无柄或具短柄，叶全缘或有小乳头状突起。花大、单生、簇生或呈总状花序，花朵直立、下垂或平伸，花色鲜艳；花被片6枚，2轮，离生，常有靠合而成钟形、喇叭形。花有白、黄、粉、红等多种颜色。雄蕊6枚，花丝细长。蒴果3室，种子扁平。

图5-3-1　百合

（2）分布习性。

1）分布：中国是主要的原产地，现为世界各地广泛栽培。

2）习性：百合大多数性喜冷凉、湿润气候，耐寒，耐热力则较差，要求半阴的环境，要求土壤具有极丰富的腐殖质和良好的排水条件，喜微酸性土壤，少数百合品种能耐适度的石灰质土壤和碱性土壤，适宜pH值为5.5～7.5，忌土壤高盐分。

（3）园林用途。

百合花色彩艳丽丰富，有色有香，具有"百事合意、百年好合"及"圣洁"之意，深受世界各国人民的喜爱。在园林中宜片植疏林、草地或布置花境，商业栽培常作鲜切花或盆栽观赏。另外百合鳞茎多可食用或药用，有些百合花还可提取芳香油。

2. 郁金香（见图5-3-2）

植物名称：郁金香（别名：洋荷花、草麝香）

拉 丁 名：*Tulipa gesneriana*

科　　属：百合科 郁金香属

（1）形态特征。

郁金香为多年草本花卉，鳞茎卵球形，具褐色或棕色皮膜。茎、叶光滑，被白粉。叶3～5枚，披针形至卵状披针形。花单生茎顶，大型，形状多样；花被片6枚，离生，有白、黄、橙、红、紫红等各单色或复色，并有条纹、重瓣品种。雄蕊6枚，花药基部着生，紫色、黑色或黄色；子房3室；柱头短，3裂，外曲。种子扁平，花期4—5月。

图5-3-2　郁金香

（2）分布习性。

1）分布：原产于地中海沿岸、中叶细亚、土耳其、中亚为分布中心。荷兰被称为郁金香王国，是世界上最大的郁金香和种球生产基地。

2）习性：郁金香喜冬季温暖湿润、夏季凉爽干燥且阳光充足的环境，要求土壤是富含腐殖质、排水良好的沙质土壤，最忌低湿黏重的土壤；郁金香为典型的秋植球根花卉，耐寒性较强，可耐 –35℃的低温。

（3）园林用途。

郁金香为花中皇后，是最重要的春季球根花卉。它花型高雅、花色丰富、开花非常整齐，令人陶醉，是优秀的花坛或花境花卉；从植草坪、林缘、灌木间、小溪边、岩石旁都很美丽，也是种植钵的美丽花卉；还是切花的优良材料及早春重要的盆花。中矮品种可盆栽，点缀室内环境。

3. 风信子（见图5-3-3）

植物名称： 风信子（别名：洋水仙、五色水仙）

拉 丁 名： *Hyacinthus orientalis*

科　　属： 百合科 风信子属

图 5-3-3 风信子

（1）形态特征。

多年生草本。鳞茎球形，皮膜白、蓝、紫、粉色，具光泽，常与花色相关。叶4~8枚，带状或披针形，质厚，长15~30cm，先端钝圆。花茎中空，略高于叶，高约20~45cm，总状花序上部密生小钟状花10~20朵，花长2.5cm，横向下垂，单瓣或重瓣，芳香。花期春季。

（2）分布习性。

1）分布：原产于南欧，地中海东部沿岸及小叶细亚。现为世界各地广为栽培。

2）习性：风信子喜凉爽、湿润和阳光充足环境；要求排水良好和肥沃的沙壤土；较耐寒。

（3）园林用途。

风信子植株低矮整齐，花色丰富，花枝秀丽，优美且具芳香，为著名秋植球茎花卉，可栽植毛毡花坛或布置林缘、草坪、花境及小径旁，又可盆栽观赏。

4. 虎眼万年青（见图5-3-4）

植物名称： 虎眼万年青（别名：鸟乳花）

拉 丁 名： *Ornirthogalum caudatum Ait.*

科　　属： 百合科 虎眼万年青属

（1）形态特征。

多年生草本。具卵圆状淡灰绿色大鳞茎，茎可达10cm。叶5~6枚，带状，先端具长尖，长可达60cm，近肉质。花莛粗壮，长约1m，长总状花序具小花50~60朵，边开放边伸长，花星型，茎2.5cm，花被片白色，中间有一条绿色带。花期夏季。

图 5-3-4 虎眼万年青

（2）分布习性。

1）分布：原产于南非，欧、亚、非广为分布。

2）习性：喜阳光或部分阴蔽；忌过强阳光，要求排水良好的土壤，不耐寒。

（3）园林用途。

虎眼万年青既耐半阴又耐干旱，适宜北方室内布置，观其大型淡绿色鳞茎和常绿叶丛。

5. 大花葱（见图5-3-5）

植物名称：大花葱（别名：巨葱、高葱、硕葱）

拉 丁 名：*Allium giganteum*

科　　属：百合科 葱属

（1）形态特征。

大花葱为多年生草本花卉，叶灰绿色，长达60cm。叶片出土后35～45天，花莛从叶丛中抽出，伞形花序呈大圆球形，直径可达15cm以上；小花多达上千朵；桃红色。花期5—7月。

（2）分布习性。

1）分布：原产于喜马拉雅地区，现为世界各地广泛栽培。

2）习性：大花葱喜凉爽和阳光充足的环境，忌湿热多雨，忌连作，栽植地应年年更换。

（3）园林用途。

大花葱其花序比食用葱大很多，桃红色，是观赏植物。在园林中主要用作切花，也可用于花坛和花境。

图5-3-5　大花葱

6. 朱顶红（见图5-3-6）

植物名称：朱顶红（别名：百枝莲、孤挺花、华胄兰）

拉 丁 名：*Hippeastrum vittatum*

科　　属：石蒜科 朱顶红属

（1）形态特征。

朱顶红地下鳞茎较大，球形，直径7～8cm。叶2列，4～8枚，扁平带形或条形，与花同时或花后抽出。花莛自叶丛外侧抽出，粗壮而中空，花两两对生而中空呈伞状，花大，花径10～13cm，平伸或下垂，有红色、白色、玫瑰红等多种色彩。

图5-3-6　朱顶红

（2）分布习性。

1）分布：原产于美洲热带和亚热带，现为世界各地广泛栽培。

2）习性：朱顶红生长期间要求环境温暖湿润，夏季要求凉爽、阳光不过于强烈，冬季要求冷凉干燥；对土壤的适应性较广，但在中性偏碱的土壤中生长较好，栽植宜选用富含腐殖质的沙质土壤。

（3）园林用途。

朱顶红花大、色艳，植株低矮，叶丛美观，是较好的盆栽花卉，其栽培管理容易，经冬季温湿内促成栽培可用于新春佳节开花，也是节日较好的盆花。另外，朱顶红还可作切花栽培。

7. 红花石蒜（见图5-3-7）

植物名称：红花石蒜（别名：石蒜、老鸦蒜、蟑螂花）

拉 丁 名：*Lycoris radiata*

科　　属：石蒜科 石蒜属

图 5-3-7 红花石蒜

（1）形态特征。

红花石蒜为多年生草本花卉，具地下鳞茎，鳞茎近球形或卵形，鳞茎皮褐色或黑褐色。叶于早春或春季抽出，带状。花茎单生，直立，实心，伞形花序顶生，有花5~7朵，花白色、乳白、奶黄、金黄、粉红、紫红、玫瑰红至鲜红色，花被漏斗状，上部6裂，基部合生成筒状，花被裂片倒披针形或长椭圆形，边缘皱缩或不皱缩。蒴果通常具三棱，种子近球形，黑色。

（2）分布习性。

1）分布：原产于亚洲东部，现以中国和日本为分布中心。

2）习性：红花石蒜喜半荫、也耐暴晒，喜湿润、也耐干旱；喜富含腐殖质、排水良好的沙质土壤，也耐瘠薄土壤；性耐寒。

（3）园林用途。

红花石蒜冬季绿叶葱翠，是理想的绿色地被，夏季花朵怒放，十分艳丽，布置在疏林下，点缀于岩石缝间或配置于多年生混合花境或花坛中，均可构成夏秋佳景。红花石岩还可作为切花或盆栽供观赏，在高温少花季节开放，显得更加可贵。还可药用，是极有价值的药用植物资源。

8. 水仙（见图5-3-8）

植物名称：水仙（别名：凌波仙子、金盏银台）

拉　丁　名：Narcissus tazetta var.chinensis

科　　　属：石蒜科 水仙属

（1）形态特征。

水仙为多年生草本花卉，地下鳞茎肥大，卵状或近球形，外被棕褐色皮膜，基部茎盘处着生多数白色肉质根。叶基生，狭带状，端钝圆，全缘，排成互生二列状，绿色或灰绿色，基部有叶鞘包被。花葶于叶丛中抽出，稍高于叶，中空，筒状或扁筒状，一般每球抽花葶1~2支，若肥水充足，生长健壮之大球可抽出3~8支或更多；花3~11朵成伞房花序着生于花葶端部，花序外具膜质总苞，又称佛焰苞，花白色，芳香，花冠高脚碟状，雄蕊6枚，子房下位。花期1—2月。蒴果，种子空瘪。

图 5-3-8 水仙

（2）分布习性。

1）分布：原产于北非、中欧及地中海沿岸，现被世界各地广为栽培。

2）习性：水仙喜温暖湿润气候，尤宜冬无严寒、夏无酷暑、春秋多雨的地方。喜水，耐肥大，喜疏松、富含有机质、排水良好且水分十分充足的黏质土壤，但亦适当耐干旱和瘠薄土壤。喜阳光充足，亦能耐半荫，但花期则宜阳光充足。水仙为秋植球根花卉，秋冬生长，早春开花并储藏养分，夏季休眠。

（3）园林用途。

水仙为中国的传统名花，深受群众欢迎。水仙多用于盆栽、水养，置于几案上，供装饰和观赏，在园林中常种植于小径旁、疏林下、草坪边或用为地被植物。其鳞茎内含有生物碱，可入药，主治腮腺炎、痈疖疔毒初起、红肿热痛，还具一定抗癌作用。水仙鲜花可提炼芳香油，用于香水、香皂及其他化妆品中。

9. 大花美人蕉（见图5-3-9）

植物名称： 大花美人蕉（别名：美人蕉、法国美人蕉）

拉 丁 名： *Canna generalis*

科　　属： 美人蕉科　美人蕉属

（1）形态特征。

大花美人蕉为多年生草本花卉。地下具肉质粗壮根状茎，地上茎直立，高约1.5m，叶互生，长椭圆形，先端渐尖，有羽状叶脉及鞘状叶柄。总状花序自茎顶抽出，萼片苞片状，花瓣3枚，退化雄蕊5枚，色鲜艳，为主要观赏部分，其中3枚花瓣状，一枚反卷如唇瓣，另一枚有单室的花药，花柱扁平，也呈花瓣状。花色有大红、紫红、粉红、乳白、黄、橘红、金边等。花期夏、秋。蒴果长卵形，种子黑色、坚硬，但多数品种不结实。

（2）分布习性。

1）分布：原产于南、北美洲的热带与亚热带，大花美人蕉主要由原种美人蕉杂交改良而来。

2）习性：大花美人蕉喜阳光充足、温暖的气候，不择土壤，在肥沃而富含有机质的深厚土壤中生长健壮，不耐寒，一经霜打地上茎叶均枯萎，留下地下根茎越冬。

图5-3-9　大花美人蕉

（3）园林用途。

大花美人蕉枝叶繁茂，花大色艳，在园林中引用极为普遍，在庭院中多大片自然式丛植，也可用于花坛、花境或盆栽。其根茎及花可入药，治疗黄胆肝炎等。

10. 大岩桐（见图5-3-10）

植物名称： 大岩桐（别名：六雪尼、落雪泥、紫蓝大岩桐）

拉 丁 名： *Sinningia speciosa*

科　　属： 苦苣苔科　苦苣苔属

图5-3-10　大岩桐

（1）形态特征。

大岩桐为多年生常绿球根花卉。地下具扁球形块茎，茎极短，全株密布绒毛。叶对生，长椭圆形或长椭圆状卵形，边缘有钝锯齿。花梗比叶长，顶生或腋生，每梗一花，花冠阔钟形，花色有白、红、粉、紫，堇紫色或镶白边。花期3—6月。

（2）分布习性。

1）分布：原产于巴西热带高原，现被世界各地广为栽培。

2）习性：大岩桐喜温暖湿润及半阴环境，不耐高温或严寒，通风不宜过分，以保持较高的空气湿度，冬季休眠期保持干燥，喜排水良好、疏松肥沃、富含腐殖质的沙质土壤，最忌低温黏重的土壤。大岩桐主要用播种进行繁殖，也可扦插或分球繁殖。

（3）园林用途。

大岩桐叶色碧绿、花色鲜艳，花朵具有天鹅绒般的光泽，经月不衰，极为美丽，主要用于室内盆栽观赏。

11. 唐菖蒲（见图5-3-11）

植物名称： 唐菖蒲（别名：十样锦、菖兰、剑兰）

图 5-3-11 唐菖蒲

拉　丁　名：*Gladiolus hybridus*

科　　　属：鸢尾科 唐菖蒲属

（1）形态特征。

唐菖蒲为多年生草本植物，株形直立，株高 40～150cm。每株有刚直的叶片 6～9 枚，规则的嵌叠排列，长 35～60cm，宽 4～6cm，质硬，叶梢锐尖，叶脉 6～8 条，凸起而显著，呈平行状；剑形叶片展开数枚以后在中心部抽出花茎，穗状花序长 30～75cm。每个花穗着花 8～20 朵，小花漏斗状，排列成两列，侧向一边，花冠直径 7～18cm，花色丰富，有红、黄、白、紫、蓝、粉、橙色、肉色和复色，花瓣有平瓣、波瓣、皱瓣等。蒴果，种子扁平，有翼。

（2）分布习性。

1）分布：原产于南非好望角、地中海沿岸及小亚细亚，现世界各地均有栽培。

2）习性：唐菖蒲喜冬季温暖、夏季凉爽的气候，白天最适温度 20～25℃。夜间 10～15℃；对土壤要求不严，但以排水好、富含有机质的沙壤土为宜，不耐涝，喜光。

（3）园林用途。

唐菖蒲是园林中常见的球根花卉之一。花茎挺拔修长，着花多，花期长，花型变化多，花色艳丽多彩，如采用促成栽培可四季开花。它是花境中优良的竖线条花卉。唐菖蒲为世界四大鲜切花之一，也是世界上最大的球根切花种类。

12. 马蹄莲（见图 5-3-12）

植物名称：马蹄莲（别名：慈菇花、水芋）

拉　丁　名：*Zantedeschia aethiopica*

科　　　属：天南星科 马蹄莲属

（1）形态特征。

马蹄莲为多年生草本花卉，地下具肉质块茎。叶基生，具长柄，下部呈鞘状折叠抱茎，叶片卵状箭形，全缘。花梗着生于叶旁，高出叶丛，肉穗花序藏于佛焰苞内，佛焰苞大型，呈马蹄莲型，花有香气。

图 5-3-12 马蹄莲

（2）分布习性。

1）分布：原产于南非和埃及，现世界各地均有栽培。

2）习性：马蹄莲喜温暖湿润但忌高温，喜光但具一定的耐阴性；要求疏松、保水、通气性较好的黏质壤土。

（3）园林用途。

马蹄莲花形独特，花叶同赏，是花束、捧花和艺术插花的极好材料。

13. 球根秋海棠（见图 5-3-13）

植物名称：球根秋海棠（别名：茶花海棠）

拉　丁　名：*Begonia tuberhybirda*

科　　　属：秋海棠科 秋海棠属

（1）形态特征。

球根秋海棠为多年生草本。球根秋海棠为种间杂交种，地下具块茎，呈不规则扁球形，柱高 30 ~ 100cm；地上茎半透明，肉质，有分枝。叶互生，卵形至长卵形，缘具齿牙和缘毛。聚伞花序，雌雄同株异花，重瓣性，花朵美丽，花形丰富，花色有红、粉红、黄、橙黄、白等。

（2）分布习性。

1）分布：原产于非洲、中南美洲和亚洲等地，现世界各地均有栽培。

2）习性：球根秋海棠为长日照花卉，喜温暖；土壤以腐叶土为佳，以播种繁殖为主，也可分球和叶插繁殖。

（3）园林用途。

球根秋海棠花大色艳，兼具茶花、牡丹、月季、香石竹等名贵花卉的姿、色、香，是世界著名的盆栽花卉，用来点缀客厅、橱窗，娇媚动人；布置花坛、花径和入口处，分外窈窕。

图 5-3-13　球根秋海棠

14. 仙客来（见图 5-3-14）

植物名称：仙客来（别名：萝卜海棠、兔耳花、一品冠）

拉　丁　名：*Cyclamen persicum*

科　　　属：报春花科　仙客来属

图 5-3-14　仙客来

（1）形态特征。

仙客来为多年生草本花卉，地下具扁圆形球状块茎，外被木栓质，植株低矮，高为 20 ~ 30cm。叶丛生于块茎顶部，叶心状卵形，先端尖，边缘具细锯齿，叶背有白色斑块，叶柄红褐色，肉质。花大，单生而下垂，花瓣上卷，花梗细长，肉质，红褐色，花冠6裂，花色很多，有玫瑰红色、大红、紫红、粉红、白色等，有的品种具香气。花期12月份至翌年3月。蒴果球形。

（2）分布习性。

1）分布：原产于南欧、地中海及西亚一带，现世界各地均有栽培。

2）习性：仙客来喜阳光充足的环境及湿润气候，忌烈日暴晒，怕盐碱侵蚀，忌积水浸涝及脓肥、生肥；对土壤的适应性较好，在含腐殖质的石灰性土、中性土、及微酸性土中均能生长良好；喜温暖，忌夏季高温。

（3）园林用途。

仙客来植株低矮，花型奇特，花色丰富，为冬春季节室内重要的盆栽花卉。

15. 大丽花（见图 5-3-15）

植物名称：大丽花（别名：大理花、天竺牡丹、西番莲、地瓜花）

拉　丁　名：*Dahlia hybrida*

科　　　属：菊科　大丽花属

图 5-3-15 大丽花

（1）形态特征。

大丽花为多年生草本花卉，具粗大纺锤状肉质块根。叶对生，1～3回羽状深裂，裂片卵形或椭圆形，边缘具粗钝锯齿，总柄微带翅状。头状花序具长梗，顶生；花有大轮型、中轮型、小轮型之分，花型有单瓣形、兰花形、白头翁形、项圈形、牡丹形、仙人掌形、勋章形、球形、绒球形、皱边形等，花色极其丰富多彩。花期主要集中于夏、秋季。

（2）分布习性。

1）分布：大丽花原产于墨西哥高原地区，现世界各地均有栽培。

2）习性：大丽花性喜阳光、温暖及通风良好的环境；土壤以富含腐殖质、排水良好的沙质壤土为宜；大丽花不耐寒又畏酷暑，且每年需要一段低温时期进行休眠。

（3）园林用途。

大丽花花色丰富，花型多姿，品种繁多，多用于花坛、花境及庭院布置，也可作切花或盆栽观赏。其块根内含有"菊糖"，在医药上有与葡萄糖相似的功效，块根入药还有清热解毒、消肿之功效。

16. 红花酢浆草（见图5-3-16）

植物名称：红花酢浆草（别名：大花酢浆草）

拉 丁 名：*Oxalis rubra*

科　　属：酢浆草科 酢浆草属

（1）形态特征。

红花酢浆草为多年生草本花卉，地下块茎呈纺锤形。叶丛生状，具长柄，掌状复叶，3小叶，倒心形。伞形花序，高出叶丛，小花3～12朵，桃红至玫红，花期晚春至初夏。

（2）分布习性。

1）分布：原产于南美巴西及南非。

2）习性：红花酢浆草喜光，喜温暖湿润环境，半耐寒，稍耐阴，要求肥沃、疏松的土壤，适应性强。

图 5-3-16 红花酢浆草

（3）园林用途。

深红色的花朵自春季一直开到秋季，绿叶红花，蔚为壮观；适宜栽植于林缘，疏林下；也可用于布置花坛或盆栽用于装饰。

图 5-3-17 花毛茛

17. 花毛茛（见图5-3-17）

植物名称：花毛茛（别名：芹菜花、波斯毛茛、陆莲花、白头翁）

拉 丁 名：*Ranunculus asiaticus*

科　　属：毛茛科 毛茛属

（1）形态特征。

花毛茛为多年生草本花卉，具纺锤形块根，茎生叶羽状裂，无柄。花单生顶端或数朵生于长梗上，每花茎具花1～4朵，花径6～13cm，花常重瓣，花色丰富，有白、橙、红、大红、紫色及栗色等，花期4—5月。种子细小。

（2）分布习性。

1）分布：原产于欧洲东南部和亚洲东南部，现世界各地广为栽培。

2）习性：花毛茛喜半荫和凉爽的环境，要求阳光充足、通风良好，忌炎热，不耐寒；喜腐殖质多、排水良好的沙质土壤，pH值以中性或微碱性为宜，忌积水；花毛茛多用分株繁殖，也可播种繁殖。

（3）园林用途。

花毛茛花大而色彩丰富，多作盆栽，也可作切花栽培，露地栽培配植在园林中成花坛、花境等。

【知识拓展】

中国十大名花：梅花，花魁；牡丹，花中之王；菊花，高风亮节；兰花，花中君子；月季，花中皇后；杜鹃，花中西施；山茶，花中珍品；荷花，出水芙蓉；桂花，秋风送爽；水仙，凌波仙子。

世界四大切花：指月季、菊花、康乃馨、唐菖蒲。

【实训提纲】

1. 实训目标

（1）识别观赏草花并进行形态描述。

（2）掌握工具书的使用方法。

（3）熟悉常见草花的分类地位、栽培特性及应用形式。

2. 实训内容

（1）通过观察，识别常见的观赏草花种类：一年生和二年生花卉、宿根花卉、球根花卉。

（2）通过资料查阅熟悉常见草花的分类地位、栽培特性及应用形式。

3. 考核评价

（1）可事先根据教学内容及学生所做的实验内容，采集校园内的3～5种植物（以草本植物为主）的全株，要求学生在规定的时间内用分类学术语对所采植物的营养器官形态特征进行准确的描述，并进行解剖镜下的花器官解剖操作。

（2）并写出在植物分类检索表上检索到该种植物学名的步骤。

第6章 其他园林植物

内容提要:
本章主要介绍常见水生园林植物和草坪植物一些主要种类的识别要点、分布、习性及园林用途。

学习目标:
了解掌握常见水生园林植物、草坪植物的形态特征、分布、习性,重点掌握南北方有代表性的园林植物。

6.1 水生园林植物

6.1.1 概述

6.1.1.1 水生园林植物的含义

水生园林植物是指生长于水体中、沼泽地、湿地上,观赏价值较高的植物。它们常年生活在水中或在其生命周期内某段时间生活在水中。这类植物体内细胞间隙较大,通气组织比较发达,种子能在水中或沼泽地萌发,在枯水时期它们比任何一种陆生植物更易死亡。

6.1.1.2 水生植物的类型

根据水生植物的生活方式,可将其分为挺水植物、浮水植物、漂浮植物、沉水植物和水际植物5种。

1. 挺水植物

是指根生长于泥土中,茎叶挺出水面之上,包括沼生1~1.5m水深的植物。栽培中一般是指水深小于80cm。的植物如荷花(*Nelumbo nucifera*)、水葱(*Scirpus tabernaemontani*)、香蒲(*Typha orientalis*)等。

2. 浮水植物

是指根生长于泥土中,叶片漂浮于水面上,包括水深1.5~3m的植物。常见种类有王莲(*Victoria amazonica*)、睡莲(*Nymphaea tetragona*)、萍蓬草(*Nuphar pumilum*)等。

3. 漂浮植物

是指茎叶或叶状体漂浮于水面,根系悬垂于水中漂浮不定的植物。如凤眼莲(*Eichhornia crassipes*)、大薸(*Pistia stratiotes*)等。

4. 沉水植物

是指根扎于水下泥土之中,全株沉没于水面之下的植物。如金鱼藻(*Ceratophyllum demersum*)、狐尾藻(*Myriophyllum verticillatum*)、黑藻(*Hydrilla verticillata*)等。

5. 水际植物

生长在水池边,从水深2~3cm处到水池边的泥里,都可以生长的植物。水缘植物品种非常多,主要起观赏作用。常见种类有千屈菜(*Lythrum salicaria Linn*)、菖蒲(*Acorus calamus*)等。

6.1.2 挺水植物

1. 荷花(见图6-1-1)

植物名称:荷花(别名:莲、芙蓉、藕)

拉丁名：*Nelumbo nucifera*

科　　属：莲科 莲属

（1）形态特征。

1）茎：荷花为多年水生植物。根状茎横生，肥厚，下生须状不定根，节间膨大，节部缢缩。

2）叶：叶盾状圆形，直径25～90cm，表面光滑具白粉覆盖，全缘并呈波状；叶柄圆柱形，粗壮，长1～2m，中空、外面散生小刺。

3）花果：花柄与叶柄等长或稍长，也散生小刺，花直径10～20cm，美丽芳香。花瓣粉红色、红色或白色，矩圆状椭圆形至倒卵形，长5～10cm，宽3～5cm，由外到内渐小。有时变为雄蕊，先端圆钝或微尖。花药条形，花丝细长，花托直径5～10cm。坚果椭圆形或卵形，长1.5～2.5cm，果皮革质，坚硬，熟时黑褐色。种子长1.2～1.7cm，种皮红色或白色。花期6—9月，每日晨开暮闭，果期9—10月。

图6-1-1　荷花

（2）分布习性。

1）分布：在中国除西藏、青海等地外，绝大部分地区都有栽植。

2）习性：喜光和温暖，炎热的夏季是其生长最旺盛的时期；其耐寒性很强，只要池底不冻，即可越冬；强光下发育快，喜湿怕干，缺水不能生存，但水过深淹没立叶，则生长不良，严重时可导致死亡。

（3）园林用途。

1）特色：荷花是中国的传统名花。花叶清秀，花大色艳，凌波翠盖，花香四溢，沁人肺腑。有迎骄阳而不惧，出淤泥而不染的气质。荷花在人们心目中是真善美的化身，吉祥丰兴的预兆，也是友谊的种子，是珍贵的水生花卉。

2）配置方式：园林水景中造景的主题材料。可以在大水面上片植，也可在小水面上丛植；也可盆栽瓶插或缸栽布置庭院；还可以作荷花专类园。此外池塘中应设法分割出一部分水面栽荷，使荷花的根茎限制在特定的范围内，以免串满整个池塘，影响其他植物生长。

2. 水葱（见图6-1-2）

植物名称：水葱（别名：莞、冲天草、欧水葱）

拉丁名：*Scirpus tabernaemontani*

科　　属：莎草科 藨草属

图6-1-2　水葱

（1）形态特征。

1）茎：匍匐根状茎粗壮，具许多须根。秆高大，圆柱状，高1～2m，平滑，基部具3～4个叶鞘，鞘长可达38cm，管状，膜质，最上面一个叶鞘具叶片。

2）叶：叶片线形，长1.5～11cm。

3）花果：苞片1枚，为秆的延长，直立，钻状，常短于花序，极少数稍长于花序；长侧枝聚繖花序简单或复出，假侧生，具4～13或更多个辐射枝；辐射枝长可达5cm，一面凸，一面凹，边缘有锯齿；小穗单生或2～3个簇生于辐射枝顶端，卵形或长圆形，顶端急尖或钝圆，长5～10mm，宽2～3.5mm，具多数花；鳞片椭圆形或宽卵形，顶端稍凹，具短尖，膜质，长约 3mm，棕色或紫褐色，有时基部色淡，背面有铁锈色突起小点，脉 1 条，边缘具缘毛；下位刚毛 6 条，等长于小坚果，红棕色，有倒刺；雄蕊 3，花药线形，药隔突出；花柱中等长，柱头 2，罕 3，长于花柱。小坚果倒卵形或椭圆形，双凸状，少有三棱形，长约 2mm。花、果期 6—9 月。

（2）分布习性。

1）分布：在中国除西藏、青海等地外，绝大部分地区都有栽植。

2）习性：性强健，喜光，喜温暖湿润，耐寒，耐阴；不择土壤，在自然界中常生于湿地、沼泽或池畔浅水处。

（3）园林用途。

1）特色：植株翠绿挺立，色泽淡雅洁净，常是典型的竖线条花卉，甚为美观。水葱还可吸引蜻蜓等昆虫驻足其上，是良好的水生园林植物。

2）配置方式：用于水面绿化或作岸边、池畔点缀；也常盆栽观赏；切茎可用于插花。

3. 香蒲（见图 6-1-3）

植物名称：香蒲（别名：水烛）

拉 丁 名：*Typha orientalis*

科　　属：莎草科 蕉草属

（1）形态特征。

1）茎：多年生水生或沼生草本。根状茎乳白色。地上茎粗壮，向上渐细，高 1.3～2m。

2）叶：叶片条形，长 40～70cm，宽 0.4～0.9cm，光滑无毛，上部扁平，下部腹面微凹，背面逐渐隆起呈凸形，横切面呈半圆形，细胞间隙大，海绵状；叶鞘抱茎。

3）花果：苞雌雄花序紧密连接；雄花序长 2.7～9.2cm，花序轴具白色弯曲柔毛，自基部向上具 1～3 枚叶状苞片，花后脱落；雌花序长 4.5～15.2cm，基部具 1 枚叶状苞片，

图 6-1-3　香蒲

花后脱落；雄花通常由 3 枚雄蕊组成，有时 2 枚，或 4 枚雄蕊合生。小坚果椭圆形至长椭圆形；果皮具长形褐色斑点。种子褐色，微弯。花、果期 5—8 月。

（2）分布习性。

1）分布：在中国东北、华北、西北等地广布。

2）习性：对环境要求不甚严格，适应性强，耐寒；以选择向阳、肥沃的池塘边或浅水处栽培为宜。

（3）园林用途。

1）特色：香蒲叶丛秀丽潇洒，雌雄花序同花轴，整齐圆滑形似蜡烛，别具一格。

2）配置方式：香蒲片植或丛植于水边，可观花和观花序，效果良好。

4. 慈姑（见图 6-1-4）

植物名称：慈姑（别名：茨菰、燕尾草、箭搭草）

拉 丁 名：*Sigiittria sagittifolia*

科　　属：泽泻科 慈姑属

（1）形态特征。

1）茎：地下具根茎，其先端形成球茎，球茎表面附薄

图 6-1-4　慈姑

膜质鳞片，端部有较长的顶芽。

2）叶：叶基生，出水叶片戟形，大小及宽窄变化大，顶端裂片三角状披针形，基部具二长裂片，全缘。叶柄特长，肥大而中空，上部有纵裂，下部扩大成鞘。沉水叶线状。

3）花果：花茎直立，多单生，上部着生出轮生状圆锥花序，小花单性同株或杂性株，白色，不易结实。花期7—9月。

（2）分布习性。

1）分布：原产于我国，现南北各省均有栽培。广布于亚洲热带和温带地区，欧美也有栽培。

2）习性：适应性强，喜气候温暖、阳光充足的环境；土壤富含腐殖质而土层不太深厚的黏质壤土为宜；喜生浅水中但不宜连作。

（3）园林用途。

1）特色：慈姑叶形奇特、形似箭头，圆锥花序白色，对浮叶花卉起衬托的作用。

2）配置方式：宜做水面和岸边的绿化材料，通常数株或数十株散置于岸边；也常盆栽观赏、做切花；栽培水深为10～20cm，水面造景时，以衬景为主。

5. 雨久花（见图6-1-5）

植物名称：雨久花（别名：水白菜）

拉 丁 名：*Monochoria korsakowii*

科　　属：雨久花科 雨久花属

（1）形态特征。

1）茎：地下茎短且成匍匐状，地上茎直立，高50～90cm。

2）叶：叶卵状心脏形，长7～13cm，宽3～12cm，端短尖，全缘；质地较肥厚，深绿色而有光泽；基生者具长柄，茎生者柄渐短，基部扩大呈鞘而抱茎。

图6-1-5 雨久花

3）花果：花茎高于叶丛，端生圆锥花序；花被6片，花瓣状，花紫色或稍带白色；茎约3cm；蒴果卵形；花期7—9月。

（2）分布习性。

1）分布：原产于我国东部或北部，日本、朝鲜、东南亚也有分布。现在我国南北各地多有生长。

2）习性：喜温暖、潮湿和阳光充足的环境，也耐半阴，不耐寒；在自然界中常生于水沟旁和稻田中的浅水处。

（3）园林用途。

1）特色：雨久花花大而美丽，淡蓝色，像只飞舞的蓝鸟，所以又称之为蓝鸟花。而叶色翠绿、光亮、素雅，在园林水景布置中常与其他水生观赏植物搭配使用，是一种极好而美丽的水生花卉。

2）配置方式：园林中可用作水面绿化、岸旁绿化和盆栽观赏；栽培水深为10～20cm，设计时可用于营造秋季水生景观。

6.1.3 浮水植物

1. 睡莲（见图6-1-6）

植物名称：睡莲（别名：子午莲）

拉 丁 名：*Nymphaea tetragona*

科　　属：睡莲科 睡莲属

图 6-1-6 睡莲

(1) 形态特征。

1) 茎：多年生水生花卉，根状茎，粗短。

2) 叶：叶丛生，具细长叶柄，浮于水面，纸质或近革质，近圆形或卵状椭圆形，直径 5～12cm，全缘，无毛，上面浓绿，幼叶有褐色斑纹，下面暗紫色。

3) 花果：花单生于细长的花柄顶端，多白色，漂浮于水，直径 3～6cm。萼片 4 枚，宽披针形或窄卵形。聚合果球形，内含多数椭圆形黑色小坚果。花期为 6—8 月，果期 8—10 月。花单生，萼片宿存，花瓣通常白色，雄蕊多数，雌蕊的柱头具 6～8 个辐射状裂片。浆果球形，为宿存的萼片包裹。

(2) 分布习性。

1) 分布：在我国广泛分布，生于池沼中。在睡莲类植物中比较耐寒的有子午莲、香睡莲、白睡莲等；不耐严寒的有蓝睡莲、埃及白睡莲、红花睡莲、黄花睡莲等。

2) 习性：喜阳光充足、通风良好、水质清；要求肥沃的中性黏质土壤。

(3) 园林用途。

1) 特色：睡莲是水生花卉中名贵花卉。睡莲飘逸悠闲，是花、叶俱美的观赏植物，花色丰富，花型小巧，体态可人，叶子和花浮在水面上，因昼舒夜卷而被誉为"花中睡美人"。炎炎夏日，清风徐来，碧波荡漾，一丛丛美丽的睡莲轻舞花叶，形影妖媚，好似凌波仙子，令人赏心悦目，心旷神怡。睡莲的根能吸收水中的铅、汞、苯酚等有毒物质，是难得的水体净化的植物材料，因此在城市水体净化、绿化、美化建设中备受重视。

2) 配置方式：睡莲是现代园林水景中重要的浮水植物，最适宜丛植，点缀水面，丰富水景，尤其适应在庭院的水池中布置。我国大江南北的庭园水景中常栽植各色睡莲，或盆栽，或池栽，供人观赏。

2. 萍蓬草（见图 6-1-7）

植物名称：萍蓬草（别名：黄金莲、萍蓬莲）

拉 丁 名：*Nuphar pumilum*

科　　属：睡莲科 萍蓬草属

(1) 形态特征。

1) 茎：根状茎肥厚块状，横卧。

2) 叶：叶二型，浮水叶纸质或近革质，圆形至卵形，长 8～17cm，全缘，基部开裂呈深心形。叶面绿而光亮，叶背隆凸，有柔毛。侧脉细，具数次 2 叉分枝，叶柄圆柱形。沉水叶薄而柔软。

3) 花果：花单生，圆柱状花柄挺出水面，花蕾球形，绿色。萼片 5 枚，倒卵形、楔形，黄色，花瓣状。种子矩圆形，黄褐色，光亮。花期 5—7 月，果期 7—9 月。

(2) 分布习性。

1) 分布：分布广，中国、日本、欧洲、西伯利亚都有分布。中国东北、华北、华南均有分布。

2) 习性：喜温暖、阳光充足；喜流动的水体，生池沼、湖泊及河流等浅水处；不择土壤，但以肥沃黏质土为好。

图 6-1-7 萍蓬草

（3）园林用途。

1）特色：初夏开放，叶亮绿，金黄娇嫩的花朵从水中伸出，小巧艳丽，是夏季水景园的重要花卉。

2）配置方式：可以片植或丛植，也可以盆栽装点庭院；一般小池以 3～5 株散植于亭、榭或桥头，有如"晓来一朵烟波上，似画真妃出浴时"，花虽小，但淡雅飘逸，饶有情趣。

3. 王莲（见图 6-1-8）

植物名称：王莲（别名：亚马逊王莲）

拉 丁 名：*Victoria amazonica*

科　　属：睡莲科 王莲属

（1）形态特征。

1）茎：地下具短而直立根状茎，其下着生粗壮发达的侧根。

图 6-1-8　王莲

2）叶：叶丛、大形、形状随叶龄大小而变化，幼叶向内卷曲呈锥状，以后逐渐伸展呈戟形至椭圆形，到成叶时变成圆形，直径可达 100～250cm；表面绿色，无刺，背面紫红色并具有凸起的网状叶脉，叶肉在网眼中皱缩，脉上具坚硬长刺；叶缘直立高起，高约 7～10cm，全叶宛如大圆盘浮于水面，具很大浮力，可承重 50kg 以上；叶柄长可达 2～3m，直径 2.5～3cm，密被粗刺。

3）花果：花单生，大形，茎约 25～35cm，常生出水面开放，萼片 4 枚，卵状三角形，绿褐色；花瓣多数，倒卵形，初开为白色，具有白兰花之香气，第二天变淡红色或深红色，第三天闭合，沉入水中，花期夏秋季每日下午至傍晚开放，次晨闭合；雄蕊多数，外部雄蕊渐变成花瓣状；子房下位，密被粗刺，果实球形，种子多数，形似玉米，有"水中玉米"之称。

（2）分布习性。

1）分布：原产于南美洲热带水域，自生于河湾、湖畔水域。现已引种到世界各地大植物园和公园。我国从上世纪 50 年代开相继从国外引种，在中国科学院植物研究所北京植物园三种王莲夏天相继开放。

2）习性：王莲性喜温暖、空气湿度大、阳光充足和水体清洁的环境；通常要求水温 30～35℃，室内水池栽培时，室温需 25～30℃，若低于 20℃便停止生长，空气湿度以 80% 为宜；王莲喜肥，尤以有机基肥为宜。

（3）园林用途。

1）特色：王莲叶奇花大，花香浓郁，漂浮水面，十分壮观，美化水体，是水池中的珍宝，有极高的观赏价值。

2）配置方式：与荷花、睡莲等水生植物搭配布置，将形成一个完美、独特的水体景观，让人难以忘怀；适合大型水域栽培；王莲栽培水面应有充足阳光，栽培水深为 30～40cm。

6.1.4　漂浮植物

1. 凤眼莲（见图 6-1-9）

植物名称：凤眼莲（别名：水葫芦、凤眼蓝、水葫芦苗）

拉 丁 名：*Eichhornia crassipes*

科　　属：雨久花科 凤眼莲属

（1）形态特征。

1）茎：其须根发达，靠根毛吸收养分，主根（肉根）分蘖下一代。秆（茎）灰色，泡囊稍带点红色，嫩根为白色，老根偏黑色。

图6-1-9 凤眼莲

2)叶:叶单生,叶片基本为荷叶状,叶顶端微凹,圆形略扁,叶面光滑;叶柄中下部有膨胀如葫芦状的气囊基部具削状苞片。

3)花果:花茎单生,穗状花序,花为浅蓝色,花瓣上生有黄色斑点,看上去像凤眼,也像孔雀羽翎尾端的花点,非常耀眼、靓丽。

(2)分布习性。

1)分布:西南地区水塘极为常见,现长江、黄河流域也广为引种,北京也有引种。

2)习性:对环境适应性很强,具有一定的耐寒性,在北京地区虽引种成功,但种子不能成熟,老株尚需保护方可露地越冬;喜生浅水,繁殖迅速,一年中一株可布满几十平方米水面。

(3)园林用途。

1)特色:叶色光亮,花色美丽,叶柄奇特,是重要的水生花卉,是园林水景中的造景材料;此外,凤眼莲还具有很强的净化污水的能力,可吸收水中的汞、铁等金属离子和许多有污染的物质。

2)配置方式:在池塘、水沟和低洼的渍水田中均可种植,可以片植或丛植于水面;也可植于小池一隅,以竹框之,野趣幽然。由于繁殖迅速,又几乎没有竞争对手和天敌(虽然有多种野生、家养动物以其茎叶为食,但取食量较小,与其庞大的生长量相比毫无影响),在我国南方江河湖泊中发展迅速,成为我国淡水水体中主要的外来入侵物种之一。

2.大藻(见图6-1-10)

植物名称:大藻(别名:大叶莲、水浮莲、芙蓉莲、水莲)

拉 丁 名:*Pistia stratiotes*

科　　属:天南星科 大藻属

(1)形态特征。

1)茎:具有横走茎,须根细长。

2)叶:叶基生,莲座状着生,无柄,倒卵形或扇形,两面具绒毛,草绿色;叶脉明显,使叶成折扇状。叶腋可抽生匍匐茎,端部生长小植株。

3)花果:花序生叶腋间,有短的总花梗,佛焰苞长约1.2cm,白色,背面生毛。果为浆果。花期6—7月。

(2)分布习性。

1)分布:原产于中国的长江流域,广布热带和亚热带地区。中国长江以南的地区的河流和湖泊常见。

图6-1-10 大藻

2)习性:喜光和高温,不耐寒,生育适温25~30℃;温度高,营养生长快,温度偏低,匍匐茎多;温度低于14℃时不能生长,低于5℃不能生存。

(3)园林用途。

1)特色:株型美丽,叶色翠绿,质感柔和,犹如朵朵莲花漂浮水面,别具情趣,是夏季美化水面的好材料。此外,具有很强的净化水体的作用,可以吸收污水中的有害物质和富氧化物质。

2)配置方式:园林水景中,常用来点缀水面;还可以盆栽观赏;庭院小池,植上几丛大藻,再放养数条鲤鱼,使之环境优雅自然,别具风趣;大藻栽培水深应小于1m,可用于受污染的水面绿化。

6.1.5 沉水植物

1. 金鱼藻（见图 6-1-11）

植物名称：金鱼藻

拉 丁 名：*Ceratophyllum demersum*

科　　属：金鱼藻科　金鱼藻属

（1）形态特征。

1）茎：茎长 40～150cm，平滑，具分枝。

2）叶：叶 4～12 轮生，1～2 次二叉状分歧，裂片丝状，或丝状条形，长 1.5～2cm，宽 0.1～0.5mm，先端带白色软骨质，边缘仅一侧有数细齿。

3）花果：花直径约 2mm；苞片 9～12 枚，条形，长 1.5～2mm，浅绿色，透明，先端有 3 齿及带紫色毛；雄蕊 10～16 枚，微密集；子房卵形，花柱钻状。坚果宽椭圆形，长 4～5mm，宽约 2mm，黑色，平滑，边缘无翅，有 3 刺，顶生刺（宿存花柱）长 8～10mm，先端具钩，基部 2 刺向下斜伸，长 4～7mm，先端渐细成刺状。花期 6—7 月，果期 8—10 月。

图 6-1-11　金鱼藻

（2）分布习性。

1）分布：全国广泛分布。群生于池塘、河沟。

2）习性：生长与光照关系密切，当水过于浑浊，水中透入光线较少，金鱼藻生长不好，但当水清透入阳光后仍可恢复生长。在 2%～3% 的光强下，生长较慢，5%～10% 的光强下，生长迅速，但强烈光照会使金鱼藻死亡。金鱼藻在 pH 值 7.1～9.2 的水中均可正常生长，但以 pH 值 7.6～8.8 最为适。金鱼藻对水温要求较宽，但对结冰较为敏感，在冰中几天内冻死。金鱼藻是喜氮植物，水中无机氮含量高生长较好。

（3）园林用途。

1）特色：金鱼藻无根，叶柔软丝状，全株沉于水中，是良好的净化水体的沉水植物。

2）配置方式：配置于清澈水体之中，避免强烈的阳光直射。在水中富含有机质、水层较深的环境中要注意控制栽培，需适当稀疏，以免大面积生长后影响水质。

2. 狐尾藻（见图 6-1-12）

植物名称：狐尾藻

拉 丁 名：*Myriophyllum verticillatum*

科　　属：小二仙草科　狐尾藻属

（1）形态特征。

1）茎：多年生粗壮沉水草本。根状茎发达，在水底泥中蔓延，节部生根。圆柱形，多分枝，通常 20～40cm。

2）叶：叶生于水中者较长，长 3～5cm，通常 3～5 轮生，丝状全裂，8～13 对，互生，长 0.7～1.5cm；水上叶鲜绿色，较强壮，长约 1.5cm。

3）花果：花单生于水上叶腋，无柄，4 枚轮生，略呈十字排列，一般水上叶的上部为雄花，下部为雌花，短于苞片；苞片羽状篦齿形分裂；雄花萼片 4 枚，较大，倒披针形，雄蕊 8 枚，花药淡黄色；果实广卵形，长 3mm，具 4 条浅槽。

图 6-1-12　狐尾藻

（2）分布习性。

1）分布：在中国南北方均有分布。

2）习性：冬季生长慢，夏季生长旺盛，能耐低温，一年四季可采收。

（3）园林用途。

1）特色：水上叶强壮、呈鲜绿色，是优良的沉水植物。种植于池底，可作为鱼、鸭饲料并能净化水质。

2）配置方式：种植于池塘、湖泊等水体中作观赏或绿肥植物应用。同时在水中富含有机质、水层较深环境中要注意控制栽培，需适当稀疏，以免大面积生长后影响水质。

3. 黑藻（见图6-1-13）

植物名称：黑藻（别名：温丝草、灯笼薇、转转薇）

拉 丁 名：*Hydrilla verticillata*

科　　属：水鳖科　黑藻属

图6-1-13　黑藻

（1）形态特征。

1）茎：茎圆柱形、直立细长，表面具有纵向细棱纹，质较脆，长50～80cm。

2）叶：叶带状披针形，4～8片轮生，通常以4～6片为多，长1.5cm左右，宽约1.5～2cm。常具紫红色或黑色小斑点，先端锐尖，叶缘具小锯齿，叶无柄。

3）花果：花单性，雌雄同株或异株腋生无柄雄佛焰苞近球形，绿色，表面具明显的纵棱纹，顶端具刺凸；雄花萼片、花瓣各3片，白色。果实圆柱形，表面常有2～9个刺状凸起。种子2～6粒，褐色，两端尖。花、果期5—10月。

（2）分布习性。

1）分布：广布于池塘、湖泊和水沟中。在中国南北各省及欧、亚、非和大洋洲等广大地区均有分布。

2）习性：喜阳光充足的环境，环境荫蔽植株生长受阻，新叶叶色变淡，老叶逐渐死亡；适宜每天接受2～3个小时的散射日光；性喜温暖，耐寒，在15～30℃的温度范围内生长良好，越冬温度不低于4℃。

（3）园林用途。

1）特色：植株细腻柔软，是良好的沉水观赏植物。

2）配置方式：可盆栽、缸栽，是装饰水族箱的良好材料，常作为中景、背景使用，设计时适合用于浅水区的绿化。

6.1.6　水际植物

1. 菖蒲（见图6-1-14）

植物名称：菖蒲（别名：臭菖蒲、水菖蒲、白菖蒲）

拉 丁 名：*Acorus calamus*

科　　属：天南星科　菖蒲属

（1）形态特征。

1）茎：多年水生草本植物。有香气，根状茎横走，粗状，稍扁，直径0.5～2cm，有多数不定根（须根）。

2）叶：叶基生，叶片剑状线形，长50～120cm，或

图6-1-14　菖蒲

更长，中部宽1~3cm，叶基部成鞘状，对这抱茎，中部以下渐尖，中肋脉明显，两侧均隆起，每侧有3~5条平行脉；叶基部有膜质叶鞘，后脱落。

3) 花果：花茎基生出，扁三棱形，长20~50cm，叶状佛焰苞长20~40cm。肉穗花序直立或斜向上生长，花小型，黄绿色。果红色，长圆形，有种子1~4粒。花期6—9月，果期8—10月。

（2）分布习性。

1) 分布：在我国南北各地均有分布。

2) 习性：喜生于沼泽、溪边或浅水中；耐寒性不甚强，在华北地区呈现宿根状态，每年地上部分枯死，以根茎潜入泥中过冬。

（3）园林用途。

1) 特色：菖蒲叶丛挺立秀美，并具香气，在古代是象征吉祥如意的瑞草，既有文化寓意又有景观效果。

2) 配置方式：最易做岸边或是水面绿化材料，也可盆栽观赏。

2. 千屈菜（见图6-1-15）

植物名称： 千屈菜（别名：水枝柳、水柳、对叶莲）

拉　丁　名： *Lythrum salicaria* Linn

科　　属： 千屈菜科 千屈菜属

（1）形态特征。

1) 茎：根茎横卧于地下，粗壮，茎直立，多分枝，有四棱，高30~100cm，全株青绿色。

2) 叶：叶对生或3片轮生，狭披针形，长4~6cm，宽8~15mm，先端稍钝或短尖，基部圆或心形，有时稍抱茎，无柄。

3) 花果：花组成小聚伞花序，簇生；花两性，数朵簇生于叶状苞片腋内；花萼筒状，长6~8mm，外具12条纵棱，裂片6枚，三角形，附属体线形，长于花萼裂片，约1.5~2mm；花瓣6片，紫红色，长椭圆形，基部楔形；雄蕊12枚，6长6短；子房无柄，2室，花柱圆柱状，柱头头状。蒴果扁圆形。花期7—9月。

图6-1-15　千屈菜

（2）分布习性。

1) 分布：全国各地亦有栽培，生于河岸、湖边、沟边和潮湿草地。

2) 习性：喜光、潮湿、通风良好的环境；尤喜水湿，通常在浅水中生长最好，但也可露地栽培。耐寒性强，在全国南北各地可露地越冬；对土壤要求不严，但以表土深厚、含大量腐殖质的壤土为好。

（3）园林用途。

1) 特色：植株整齐清秀，花色鲜艳醒目，姿态潇洒，花期长。

2) 配置方式：水浅处可成片栽植，衬托睡莲、荷花的艳丽；同时也可遮挡单调的驳岸，对水面和岸上的景观起到协调作用；丛植岸边也很美丽，是花境中重要的竖线条花卉。

3. 石菖蒲（见图6-1-16）

植物名称： 石菖蒲（别名：山菖蒲、药菖蒲）

拉　丁　名： *Acorus gramineus* Soland

科　　属： 天南星科 菖蒲属

（1）形态特征。

1) 茎：全株具香气。根茎质硬，横卧地下或斜上生长。

图 6-1-16 石菖蒲

2）叶：叶基生，细带状，宽不足 1cm；翠绿色，柔软而光滑，无中肋，边缘膜质。

3）花果：花茎叶状而短，长约 10cm；佛焰苞也较短；圆柱状肉穗花序端部渐细而微弯与佛焰苞等长或稍长，果时花序可增粗；花小形，淡黄绿色。花期 4—5 月。

（2）分布习性。

1）分布：原产于我国及日本，越南至印度也产之。在我国主要分布于长江流域以南各省。

2）习性：喜阴湿、温暖的环境，自然界常生于山谷溪流中或有流水石缝中；具有一定的耐寒性，在长江流域虽可露地越冬，但叶丛上部常干枯；在华北地区则变为宿根状，地上部分枯死，根茎在土中越冬。

（3）园林用途。

1）特色：石菖蒲姿态株丛低矮，叶从基部生出，似剑状，细条形，叶色油绿光亮而芳香。历代文人也多有吟咏石菖蒲的诗作。如诗人杜甫的"风断青蒲节，碧节吐寒蒲"，姚思岩的"根盘龙骨瘦，叶耸虎须长"，陆游的"根盘叶茂看愈好"等诗句，都描绘了石菖蒲盘根错节，叶纤细多节、青绿可爱之态，置案头清供，潇洒有情趣。

2）配置方式：石菖蒲可以在较密的林下作地被植物；丛植于岩石旁、水榭边、桥头或成片种植岸边能够产生良好的景观效果；栽培水深为 5～10cm。

6.2 草坪

6.2.1 草坪的概念与类型

6.2.1.1 草坪的概念

草坪是园林中用人工铺植草皮或播种草籽的方法，培养形成的整片绿色地面，是园林风景的重要组成部分，同时也是休憩、娱乐的活动场所。通常是指以禾本科草或其他质地纤细的植被为覆盖，并以它们大量的根或匍匐茎充满土壤表层的地被，是由草坪草的地上部分以及根系和表土层构成的整体。

6.2.1.2 草坪的类型

按照草坪的生态类型，草坪可分为冷季型草坪和暖季型草坪。

（1）冷季型草坪：适宜的生长温度在 11～20℃之间，主要分布于华北、东北、西北等地区。目前生产中使用最多的草种为早熟禾属（*Poa*），羊茅属（*Festuca*），黑麦草属（*Lolium*），剪股颖属（*Agrostis*）等。

（2）暖季型草坪：适宜的生长温度在 25～30℃之间，主要分布在长江流域及其以南的热带、亚热带地区。目前常用的草种有狗牙根（*Cynodon dactylon*），结缕草（*Zoysia japonica*），地毯草（*Axonopus compressus*），假俭草（*Eremochloa ophiuroides*）等。

6.2.2 常见草坪草

1. 绊根草（见图 6-2-1）

植物名称： 绊根草（别名：狗牙根、爬根草、细叶草）

拉 丁 名： *Cynodon dactylon*

科　　属： 禾本科 狗牙根属

（1）形态特征。

1）根、茎：狗牙根为多年生草本植物，具有根状茎和匍匐枝，须根细而坚韧。匍匐茎平铺地面或埋入土中，长可达100cm，光滑坚硬，节处向下生根，株高10~40cm。

2）叶：叶片平展、披针形，长3.8~8cm，宽1~3mm，前端渐尖，边缘有细齿，叶色浓绿。

3）花果：穗状花序3~6枚呈指状排列于茎顶，小穗有1~2朵小花，紫色，生于总轴一侧。颖果，花、果期4—10月。

图6-2-1 绊根草

（2）分布习性。

1）分布：我国黄河流域以南各地均有分布。

2）习性：狗牙根性喜温暖湿润气候，耐阴性和耐寒性较差，耐热；狗牙根耐践踏，繁殖能力强，适应性强，能自播。

（3）园林用途。

1）特色：根系发达，固土能力强，耐踩踏，狗牙根与杂草竞争能力强，一般性杂草很难侵入其内。

2）配置方式：适宜铺植于园林水体边的堤岸、浅滩和一般的运动场地。

2. 结缕草（见图6-2-2）

植物名称：结缕草（别名：锥子草、延地青）

拉 丁 名：*Zoysia japonica*

科　　属：禾本科 结缕草属

图6-2-2 结缕草

（1）形态特征。

1）根、茎：多年生草本，具横走根茎，新枝向外平铺地面，密集生长，秆高15~20cm。茎节极易生根。

2）叶：叶线状披针形，长3~5cm，叶缘粗糙，先端尖；叶鞘扁，革质，先端具须毛。

3）花果：总状花序着生花茎顶，小穗具柄，内含1朵花，绿白色或紫色。颖果，花、果期5—6月。

（2）分布习性。

1）分布：主要分布在中国、朝鲜和日本等温暖地带。中国的河北、安徽、江苏、浙江、福建、山东、东北等地均有分布。

2）习性：喜阳光，耐寒，耐旱，不耐荫；耐瘠薄，耐踩踏，对土壤的适应力强，再生能力强；对二氧化碳等有害气体具有抵抗性。

（3）园林用途。

1）特色：结缕草耐踩踏、具有一定的韧度和弹性，在我国不仅是优良的草坪植物，还是良好的园林护坡植物，在固沙保土方面效果显著。

2）配置方式：可以用来铺建草坪足球场、运动场地、儿童活动场地等开放性草坪。

3. 细叶结缕草（见图6-2-3）

植物名称：细叶结缕草（别名：天鹅绒草）

图 6-2-3 细叶结缕草

拉 丁 名：*Zoysia tenuifolia*

科　　属：禾本科 结缕草属

（1）形态特征。

1）根、茎：多年生草本，具横走根茎，秆纤细，高 10～15cm。

2）叶：叶片线形且两边叶缘内卷成针状，秃净。叶鞘扁，鞘口疏长毛，长 2～6cm，嫩绿。

3）花果：小穗披针形组成总状花序，着生茎顶，紫色或绿色。颖果，花、果期 5—6 月。

（2）分布习性。

1）分布：主要分布在中国、朝鲜和日本等温暖地带。中国的河北、安徽、江苏、浙江、福建、山东、东北等地均有分布。

2）习性：喜温暖气候和湿润的土壤环境，也具有较强的抗旱性，但耐寒性和耐阴性较差，不及结缕草；要求肥沃、疏松，排水良好的土壤，但过分肥沃易引起生长过旺，易生病害；由于其匍匐茎和秆均纤细，如不及时修剪和维护，草坪常出现"垛状"和"枯死层"，影响美观和使用。

（3）园林用途。

1）特色：该草坪低矮平整，茎叶纤细美观，具一定的弹性，侵占力极强，易形成草皮。本种是优质观赏型草坪草种。

2）配置方式：常栽种于花坛内作封闭式花坛草坪或作草坪造型供人观赏；也可用作运动场、飞机场及各种娱乐场所的美化植物。

4. 草地早熟禾（见图 6-2-4）

植物名称：草地早熟禾（别名：六月禾、肯塔基）

拉 丁 名：*Poapretensis*

科　　属：禾本科 早熟禾属

（1）形态特征。

1）根、茎：多年生草本，具匍匐细根状茎，根须状。秆直立，粗壮。

2）叶：叶片线形，密生于秆基部，扁平或内卷，中脉显著，叶鞘秃净。

3）花果：小穗含花 3 至数朵，组成圆锥花序。颖果，花、果期 5—6 月。

（2）分布习性。

1）分布：我国东北、华北均有分布。

2）习性：草地早熟禾喜光，喜温暖湿润和夏季凉爽的气候；不择土壤；耐碱性土壤。具有耐阴、耐湿、耐寒、耐践踏等特点；绿期较长，仅 8 月炎热高温季节有短暂的生长停顿现象。

图 6-2-4 草地早熟禾

（3）园林用途。

1）特色：全年植株基本上可保持绿色，叶色诱人，绿期长，观赏效果好；能形成绿意盎然、生机勃勃的清新感受，是良好的草坪植物；地下茎蔓性，能起固土作用。

2）配置方式：在北方及中部地区，南方部分冷凉地区广泛用于公园、机关、学校、居住区、运动场等地绿化，适宜做封闭性的草坪绿地。

5. 匍匐剪股颖（见图 6-2-5）

植物名称：匍匐剪股颖（别名：四季青、本特草）

拉丁名：*Agrostis stolonifera*

科　属：禾本科　剪股颖属

（1）形态特征。

1）根、茎：多年生草本植物。具有长的匍匐枝，株高约 30～45cm。

2）叶：叶片线形，长 5～9cm，宽 3～4mm。叶鞘短，无毛，稍带紫色。

3）花果：小穗长 2mm，含 1 朵小花，组成圆锥花序着生于茎顶。颖果，花、果期夏秋季。

（2）分布习性。

1）分布：我国华北、华东、华中有分布。

2）习性：潮湿地区或疏林下草坪，喜冷凉湿润气候，耐荫性强于草地早熟禾，不如紫羊茅；耐寒、耐热、耐瘠薄、较耐践踏、耐低修剪、剪后再生力强；耐盐碱性强于草地早熟禾，不如多年生黑麦草；对土壤要求不严，在微酸至微碱性土壤上均能生长，最适 pH 值在 5.6～7.0 之间；绿期长，生长迅速。

图 6-2-5　匍匐剪股颖

（3）园林用途。

1）特色：适时修剪，可形成细致、植株密度高、结构良好的毯状草坪；植物生长强健，迅速，是用途较广的草坪草；适宜在我国北纬 40～45℃高寒地带布置草坪。

2）配置方式：可做疏林草地或做半封闭绿地；常被用于高尔夫球场果岭球道、足球场、保龄球场等运动场的绿化。

6. 野牛草（见图 6-2-6）

植物名称：野牛草（别名：水牛草）

拉丁名：*Buchloe dactyloides*

科　属：禾本科　野牛草属

（1）形态特征。

1）根、茎：多年生草本，秆高 5～25cm。

2）叶：叶线状披针形，长达 20cm，宽 1～2mm，两面均疏生白柔毛，叶色绿中透白，质地柔软，苍绿色。

3）花果：花雌雄同株或异株；雄花序 2～3 枚，排列成总状，雄小穗 2 朵花，无柄，排列穗轴一侧。外稃长于颖片。雌小穗 1 朵花，4～5 枚簇生成头状花序，通常两个并生于一隐藏秆的上部叶鞘内的共同短梗上。成熟时自梗上整个脱落。

（2）分布习性。

1）分布：原产于北美及墨西哥，20 世纪 40 年代，野

图 6-2-6　野牛草

牛草作为水土保持植物引入中国，在甘肃地区首先试种，后在中国西北、华北及东北地区广泛种植。

2）习性：生长迅速均匀，耐践踏，再生力强，与杂草竞争力强；叶背疏生柔毛，减少蒸腾，有利于抗旱；越冬时地上部分全枯死，次年重新分蘖长枝；耐寒性强，耐盐碱。

（3）园林用途。

1）特色：野牛草叶灰绿色，卷曲。匍匐茎广泛延伸，结成厚密的草皮；是良好的草坪植物，又可保持水土作为牧草。

2）配置方式：常应用于低养护的地方，如高速公路旁、机场跑道，高尔夫球场等次级高草区等。

7. 细叶早熟禾（见图6-2-7）

植物名称：细叶早熟禾

拉　丁　名：*Poa amothystina*

科　　　属：禾本科　早熟禾属

图6-2-7　细叶早熟禾

（1）形态特征。

1）根、茎：多年生草本，干丛生瘦弱，高30～50cm。

2）叶：叶披针形，宽2mm，基生叶片内卷。

3）花果：圆锥花序狭窄，长约4～10cm，分枝每节约3～5枝；小穗长3～5mm，含3～5个小花；颖不等长，具1～3脉。基盘有稠密白色棉毛，内稃与外稃等长。

（2）分布习性。

1）分布：分布于我国黄河流域及东北、西南各地，广布于北温带。

2）习性：细叶早熟禾能在干旱、寒冷的环境中良好地生长，生于干燥草原或山坡。

（3）园林用途。

1）特色：优良的观赏草坪；耐践踏、具有较强的耐旱性，为良好的地被植物。

2）配置方式：可用于营建运动型草坪，作护坡地被等。

8. 羊茅（见图6-2-8）

植物名称：羊茅（别名：狐茅、酥油草）

拉　丁　名：*Festuca ovina*

科　　　属：禾本科　羊茅属

（1）形态特征。

1）根、茎：多年生密丛禾草。须根状，秆瘦细，直立，全为鞘内分枝。株高15～30cm，节少，仅秆茎上有1～2节。

2）叶：叶片内卷或针状，质较软，叶鞘开口几达基部，叶舌短，仅0.2mm。

3）花果：圆锥花序紧缩，侧生小穗柄短于小穗；小穗绿色或带紫色，长4～6mm，含3～6小花；颖片披针形，先端尖或渐尖，第一颖具1脉，第二颖具3脉；外稃具5脉，内稃与外稃等长。颖果红棕色，先端无毛。花期6—7月。

图6-2-8　羊茅

（2）分布习性。

1）分布：分布于我国西北、西南；北温带地区，多生于干燥坡地。

2）习性：中旱生，耐低温、瘠薄，在土壤pH值为5～7，排水良好的肥沃土壤上生长好。耐热性差。

（3）园林用途。

1）特色：耐践踏，由于无根茎或匍匐茎，易于丛生。

2）配置方式：很少能形成外观整齐的草坪，常用于路旁、高尔夫球场障碍区及其他不经常使用的低质量草坪。

9. 假俭草（见图6-2-9）

植物名称：假俭草（别名：百足草、蜈蚣草）

拉 丁 名：*Eremochloa ophiuroides*

科　　属：禾本科 假俭草属

（1）形态特征。

1）根、茎：多年生草本，有匍匐茎。秆斜生，高30cm。

2）叶：叶片扁平，顶端钝，长4～10cm，宽2～5mm。

3）花果：总状花序单生秆顶，长4～6mm，扁压；小穗成对生于各节；有柄小穗退化仅余一扁压柄；无柄小穗呈覆瓦状排列于穗轴一侧，长约4mm，含2朵小花，仅第二小花结实；第一颖边缘有不明显的短刺，上部有宽翼。花期7—8月。

图6-2-9 假俭草

（2）分布习性。

1）分布：原产于我国，分布长江流域以南各省区，为我国华南地区优良草种，中南半岛也有。

2）习性：植株低矮，根深耐旱，耐贫瘠，耐阴湿环境，喜壤土，匍匐茎蔓延快。

（3）园林用途。

1）特色：假俭草其茎叶平铺地面，形成草坪密集，平整美观，厚实柔软而富有弹性，舒适而不刺皮肤，其秋冬开花抽穗，花穗多且微带紫色，远望一片棕黄色，别具特色。

2）配置方式：为华东、华南诸省较理想的观光草坪植物，被广泛用于园林绿地；也可与其他草坪植物混合铺设运动草坪；用于护岸固堤。

10. 地毯草（见图6-2-10）

植物名称：地毯草（别名：大叶油草）

拉 丁 名：*Axonopus compressus*

科　　属：禾本科 地毯草属

（1）形态特征。

1）根、茎：禾本科多年生草本。具长匍匐枝。秆压扁，节上可生根，密生灰白色柔毛，高15～50cm。

2）叶：叶宽条形，质柔薄，先端钝，秆生，叶长10～25cm，宽6～10mm，匍匐茎上的叶较短；叶鞘松弛，压扁，背部具脊，无毛；叶舌短，膜质，长5mm，无毛。

图6-2-10 地毯草

3）花果：总状花序穗状，常 2 ~ 5 枚排列于秆上部；小穗两侧稍隆起，几乎无柄，二行排列穗轴一侧。含 2 朵小花，仅第二小花结实。第一颖退化，第二颖与第一外稃等长。腹面对向穗轴，顶端疏生柔毛，紧包内稃。

（2）分布习性。

1）分布：分布于热带美洲、印度群岛和我国台湾。

2）习性：喜充足阳光，也较耐阴；匍匐枝蔓延迅速，宜沙质土，需保持湿润，在水位较高的沙土或沙质壤土生长最佳，而干旱的沙质土或干燥地区生长不良。

（3）园林用途。

1）特色：地毯草能形成紧密草坪，可保土及固结土壤，用作草皮防冲刷。

2）配置方式：用作休息活动草坪、疏林草坪和运动场草坪等。

11. 多花黑麦草（见图 6-2-11）

植物名称：多花黑麦草（别名：意大利黑麦草、一年生黑麦草）

拉　丁　名：*Lolium multiflorum*

科　　属：禾本科　黑麦草属

（1）形态特征。

1）根、茎：多年生草本，通常多做二年生栽培。茎丛生，生长快，分蘖力强。秆高 50 ~ 70cm。

2）叶：叶鞘较疏松，叶舌较小或不明显，叶片长 10 ~ 30cm，宽 3 ~ 5mm，叶色浓绿，窄细。

3）花果：扁穗状花序，小穗以背面对向穗轴，含 10 ~ 15 朵小花；第一颖退化，外稃质地较薄，顶端膜质，有长为 5mm 的芒。

图 6-2-11　多花黑麦草

（2）分布习性。

1）分布：分布于欧洲南部，非洲北部及小亚细亚等地；在我国适生于长江流域以南地区，在江西、湖南、江苏、浙江等省区均有人工栽培种。

2）习性：多为二年生，生长快，但生长期短，分蘖性强，再生性能好；能抗寒，但易受霜害，适于长江流域种植，喜壤土及沙壤土，也适于黏质土壤，但以肥沃湿润而深厚的土壤为主。

（3）园林用途。

1）特色：多花黑麦草叶窄细，色浓绿，叶背光滑而有光泽，质地柔软，覆盖地面良好，杂草不易进入。

2）配置方式：多花黑麦草可用于密丛性草坪，与红三叶、白三叶等混播，既可提高景观效果，又可提高多花黑麦草的产草量。

12. 白车轴草（见图 6-2-12）

植物名称：白车轴草（别名：白三叶）

拉　丁　名：*Trifolium repens*

科　　属：豆科　三叶草属

（1）形态特征。

1）根、茎：多年生草本，匍匐茎，节部易生不定根。

图 6-2-12　白车轴草

分枝无毛，长达 60cm。

2）叶：叶为三小叶互生，小叶倒卵形至倒心脏形，深绿色，先端圆或凹陷，基部楔形，边缘具细锯齿。托叶为椭圆形抱茎。

3）花果：花多数，密集成头状或球状花序。有较长的总花梗，高出叶面。花冠白色或淡红色。荚果倒卵状矩形，包于膜质膨大的花萼内。含种子 2 ~ 4 粒。

（2）分布习性。

1）分布：原产于欧洲。中国东北部，山东及华东地区均有分布。

2）习性：喜湿润，较耐阴，多生于低湿草地、河岸、路边及林缘下、山坡；耐干旱、耐寒、耐瘠薄、各种土壤均能生长；生长较快，夏季生长特快；有早青晚黄的特点。秋霜后仍能生长，大雪封地时才干枯，但叶仍为绿色；耐践踏，适于修剪，茎易倒，但不易折断。

（3）园林用途。

1）特色：白车轴草花叶兼优，均有观赏价值，且具有绿色期长，耐修剪，易栽培，繁殖快，造价低等特色。

2）配置方式：白车轴草适宜做封闭式观赏草坪；其花会吸引蜜蜂，设计时可作为蜜源植物应用。

13. 紫花苜蓿（见图 6-2-13）

植物名称：紫花苜蓿（别名：苜蓿、蓿草）

拉 丁 名：*Medicago sativa*

科　　属：豆科 苜蓿属

（1）形态特征。

1）根、茎：茎秆斜上或直立，光滑，略呈方形，高约 100 ~ 150cm，分枝很多。

2）叶：三小叶倒卵形，先端圆，中肋稍突出，两面有白色柔毛；托叶披针形，具柔毛，长约 5mm。

图 6-2-13　紫花苜蓿

3）花果：总状花序腋生；花冠紫色。荚果螺旋形，有种子数粒，种子肾形，黄褐色。

（2）分布习性。

1）分布：原产于北美，现世界各国均有栽培。

2）习性：适应性强，抗旱、抗寒、耐瘠薄，喜温暖半干旱气候。

（3）园林用途。

1）特色：枝叶繁茂，植株浓绿，花团锦簇，花冠紫色，花期长，是环境绿化的优良草种。

2）配置方式：可做拦流、防冲植物；作蜜源植物应用。

14. 红车轴草（见图 6-2-14）

植物名称：红车轴草（别名：红三叶）

拉 丁 名：*Trifolium pratense*

科　　属：豆科 车轴草属

（1）形态特征。

1）根、茎：多年生草本，高 30 ~ 50cm。茎直立或上升，疏生毛或近无毛。

图 6-2-14　红车轴草

2）叶：叶为掌状复叶，具3小叶，有长柄，茎上部叶柄较短，被毛；托叶近卵形，贴生于叶柄上，基部抱茎，先端具芒尖，小叶柄很短，叶片卵形或椭圆形，长1.5~3.5cm，宽0.7~2cm，基部广楔形，顶端圆或钝，有时微凹，边缘有细锯齿，表面有白斑，两面及边缘疏生毛。

3）花果：花多数，无柄，密集于茎顶，成头状，无总花梗或总花梗很短，包于茎顶部叶的托叶内；苞卵状披针形，比萼短；萼钟状，具5齿，其中1齿较长，比其他齿超出近1倍，花冠紫红色，长12~14mm，旗瓣近狭菱形，翼瓣长圆形，基部具内弯的耳及丝状的爪，龙骨瓣比翼瓣稍短，比旗瓣显著短，子房椭圆形，花柱丝状，细长。荚果小，通常含1粒种子。花、果期5—9月。

（2）分布习性。

1）分布：原产于欧洲和西亚，现广泛分布于东北、华北、西南、安徽、江苏、江西、浙江等地。

2）习性：喜湿润，耐干旱，耐寒，耐瘠薄；对土壤要求不严，在土壤肥沃、排水良好的地块，植株更健壮，产量更高。

（3）园林用途。

1）特色：红车轴草花叶兼美，观赏价值较高；具有很强的侵占性，能有效地覆盖地面，抑制杂草滋生，红车轴草坪一旦成坪，杂草不易侵入，草坪整体美观。可与其他冷季型和暖季型草混播，也可单播，既能赏花，又能观叶，同时覆盖地面效果好。

2）配置方式：红车轴草用于花坛镶边或布置花境、缀花草坪、机场、高速公路、庭园绿化及江堤湖岸等固土护坡绿化中。

15. 诸葛菜（见图6-2-15）

植物名称：诸葛菜（别名：二月兰）

拉丁名：*Orychophragmus violaceus*

科　　属：十字花科 诸葛菜属

（1）形态特征。

1）根、茎：一、二年生草本，全株光滑无毛，高30~60cm，茎直立且仅有单一茎。

2）叶：叶无柄，基部有叶耳，抱茎；基生叶为羽状分裂，茎生叶倒卵状长圆形，边缘有波状锯齿。

3）花果：花呈紫色，直径3cm，为疏总装花序。果实为长角形，有四棱。花期早春4—6月。

（2）分布习性。

1）分布：原产于中国东北、华北、华中及华东地区。

图6-2-15 诸葛菜

2）习性：适应性强，对土壤要求不严，耐寒，耐阴。

（3）园林用途。

1）特色：诸葛菜早春开花，花开成片，可大面积应用，绿化、美化效果极佳，形成春景特色。

2）配置方式：宜栽于林下、林缘、住宅小区、高架桥下、山坡下或草地边缘；既可独立成片种植，也可与各种灌木混栽。

【知识拓展】

水生植物不同类型的结构特征

1. 挺水植物

挺水植物在空气中的部分具有陆生植物的特性，生长在水中的部分通常有发达的通气组织，具有水生植物的特征。

2. 浮水植物

浮水植物通常具有细长而柔软的叶柄，其不但可以减少水流的机械阻力，而且还可以随水位的升降自动卷曲或伸长，使叶片始终浮于水面。

3. 漂浮植物

漂浮植物可以生活在水较深的地方。这类植物的根一般都退化或完全缺失，植物体的细胞间隙非常发达，体内多贮藏有较多的气体，植株整体漂浮于水面。

4. 沉水植物

沉水植物各部分均能吸收水分和营养物质，通气组织特别发达，有利于在水中空气特别缺乏的情况下进行气体交换。

草坪植物的设计原则

草坪在园林中的规划形式可分为自然式和规则式草坪。自然式草坪的主要特征在于充分利用自然地形，或模拟自然地形的起伏，造成开朗或闭锁的原野草地风光；在自然式草坪中，树种的选择宜丰富些，种植形式应采取自然式、"三五成林"，或孤植、片植都比较适宜，特别是草坪边缘的种植应错落有致，体现自然韵律，忌成排成列的整齐种植。而在规则式草坪中多选择树形整齐、美观、轮廓鲜明的树种，种植形式也以规则式为主，并且常用一些规则式的花坛、模纹点缀装饰，或边缘以花边，增加观赏效果。凡属规则式的草坪，对地形、排水、养护管理等方面要求较高。

【实训提纲】

1. 实训目标

（1）能够识别常见的水生植物，并能熟悉其习性和应用。

（2）能够识别常见的草坪草，并能熟悉其习性和应用。

2. 实训内容

在公园进行实习，完成以下内容：

（1）区分水生植物的不同类型，并举例说明；

（2）详细描述每种类型水生植物所代表物种的形态特征、生态习性和园林用途；

（3）绘制水生植物景观设计样图；

（4）区分草坪草的不同类型，并举例说明；

（5）详细描述本地适宜的草坪草的形态特征、生态习性和园林用途。

3. 考核评价

（1）出勤率（10%）。

（2）平时表现（20%）。

（3）文字表现（30%）。

（4）图纸表现（40%）。

附录1 课程教学设计

附表1-1　　　　　　　　　　　　课程教学设计

序号	内容	知识、能力、素质目标	教学活动设计	参考课时
1	绪论	知识目标： （1）了解园林植物的概念和学习方法。 （2）了解园林植物在园林建设中地位和作用。 （3）掌握国家行业职业相关术语。 （4）掌握植物的表达方法。 能力目标： 在园林植物的实际应用中能正确理解园林植物概念、内容和相关术语。 素质目标： 培养学生热爱科学、不断探索、严谨求学的学风和创新意识、创新精神	（1）采用多媒体教学手段，展示各种图片讲解园林植物的概念、相关术语。 （2）结合成功的案例教授学生学习方法	6学时
2	园林植物应用与分类	知识目标： （1）掌握植物的形态特征。 （2）掌握植物的分类方法与应用。 能力目标： （1）能识别常见类型的根、茎、叶。 （2）在实际的工程中能够理解和应用绿化中的应用，花卉在园林绿化中的应用，水生植物的园林绿化中的应用。 素质目标： 培养学生热爱科学、不断探索、严谨求学的学风和创新意识、创新精神	（1）运用比较法。 （2）小组讨论法。 （3）实践理论一体化教学法。 （4）采用多媒体教学手段。 （5）现场教学	10学时
3	木本园林植物	知识目标： 木本园林的形态特征、分布、应用，常见木本乔木100种、常见木本灌木100种。 能力目标： 能进行标本的采集和鉴定、会识别园林植物、能根据园林用途选择园林植物。 素质目标： 培养学生热爱科学、不断探索、严谨求学的学风和创新意识、创新精神	（1）采用多媒体。 （2）网络课程资源。 （3）运用比较法。 （4）现场教学	20学时
4	草本园林植物	知识目标： 草本园林植物的形态特征、分布、应用，常见一、二年生花卉（30种）、宿根花卉（20种）、球根花卉（20种）。 能力目标： 能够进行标本的采集和鉴定、会识别园林植物、能根据园林用途选择园林植物。 素质目标： 培养学生热爱科学、不断探索、严谨求学的学风和创新意识、创新精神	（1）采用多媒体。 （2）网络课程资源。 （3）运用比较法。 （4）现场教学	20学时
5	其他园林植物	知识目标： 其他园林植物的形态特征、分布、应用，达到常见水生园林植物（15种）、草坪与地被植物（15种）。 能力目标： 能够进行标本的采集和鉴定、会识别园林植物、能根据园林用途选择园林植物。 素质目标： 培养学生热爱科学、不断探索、严谨求学的学风和创新意识、创新精神	（1）采用多媒体。 （2）网络课程资源。 （3）运用比较法。 （4）现场教学	20学时
其他	机动			2学时
	考核评价			2学时
总课时				80学时

附录2 实训课程标准

一、实训课的性质、任务与目的

实训课是园林类专业的必修课,通过本课程的学习,使学生掌握园林植物的调查、园林植物的识别、标本采集制作及园林植物的应用等技能;掌握园林植物基本知识、基本理论的综合运用。

二、实训课的基本理论知识

实训课以园林植物理论课程教学为基础。学生应在基本掌握园林植物的形态构造、生长发育规律、分类方法、地理分布、繁殖方法和应用的基础上,进入本课程的学习。

三、实训方式与基本要求

本课程以5~8人一组分组进行实训。要求学生在明确实训要求后,运用所学知识,分工协作,完成实训任务。

四、实训项目的设置与内容提要

附表2-1　　实训项目设置与内容提要

序号	实训项目	实训学时	实训内容及应掌握技能	每组人数	备注
1	园林植物调查	6学时	掌握园林植物调查和资料整理的方法。 (1)园林植物的调查:调查类别,调查方法,记载方法。 (2)调查资料的整理方法:园林植物的种类、行道树、抗污染树种、本地特色的园林植物等	5~8人	在教学实训组织学生对本地的园林植物调查,要求学生写出调查报告
2	园林植物标本的采集与制作	6学时	园林植物标本是鉴定园林植物的依据,是科学研究的重要材料,又是供教学用的生动教材。 掌握园林植物标本采集与制作方法。 (1)园林植物标本的采集:采集的时间、地点、采集的方法。 (2)园林植物标本的制作:标本的压制及保存	5~8人	在教学实训中组织学生采集几种园林植物进行制作
3	园林植物的识别	32学时	园林植物的识别是掌握园林植物生长发育规律、习性、繁殖方法和应用的基础。通过园林植物的识别,要求学生掌握运用检索表鉴定园林植物标本,识别常见园林植物350~400种	5~8人	在教学实训中组织学生采集一定量的标本,观察园林植物的标本,描述各标本的特征,并鉴定标本。最后组织考核标本100种
4	园林植物在城市园林中的应用	6学时	要求学生了解各园林植物的配置,掌握各园林植物在城市园林中的具体运用。 参观城市的公园、广场、花圃等	5~8人	在教学实训中组织学生注意观察园林植物的配置、种植设计和种类等

五、实训场所

校园内、校外的实训基地、城市公园、广场、森林公园、花卉市场等。

六、考核方式与评分办法

考核方式：识别标本。

评分办法：本课程的成绩根据学生的学习态度、实训报告的质量、标本识别考核结果等三方面的情况进行评定，学习态度占 20%，标本识别考试占 40%，实训报告质量占 40%。

附录3 《园林植物》测试题

班级：　　　　姓名：　　　　学号：

题号	一	二	三	四	五	六	总分
得分							

一、填空题（20分，每题2分×10）

1. 水生植物的类型分为：挺水植物、（　　　）和沉水植物。
2. 植物界又分为藻类、苔藓、（　　　）和被子植物。
3. 桂花常见品种有（　　　）、银桂、（　　　）和四季桂四类。
4. 植物的叶一般由（　　　）、（　　　）和（　　　）组成。
5. 蔷薇科又分为4个亚科，即：（　　　）、蔷薇亚科、李亚科、苹果亚科。
6. 世界著名公园五大树种是：雪松、（　　　）、南洋杉、巨杉。
7. 鸡爪槭属于槭树科叶为掌状（　　　）裂，叶缘有（　　　）齿。
8. 枝条上着生叶子的部位称为（　　　），相邻两节之间称为（　　　）。
9. 北京香山的红叶是（　　　）植物的叶子。
10. 中国十大名花是牡丹、梅花、菊花、（　　　）、（　　　）、月季、杜鹃、山茶、荷花、水仙。

二、单项选择题（10分，每题1分×10）

1. 下列（　　　）组配植属于自然式栽植。
   A. 丛植；群植；林植　　B. 孤植；对植；列植　　C. 孤植；丛植；多角形植
2. 下列树种，具圆锥花序的是（　　　）。
   A. 国槐　　B. 石楠　　C. 栀子花　　D. 麻栎
3. 下列（　　　）组植物为秋叶红艳的树种。
   A. 鸡爪槭、石楠、银杏　　B. 黄连木、乌桕、鸡爪槭　　C. 三角枫、黄栌、栾树
4. "岁寒三友"是指（　　　）三种植物。
   A. 梅、竹、松　　B. 梅、兰、菊　　C. 松、竹、菊
5. 拉丁文双名法规定第一个词是（　　　），第二个词是种加词，第三个词为命名人。
   A. 科名　　B. 属名　　C. 种名
6. 下列（　　　）组植物都属于蔷薇科落叶植物。
   A. 海棠、垂丝海棠、腊梅　　B. 西府海棠、山荆子、秋子梨　　C. 樱花、木瓜、石楠
7. 下列（　　　）组植物都属于蔷薇科常绿植物。
   A. 火棘、石楠、山楂　　B. 火棘、石楠、山荆子　　C. 枇杷、石楠、火棘
8. 下列树种，果实成熟时为黄色的是（　　　）。
   A. 枇杷　　B. 山楂　　C. 石楠　　D. 樱桃

9. 下列（　　）组的针叶植物的针叶都是两针一束。
   A. 油松、马尾松、赤松　　　B. 黑松、油松、白皮松　　　C. 樟子松、油松、白皮松
10. 下列树种，果实为梨果的是（　　）。
   A. 樱桃　　　　　　　B. 中华绣线菊　　　　　C. 石楠　　　　　　D. 月季

三、判断题（15分，每题1分×15）

1. 桑树、垂柳、银杏均为雌雄同株的植物。（　　）
2. 裸子植物突出特征是胚珠不为心皮所包被，因而形成的种子呈裸露状态。（　　）
3. 水杉是杉科，落叶乔木，冠圆锥形，叶扁线形柔软，羽状排列互生。（　　）
4. 银杏树为银杏科，叶为扇形，先端常两裂，叶在短枝上簇生。（　　）
5. 池杉、乌桕、垂柳都很耐水湿，可用于湿地的绿化。（　　）
6. 水松、雪松、油杉均属于松科。（　　）
7. 园林植物在六界三域分类中，主要集中在裸子和被子植物中。（　　）
8. 池杉是杉科，落叶乔木，冠圆锥形，叶锥形略扁螺旋状互生。（　　）
9. 乌桕是大戟科，体含乳液，叶菱状广卵形互生先端尾状。（　　）
10. 三角枫和枫香均为单叶对生，都属于槭树科。（　　）
11. 水杉、银杏均为我国保护植物，被称为"活化石"。（　　）
12. 日本樱花属于蔷薇科，花期4月中旬，花叶同放，花期较短。（　　）
13. 银杏是落叶大乔木，雌雄异株，种子核果状。（　　）
14. 重阳木为大戟科，落叶乔木，树体有乳汁，皮纵裂，三出复叶互生。（　　）
15. 鹅掌楸为木兰科鹅掌楸属落叶大乔木。（　　）

四、树种与科对应连线（5分，每题0.5分×10）

1. 泡桐　　　　　　　　　　含羞草科
2. 鹅掌楸　　　　　　　　　玄参科
3. 合欢　　　　　　　　　　木兰科
4. 臭椿　　　　　　　　　　蔷薇科
5. 锦带　　　　　　　　　　松科
6. 枫香　　　　　　　　　　金缕梅科
7. 青杆　　　　　　　　　　忍冬科
8. 乌桕　　　　　　　　　　苦木科
9. 香椿　　　　　　　　　　大戟科
10. 石楠　　　　　　　　　 楝科

五、简答题（20分，每题5分×4）

1. 植物分类单位有哪些？什么叫"种"？

2. 简述花境的概念。

3. 简述冷杉与青杆形态特征的主要区别。

4. 园林树木的选择与配置原则有哪些?

六、问答题（30 分，每题 6 分 × 5）

1. 对比描述白玉兰、紫玉兰、广玉兰在形态上的异同点?

2. 比较区别松科、杉科、柏科的形态特征?

3. 苏木科、含羞草科、蝶形花科三个科在形态上的有什么异同点?

4. 园林树木的配置原则有哪些?

5. 白榆、榔榆、榉树在形态上有什么异同点?

附录4 评分标准及参考答案

一、填空题（20分，每题2分×10）

1. 浮水植物、漂浮植物 2. 蕨类、裸子 3. 金桂、丹桂 4. 叶片、叶柄、托叶 5. 绣线菊亚科
6. 金钱松、日本金松 7. 重锯 8. 节、节间 9. 黄栌 10. 兰花、桂花

二、单项选择题（10分，每题1分×10）

1.A 2.A 3.B 4.A 5.B 6.B 7.C 8.A 9.A 10.C

三、判断题（15分，每题1分×15）

1.√ 2.√ 3.× 4.√ 5.√ 6.× 7.× 8.√ 9.√ 10.× 11.√ 12.× 13.√ 14.× 15.√

四、树种与科对应连线（5分，每题0.5分×10）

1. 泡桐 —— 玄参科   2. 鹅掌楸 —— 木兰科
3. 合欢 —— 含羞草科   4. 臭椿 —— 苦木科
5. 锦带 —— 忍冬科   6. 枫香 —— 金缕梅科
7. 青杆 —— 松科   8. 乌桕 —— 大戟科
9. 香椿 —— 楝科   10. 石楠 —— 蔷薇科

五、简答题（20分，每题5分×4）

1. 植物分类单位有哪些？什么叫"种"？

   答：界、门、纲、目、科、属、种。

   种：具有相似的形态特征和生物学特征，具有一定的分布区域，同种结和可以产生性状不变的可育后代。

2. 简述花境的概念。

   答：花境是一种带状自然式花卉布置的形式。它以树丛、绿篱或建筑物为背景，通常由几种花卉呈自然块状混合配置而成，表现花卉自然散布的生长景观。

3. 简述冷杉与青杆形态特征的主要区别。

   答：冷杉：一年生枝淡褐色或灰褐色，叶线形扁平，疏生短毛或无毛。叶条形扁平，叶端微凹或钝，边缘微反卷，拔下根部有叶痕。球果直立。较耐寒。

   青杆：一年生枝淡黄绿色或淡黄灰色，无毛。叶针形较短，横断面菱形，互生。叶根部有明显叶枕（突起物），球果下垂。较耐阴。

4. 园林树木的选择与配置原则有哪些？

   答：（1）美观、实用、经济相结合的原则。

（2）树木特性与环境相适应的原则。

六、问答题（30分，每题6分×5）

1. 对比描述白玉兰、紫玉兰、广玉兰在形态上的异同点？

   答：（1）白玉兰：（木兰科木兰属）落叶，花期3—4月，白色，先花后叶，叶端宽圆或平截，具短突尖，观赏春花。花瓣托面油煎食味佳。

   （2）紫玉兰：（木兰科木兰属）落叶，花期3—4月，紫色，先花后叶，叶端急尖火渐尖，观赏春花。中药：晾干花芽"辛夷"治鼻炎。

   （3）广玉兰：（木兰科木兰属）别名洋玉兰，原产美洲。常绿，花期5—6月，白色，先叶后花，叶革质，边缘为卷，叶面有光泽，深绿色。观赏花和树叶。

2. 比较区别松科、杉科、柏科的形态特征？

   答：（1）松科：树皮鳞片状开裂或龟甲状开裂。枝条长短枝均有。叶条形、针形或四棱形。2、3、5针一束或簇生。球花单性，雌雄同株或异株。珠鳞与包鳞分离，希无种翅。

   （2）杉科：树皮长条状剥裂。枝条大枝轮生或近轮生。叶鳞形、披针形、钻形或条形。球花单性，雌雄同株。珠鳞与包鳞半合生，均有种翅。

   （3）柏科：树皮长条状剥裂。小枝扁平。叶鳞形或刺形。球花单性，雌雄同株或异株。珠鳞与包鳞，仅尖头分离。有或无种翅。

3. 苏木科、含羞草科、蝶形花科三个科在形态上的有什么异同点？

   答：（1）苏木科：花大，左右对称。花瓣5片，上部一枚在最内，雄蕊10个，荚果。

   （2）含羞草科：花小，辐射对称，花瓣5片，镊合状排列，中下部合生。荚果。

   （3）蝶形花科：花冠蝶形，花瓣5片，上部一枚在外雄蕊10个，荚果。

4. 园林树木的配置原则有哪些？

   答：（1）株型整齐，观赏价值较高的树种。树种或花型、叶形、果实奇特，或花色鲜艳，或花期长。

   （2）繁殖容易，移植后易于成活和恢复生长，生长迅速而健壮的树种（最好是乡土树种）。

   （3）能适应管理粗放，对土壤、水分、肥料要求不高的树种。

   （4）树干断指、树形端正、树冠优美、冠大荫浓、遮阴效果好的树种。树种要求分枝够高，主枝伸张，角度与地面不少于30°，叶片紧密。

   （5）要求发叶早，落叶迟的树种。适合本地区正常生长，晚秋落叶期在短时间内树叶即能落光，便于集中清扫。

   （6）要求为深根性、无刺、花果无毒、无不良气味、无飞毛、少根蘖的树种。

   （7）适应城市生态环境，树木寿命较长，生长速度不太缓慢，有一定耐污染、抗烟尘能力的树种。

5. 白榆、榔榆、榉树在形态上有什么异同点？

   答：（1）白榆：（榆科）树皮纵裂粗糙，小枝灰色细长，排成两列状。叶缘具不规则单锯齿，单叶互生羽状脉，花期3—4月，先花后叶。翅果近圆形。

   （2）榔榆：（榆科）树皮不规则斑块状剥落，叶小而厚，叶缘具单锯齿。花期8—9月。

   （3）榉树：（榆科）树皮不裂，小枝红褐色密被柔毛，叶缘具单锯齿桃形，单叶互生羽状脉，表面粗糙，背面淡灰色柔毛。花期3—4月。观赏最佳为秋叶转红。

附录5 相关网络链接

1. 花卉图片：http://www.fpcn.net/
2. 花之苑：http://www.cnhua.net/zhiwu/
3. 植物图片大全：http://www.bm8.com.cn/zhiwutupian/
4. CVH植物图片库：http://www.cvh.ac.cn/
5. 中国植物图像库：http://www.plantphoto.cn/
6. 中国数字植物标本馆：http://www.cvh.org.cn/
7. 中国植物数据库：http://www.plant.csdb.cn/
8. 中国珍稀植物网：http://www.rareplants.cn
9. 中国珍稀濒危植物：http://jky.qzedu.cn/zhsj/zxzw/zxzwzy.htm
10. 植物图片：http://www.nature.sdu.edu.cn/artemisia/picture.htm
11. 中国植物保护网：http://www.ipmchina.net/
12. 中国园林网：http://www.yuanlin.com/
13. 中国园林绿化网：http://www.yllh.com.cn
14. 中国园林花木网：http://www.cx987.cn/
15. 中国园林绿化信息网：http://www.zgyllhxx.com/
16. 中国园林养护网：http://www.yuanlin168.com/
17. 中华园林网：http://www.yuanlin365.com/
18. 中国风景园林网：http://www.chla.com.cn/
19. 中国花卉协会 http://www.chinaflower.org/
20. 中国风景园林学会 http://www.chsla.org.cn/

附录6 索　　引

1 乔　　木

1.1　常绿乔木
1.1.1　针叶乔木
1. 苏铁　37
2. 辽东冷杉　38
3. 红皮云杉　38
4. 白杆　39
5. 青杆　40
6. 雪松　40
7. 红松　41
8. 日本五针松　41
9. 华山松　42
10. 白皮松　42
11. 马尾松　43
12. 油松　43
13. 黑松　44
14. 杉木　45
15. 柳杉　45
16. 侧柏　46
17. 圆柏　46
18. 罗汉松　47
19. 竹柏　48
20. 东北红豆杉　48

1.1.2　阔叶乔木
1. 广玉兰　49
2. 樟树　49
3. 蚊母树　50
4. 榕树　50
5. 橡皮树　51
6. 山茶　51
7. 杜英　52
8. 枇杷　52
9. 石楠　53
10. 冬青　54
11. 荔枝　54
12. 女贞　55
13. 桂花　55
14. 棕榈　56
15. 蒲葵　57
16. 王棕　57
17. 鱼尾葵　58
18. 巴西铁　58

1.2　落叶乔木
1.2.1　针叶乔木
1. 华北落叶松　59
2. 金钱松　59
3. 水松　60
4. 落羽杉　61
5. 池杉　61
6. 水杉　62

1.2.2　阔叶乔木
1. 银杏　62
2. 玉兰　63
3. 二乔玉兰　64
4. 厚朴　64
5. 鹅掌楸　65
6. 悬铃木　65
7. 杜仲　66
8. 榆树　66
9. 榔榆　67
10. 榉树　67
11. 小叶朴　68
12. 桑树　68
13. 构树　69
14. 枫杨　69
15. 胡桃　70
16. 板栗　71
17. 栓皮栎　71
18. 白桦　72
19. 蒙椴　72
20. 糠椴　73
21. 梧桐　73
22. 柽柳　74
23. 毛白杨　74
24. 银白杨　75
25. 新疆杨　76
26. 加拿大杨　76
27. 钻天杨　77
28. 垂柳　77
29. 旱柳　78
30. 柿树　78
31. 君迁子　79
32. 紫叶李　80
33. 杏　80
34. 梅　80
35. 桃　81
36. 山桃　82
37. 樱花　83
38. 日本晚樱　84
39. 山楂　84
40. 水榆花楸　85
41. 木瓜　85
42. 海棠花　86
43. 垂丝海棠　86
44. 合欢　87
45. 皂荚　87
46. 凤凰木　88
47. 刺槐　88
48. 国槐　89
49. 紫薇　90
50. 石榴　90
51. 灯台树　91
52. 丝绵木　91
53. 重阳木　92
54. 乌桕　92
55. 枣树　93
56. 栾树　93
57. 黄山栾树　94
58. 无患子　94
59. 七叶树　95
60. 元宝枫　95
61. 五角枫　96
62. 三角枫　96
63. 鸡爪槭　97
64. 黄栌　97
65. 火炬树　98
66. 臭椿　99
67. 楝树　99
68. 香椿　100
69. 刺楸　100
70. 白蜡树　101
71. 洋白蜡　101
72. 毛泡桐　102
73. 梓树　102
74. 楸树　103
75. 黄金树　103

2 灌　　木

2.1　常绿灌木
2.1.1　针叶灌木
1. 沙地柏　104
2. 铺地柏　104
3. 矮紫杉　105
4. 粗榧　105

2.1.2　阔叶灌木
1. 小叶黄杨　106
2. 大叶黄杨　106
3. 雀舌黄杨　107
4. 红背桂　107
5. 洒金东瀛珊瑚　108
6. 海桐　108
7. 南天竹　109
8. 含笑　109
9. 火棘　110
10. 八角金盘　111
11. 红花檵木　111
12. 枸骨　111
13. 小蜡树　112
14. 金丝桃　112
15. 金橘　113
16. 栀子花　113
17. 迎夏　114
18. 杜鹃　114
19. 茉莉　115
20. 六月雪　116
21. 阔叶十大功劳　116
22. 凤尾兰　116
23. 棕竹　117
24. 散尾葵　117
25. 袖珍椰子　118
26. 瑞香　118
27. 扶桑　119
28. 茶梅　119
29. 夹竹桃　120

2.2　落叶灌木
1. 山茱萸　121
2. 枸橘　121
3. 牡丹　122
4. 玫瑰　122
5. 贴梗海棠　123
6. 紫珠　123
7. 锦带花　124
8. 紫荆　124
9. 四照花　125
10. 小叶女贞　125
11. 金叶女贞　126
12. 红瑞木　126
13. 枸杞　127
14. 连翘　127
15. 迎春　128
16. 木槿　128
17. 黄刺玫　129
18. 珍珠梅　129
19. 棣棠花　130
20. 榆叶梅　130
21. 紫穗槐　131
22. 绣线菊　131
23. 水枸子　132
24. 石榴　132
25. 紫丁香　133
26. 月季　133
27. 香荚蒾　134
28. 接骨木　134
29. 紫叶小檗　135
30. 胡枝子　135
31. 海州常山　136
32. 太平花　136
33. 结香　137
34. 木芙蓉　137
35. 卫矛　138
36. 金缕梅　138
37. 山麻杆　139
38. 紫玉兰　139
39. 腊梅　140
40. 八仙花　140

3　藤　　本

3.1　常绿藤本
1. 常春藤　141
2. 薜荔　141
3. 叶子花　142
4. 扶芳藤　142
5. 胶东卫矛　143
6. 云南黄馨　143
7. 炮仗藤　144
8. 络石　144
9. 龟背竹　145

3.2　落叶藤本
1. 紫藤　145
2. 五叶地锦　146
3. 南蛇藤　146
4. 猕猴桃　147
5. 金银花　147
6. 野蔷薇　148
7. 凌霄　148
8. 爬山虎　149
9. 铁线莲　149

4　竹　　类

4.1　常见的观赏竹类
1. 毛竹　150
2. 刚竹　151
3. 早园竹　151
4. 紫竹　152
5. 斑竹　152
6. 黄槽竹　153
7. 方竹　153
8. 佛肚竹　154
9. 孝顺竹　154
10. 黄金间碧玉竹　155
11. 菲白竹　156
12. 阔叶箬竹　156

5　一、二年生花卉

5.1　常见的一、二年生花卉
1. 一串红　159
2. 彩叶草　160
3. 万寿菊　160
4. 瓜叶菊　161
5. 百日草　161
6. 霍香蓟　162
7. 金盏菊　162
8. 波斯菊　163
9. 雏菊　163
10. 鸡冠花　163
11. 千日红　164

12. 五色苋 164	17. 红蓼 167	22. 半枝莲 169	27. 月见草 171
13. 三色苋 165	18. 花菱草 167	23. 美女樱 170	28. 紫茉莉 172
14. 三色堇 165	19. 虞美人 168	24. 矮牵牛 170	29. 旱金莲 172
15. 凤仙花 166	20. 羽衣甘蓝 168	25. 金鱼草 170	30. 石竹 173
16. 地肤 166	21. 香雪球 169	26. 风铃草 171	

6 宿 根 花 卉

6.1 常见的宿根花卉	8. 荷包牡丹 177	16. 凤梨 181	23. 蜀葵 184
1. 菊花 174	9. 玉簪 178	17. 天门冬 182	24. 桔梗 185
2. 非洲菊 174	10. 豆瓣绿 178	18. 文竹 182	25. 春兰 185
3. 香石竹 175	11. 绿萝 179	19. 虎尾兰 182	26. 建兰 186
4. 芍药 175	12. 海芋 179	20. 一叶兰 183	27. 墨兰 186
5. 铁线莲 176	13. 合果芋 180	21. 吊兰 183	28. 薰衣草 187
6. 萱草 176	14. 花烛 180	22. 天竺葵 184	29. 网纹草 187
7. 鸢尾 177	15. 旱伞草 181		

7 球 根 花 卉

7.1 常见的球根花卉	5. 大花葱 191	10. 大岩桐 193	14. 仙客来 195
1. 百合 189	6. 朱顶红 191	11. 唐菖蒲 193	15. 大丽花 195
2. 郁金香 189	7. 红花石蒜 191	12. 马蹄莲 194	16. 红花酢浆草 196
3. 风信子 190	8. 水仙 192	13. 球根秋海棠 194	17. 花毛茛 196
4. 虎眼万年青 190	9. 大花美人蕉 193		

8 水生园林植物

8.1 常见的水生植物	5. 雨久花 201	9. 凤眼莲 203	13. 黑藻 206
1. 荷花 198	6. 睡莲 201	10. 大薸 204	14. 菖蒲 206
2. 水葱 199	7. 萍蓬草 202	11. 金鱼藻 205	15. 千屈菜 207
3. 香蒲 200	8. 王莲 203	12. 狐尾藻 205	16. 石菖蒲 207
4. 慈姑 200			

9 草 坪

9.1 常见的草坪草	4. 草地早熟禾 210	8. 羊茅 212	12. 白车轴草 214
1. 绊根草 208	5. 匍匐剪股颖 211	9. 假俭草 213	13. 紫花苜蓿 215
2. 结缕草 209	6. 野牛草 211	10. 地毯草 213	14. 红车轴草 215
3. 细叶结缕草 209	7. 细叶早熟禾 212	11. 多花黑麦草 214	15. 诸葛菜 216

参 考 文 献

[1] 陈有民.园林树木学[M].北京：中国林业出版社，2003.
[2] 刘燕.园林花卉学[M].北京：中国林业出版社，2008.
[3] 董丽.园林花卉应用[M].北京：中国林业出版社，2008.
[4] 北京林业大学园林花卉教研组.花卉学[M].北京：中国林业出版社，2004.
[5] 陈俊愉.中国花卉品种分类学[M].北京：中国林业出版社，2001.
[6] 王永等.园林树木[M].北京：中国电力出版社，2009.
[7] 尤伟忠等.园林树木栽植与养护[M].北京：中国劳动社会保障出版社，2009.
[8] 邱国金等.园林树木[M].北京：中国农业出版社，2006.
[9] 车代弟等.园林植物[M].北京：中国农业科学技术出版社，2008.
[10] 陈有民等.园林树木学[M].北京：中国林业出版社，2000.
[11] 张文静等.园林植物[M].郑州：黄河水利出版社，2010.
[12] 郑万钧.中国树木志[M].北京：中国林业出版社，1983,1985,1997.
[13] 周以良.黑龙江树木志[M].哈尔滨：黑龙江科学技术出版社，1986.
[14] 刘仁林.园林植物学[M].北京：中国科学技术出版社，2003.
[15] 孙余杰等.园林树木学[M].北京：中国建筑工业出版社，1996.
[16] 陈有民.园林树木学[M].北京：中国林业出版社，1990.
[17] 吴棣飞.常见园林植物识别图鉴[M].重庆：重庆大学出版社，2010.
[18] 殷广鸿.公园常见花木识别与欣赏[M].北京：中国农业出版社，2010.
[19] 江泽慧.世界竹藤[M].沈阳：辽宁科学技术出版社，2002.
[20] 张志达.中国竹林培育[M].北京：中国林业出版社，1998.
[21] 辉朝茂，杜凡，杨宇明.竹类培育与利用[M].北京：中国林业出版社，1996.
[22] 方彦，何国生.园林植物[M].北京：高等教育出版社，2007.
[23] 陈有民.园林树木学[M].北京：中国林业出版社，1990.
[24] 刘仁林.园林植物学[M].北京：中国科学技术出版社，2003.
[25] 高润清.园林树木学[M].北京：中国建筑工业出版社，2003.
[26] 吴棣飞，尤志勉.常见园林植物识别图鉴[M].重庆：重庆大学出版社，2010.
[27] 毛洪玉.园林花卉学[M].北京：化学工业出版社，2005.
[28] 刘燕.园林花卉学[M].北京：中国林业出版社，2009.

园林景观类

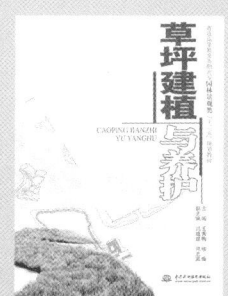
▼ 草坪建植与养护
作者：王秀梅 缪珊 等
ISBN：978-7-5084-9659-7

▼ 植物组织培养
作者：郑永娟 汤春梅 等
ISBN：978-7-5084-9478-4

▼ 园林植物
作者：黄金凤 李玉舒 等
ISBN：978-7-5084-9394-7/01

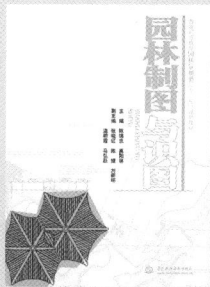
▼ 园林制图与识图
作者：陈锦忠 高阳林
ISBN：978-7-5170-2085-1

▼ 计算机辅助园林设计
——AutoCAD+3dsMax+Photoshop
作者：张晓红 李燕
ISBN：978-7-5170-1450-8

▼ 园林花卉学
作者：刘会超 杨春雪
ISBN：978-7-5170-1754-7

▼ 园林工程技术与施工管理
作者：郑燕宁 江芳 薛君艳
ISBN：978-7-5170-1863-6/1

▼ 风景园林设计基础
作者：王红英 吴巍 祁焱华
ISBN：978-7-5170-1933-6

艺术设计类

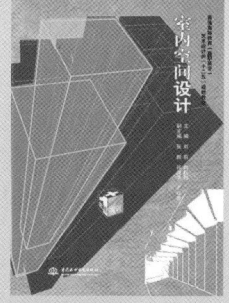
▼ 室内空间设计
作者：刘莉 向耘郎
ISBN：978-7-5170-1499-7/01

▼ 居住空间室内设计
作者：孙卉林 宋秀英
ISBN：978-7-5170-0035-8/01

▼ 中外美术简史
作者：张艺 易宇丹
ISBN：978-7-5170-0856-9

▼ 室内手绘表达（第2版）
作者：成鲲 胡新谷
ISBN：978-7-5170-0257-4

▼ 动画形态构成
作者：苏静 解晴
ISBN：978-7-5170-2085-1

● 购书咨询或教材申报请
汇邮件至
etao@mwr.gov.cn
汇致电
010-68545985
其他近百种艺术或设计
教材信息见中国水利水
出版社官方网站：
tp://www.waterpub.com.
/shop/

▼ 建筑CAD教程
作者：贺蜀山
ISBN：978-7-5170-0334-2/01

▼ 平面设计与印刷实训
作者：叶云龙
ISBN：978-7-5170-1472-0

▼ 设计构成
作者：邵丽平 姚蕾
ISBN：978-7-5084-9866-9

▼ 字体设计
作者：陆斐然
ISBN：978-7-5084-9828-7/01